제 2 판

NCS 기반

Semiconductor Frontend Processing Equipment 2

반도체 전공정장비 2

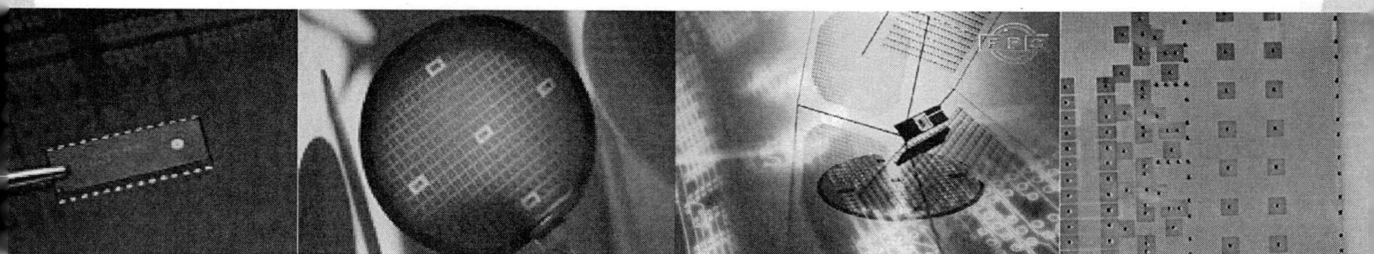

김용태 / 김상용 / 오찬권
성홍석 / 김덕영 / 김 현
공저

B.C.Info

PREFACE

반도체산업은 인간생활을 변화시킬 수 있는 혁신제품의 창출을 주도하여 새로운 디지털 생활환경을 창출한다. 1958년 IC(집적회로)가 최초로 발명된 이후로 1981년 PC, 1987년 핸드폰, 1997년 디지털TV 등의 새로운 첨단산업을 창출하는 핵심요소로서의 역할하고 있다. 최근에는 IT기기에 이어 생활주변의 모든 사물에 확대 적용되며 새로운 생활의 필수품화가 되고 있다. 이제 반도체 산업분야는 이미 우리나라의 성장 동력산업으로서 미래 산업사회를 주도할 핵심기술로 대두되고 있으며, LED, 태양광용 솔라셀 제조분야까지 기술이 확장되어 전문지식을 갖춘 고급인력 뿐 아니라 전문기능 인력의 양성이 필수적으로 요청되고 있는 실정이다.

본 교재는 반도체 생산 공장에서 운영되고 있는 첨단의 반도체 장비가 최적의 운영상태가 되도록 하기 위하여 반도체 장비를 유지/점검하고, 고장을 방지하기 위한 사전 예방활동 등을 수행하며, 나아가 장비를 직접 운용・조립하는 업무 등을 수행할 수 있도록 실무 지식 및 기술에 관한 이론과 실습으로 구성된 교재이다.

반도체 전공정장비2 교과는 반도체 생산순서 중 전공정 단계의 후반부로서 웨이퍼상에 얇은 막을 증착시키는 박막공정, 확산공정, 이온주입공정, 세정공정, CMP공정 등 전공정 실무에서 사용되는 중요 반도체 장비를 익힐 수 있도록 구성하였다. 총 7장으로 구성되어있으며, NCS(국가 직무능력표준, 반도체 장비유지/보수)를 참조하여 5개의 파트로 분류하였다. 각 장마다 공정개요, 주요장비의 소개 및 구성, 모듈별 기능 등과 함께 불량사례, 대처방법 등을 실어 실무에 근접하도록 내용을 구성하였다.

이 책을 통하여 반도체 공정 장비의 구조 및 기능, 유지보수에 관련된 이론과 기술 등이 소개되고, 반도체 산업의 중심이 되는 반도체장비 제조운영 기술자 양성에 조금이라도 도움이 되길 저자 일동은 기대한다.

2012. 1.10.

저자 일동

CONTENTS

PART 03 반도체 이온주입장비 기술
(Ion Implant Process/Equipment Technology)

PART 04 반도체 세정장비 기술
(Cleaning Process/Equipment Technology)

PART 05

화학적 기계적 연마(CMP) 공정장비

(Chemical Mechanical Polishing Process/Equipment)

PART

01

반도체박막장비 기술

(THIN FILM Process/ Equipment Technology)

금속 제조 공정 기술에서는 반도체 소자의 제조공정에서 전기 신호의 소통을 위한 금속 배선, 배선간의 전기적 절연을 위한 절연막 제작 등의 공정들을 이해하고 적용할 수 있어야 한다.

- 화학기상증착공정 mechanism 이해할 수 있어야 한다.
- 제조 박막에 따른 공정 분위기 및 재료 선택을 결정할 수 있어야 한다.
- 물리증착 mechanism 이해할 수 있어야 한다.
- sputtering 공정기술을 이해하고 응용할 수 있어야 한다.
- electron migration, junction spike와 같은 물리 증착 시 나타난 문제점을 이해하고 방지하는 기술 이해할 수 있어야 한다.

1
Chapter

화학기상증착 공정기술

1. 화학기상증착(CVD) 공정의 정의

CVD는 Chemical Vapor Deposition의 약어로, 화학물질을 기화시켜 화학반응에 의한 증착막을 구현하는 반도체 제조 공정 중 하나이다. 기체 상태를 취급하는 관계로 온도와 압력, 부피가 가장 큰 공정 제어 요소이며, 박막(Film)이 형성되는 과정에는 동종(Homogeneous)반응과 이종(Heterogeneous)반응이 있는데 동종반응의 경우는 기체상(Gas Phase)에서 일어나며, 이때 형성된 박막(Film)은 박막의 질 측면에서 나쁜 특성과 불량입자(Particle)가 많은 반면에 이종반응은 웨이퍼 표면에서 일어나는 반응으로 고순도 박막(High quality film)을 얻을 수 있기 때문에 이종반응 위주로의 공정 조건을 유도해야 한다.

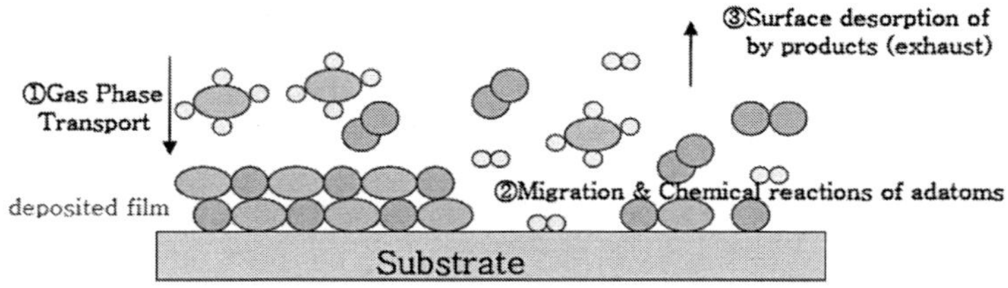

그림 1-1 CVD에 의한 박막 형성기술

2. CVD 공정 및 장비 종류

CVD 장비 유형은 크게 AP(Atmosphere Pressure : 대기압) CVD, LP(Low pressure : 저압) CVD, PE(Plasma Enhanced : 플라즈마) CVD로 나눌 수 있다.

현재 AP CVD의 단점을 보완한 SA(Sub Atmosphere : 200torr~600torr) CVD, PE CVD와 스퍼터 식각(Sputter Etch)을 일체화 시킨 HDP CVD가 주력 장비로 많은 반도체 제조 공정에 보급되어 많이 사용되어지고 있으며, 구리 다마신(Cu damascene) 관련 저유전율(Low K material) 증착용 장비로 각광을 받는 장비 역시 현재 사용 중인 PE CVD 방식과는 차이가 없다.

Tip
HDP
; High Density Plasma

표 1-1 CVD 공정 및 장비의 종류

공 정	압 력	Dep 온도	에너지	유 형	필 름	주요장비업체
AP CVD	760T	500~550℃	Thermal	Belt	SiO_2/BPSG	ASML, 캐논
LP CVD	10T~100T	400~900℃	Thermal	Single Furnace	W SiO_2/SiN/Poly-Si	AMAT TEL, KE, SVG
PE CVD	3T~15T	350~400℃	Plasma	Single Batch	SiO_2/SiON/SiN SiO_2/SiOC/SiC	AMAT Novellus
HDP CVD	5.5mT	350~600℃	Plasma	Single	SiO_2/SiOF/SiN/BPSG	AMAT, Novellus
SA CVD	200~600T	500~550℃	Thermal	Single	SiO_2/BPSG	AMAT

※ Type : Single : Single chamber, Batch : Batch chamber

1) AP(Atmosphere pressure) CVD : 대기압 화학 기상 증착

AP CVD는 상압(대기압) 하에서 TEOS(Tetra Ethyl Ortho Silicate : $(C_2H_5O)4Si$)와 오존(O_3)을 반응 물질로 산화막(SiO_2)를 형성시키는 공정으로, 오존(O_3)을 사용함으로써 저온에서도 박막 증착이 가능하다. AP CVD의 가장 큰 장점은 대기압에서 반응이 일어나도록 설계되었기 때문에 반응이 단순하며, 또한 압력이 높은 상태에서 가스의 평균자유이동 경로 (mean free path)가 짧기 때문에 공극 채움(Gap fill) 능력이 우수하다.

AP CVD 장비의 대표적인 제조업체는 ASML사의 WJ 999/1000/1500 series 이며, 경쟁 업체로는 캐논(Cannon)사의 APT 6000 series가 있다. WJ1000 sires가 국내는 물론 세계적로 많이 보급 되었으며 아래 그림 1-2는 WJ 1000 sires의 기본 구성을 나타내었다.

본 공정의 원리는 상압인(760 Torr) 챔버를 일정 압력으로 분사되는 N_2 막에 의해 외부와 차단된 상태에서 그 밑을 켄버이어 벨트(Conveyor belt)를 따라 웨이퍼가 지나가면서 주입구(Injector)로 주입되는 가스가 열(500~550℃)에 의한 반응으로 증착되는 방식이다.

반응 물질로 TEOS와 O_3에 의해 생성된 산화막(SiO_2)을 불순물(doping)이 첨가 되어 있지 않다고 하여 NSG(Nondoped Silica Glass) 또는 USG(Undoped Silica Glass)라 하고, STI(Shallow Trench Isolation) Fill 공정에 이용되며, 위의 반응물질 이외에 불순물로 TMP(Tri Methyl Phosphate : $P(CH_3O)_3$), TMB(Tri Methyl Borate : $B(CH_3O)_3$)를 첨가함으로 BPSG Film을 얻을 수 있으며 최근에는 에틸(ethyl)기가 함유된 TEPO와 TEBO가 안정 한 박막 특성을 갖는 것으로 확인되어 점차 대체 되는 추세이며 PMD(Pre Metal Dielectric) 공정에 이용된다.

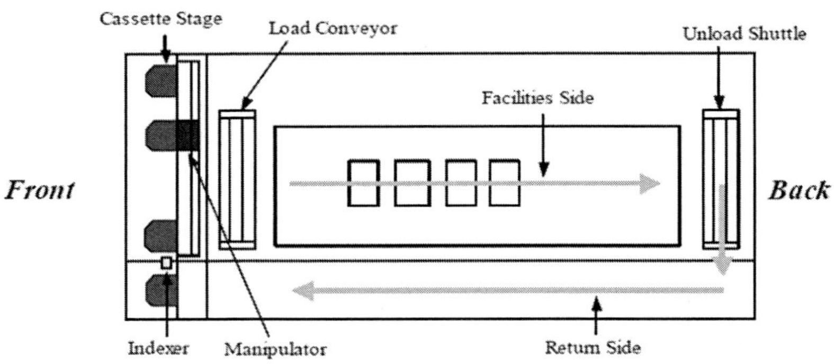

그림 1-2 ASML사의 WJ 1000/1500 AP CVD 장비 구조

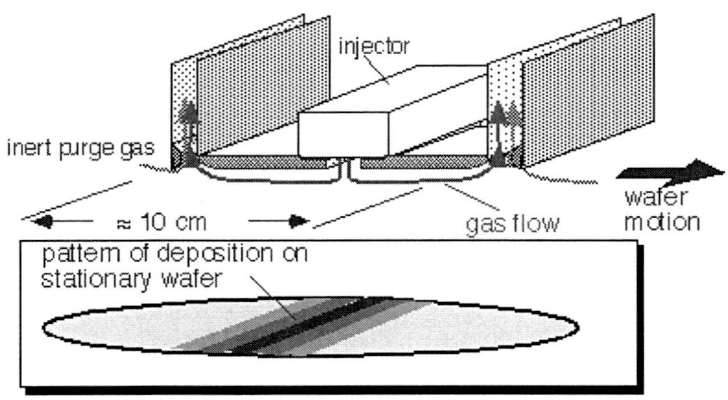

그림 1-3 WJ 1000/1500 AP CVD 장비 INJECTOR 형태 증착 방법

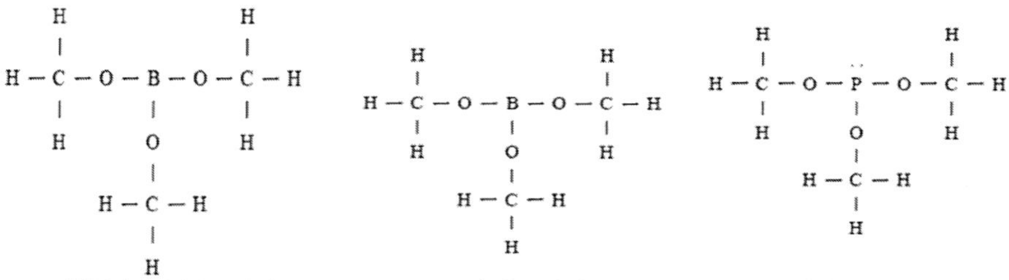

TEOS (Si(C2H5O)4 TMB (B(CH3O)3 TMP (P(CH3O)3

그림 1-4 화학 구조(Liquid source)

AP CVD 방식으로 NSG film을 증착할 때 하층(sub layer) 막질에(surface sensitivity) 따른 성장 속도가 큰 차이를 나타내어 이를 보완하기 위해 NSG film 증착 전에 열 산화막(Thermal oxide)를 미리 증착하여 일정한 성장률을 유지 하도록 공정 조건을 보완하며, PMD 박막층으로 사용되는 BPSG 박막에서 보론(붕소, boron)과 인(Phosphorus)를 산화막(SiO_2)에 첨가하는 이유는 보론의 경우 산화막이 완만한 단차의 성질을 갖게 하여 850℃ 고온에서 열처리를 실시하면 산화 막이 완만하게 되어 하층막 패턴에 의한 단차를 평탄화가 일어나도록 하는 역할을 하며, 인(phosphorus)의 경우 알카리 이온(Na+ion, K+ion)을 포획하여 트랜지스터 형성층으로 침투를 막는 역할을 하여 소자 특성에 나쁜 영향을 배제하기 위해 적용되고 있다.

메모리 소자에서는 PMD 박막에 CMP 공정을 적용하여 평탄화를 시키는 공정을 적용하지 않고 있기 때문에 BPSG 박막을 현재까지 적용하는 경우가 많으나 비메모리 device의 경우 CMP 공정을 PMD 박막층까지 적용하고 있으므로 최근에는 박막이 완만하게 하는 특성을 배제 시킨 PSG 박막이 적용되고 있는 추세이다. 특히 보론이 함유되어 있을 경우 간혹 수분과 반응하여 BPO4라는 크리스탈 모형의 결점(Crystal defect particle)을 생성시킬 수 있기 때문에 PSG로의 전환은 바람직한 방향이라고 할 수 있다.

> **Tip**
> CMP 공정
> ; Chemical Mechanical Polishing
> 화학적, 기계적 연마공정으로 절연막의 편탄화를 목적으로 함

O3-TEOS의 단점으로는 Si-OH(silanol) 결합이 많아 수분 흡습성이 다른 CVD 박막에 비해 많기 때문에 후속 공정에 반드시 열 공정을 실시하여 박막을 견고하게 하는 공정이 필요 하다. 또한 벨트 구동 방식을 적용하고 있기 때문에 금속오염 문제(metal contamination issue)에 대해서는 항상 논란의 여지가 있으며 특히 초기 공정인 STI fill 증착에서는 후속 '세정(Cleaning) 공정'이 매우 중요하다.

> **Tip**
> STI
> ; Shallow Trench Isolation
> 트렌치 소자 분리

AP CVD의 NSG 박막과 BPSG 박막 증착 과정을 요약해 보면 다음과 같다.

$$\text{NSG : TEOS : } Si(C_2H_5O)_4 + O_3 \xrightarrow{550℃\ heat} SiOH + CH_3CHO + O_2$$

$$\text{BPSG : TEOS} + TMP + TMB + O_3 \xrightarrow{550℃\ heat} SiO_2 + P_2O_5 + B_2O_3$$

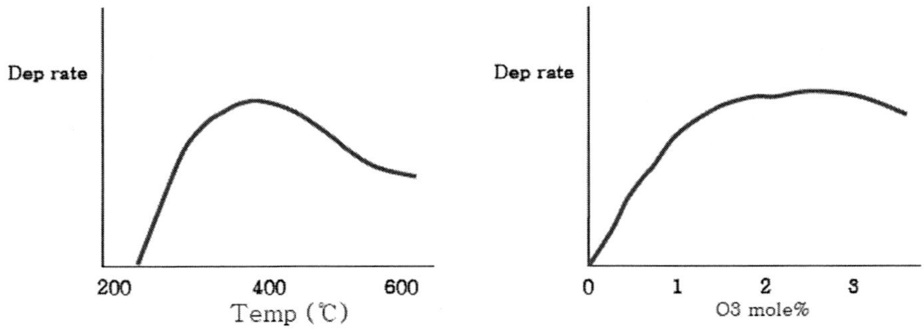

그림 1-5 공정 변수에 대한 박막 성장율

2) 준 대기압 화학기상증착 : SA(Sub Atmosphere pressure) CVD

> Tip
> **챔버(Chamber)의 역할**
> 온도, 압력 등을 맞추기 위한 밀폐된 공간

AP CVD인 WJ 999/1000/1500 시리즈(ASML사)는 금속 오염의 문제가 있다. 이로 인해 등장한 장비가 AMAT사의 SA CVD 공정장비이며, 반응 챔버와 대기를 격리시키기 위해 단독 챔버(single chamber)를 적용하여 대기압 보다 낮은 준 대기압(Sub Atmosphere, 200 Torr~650 Torr)을 유지한다. WJ 1000/1500 에서는 각각의 반응 가스를 인입구가 다른 주입기를 사용하기 때문에 미리 혼합된 가스가 챔버로 유입되지 않으나, SA CVD는 챔버 내부로 가스가 인입되기 전부터 혼합되어지기 때문에 동종반응이 일어나기 쉽다는 단점이 있다. 그러나 히터방식의 세라믹 척(ceramic chuck, CxZ)을 적용하고 있기 때문에 웨이퍼 후면(wafer back side)의 금속오염 문제에 관한한 AP 방식인 WJ 1000/15000 시스템보다는 유리하며, 두께 균일도 측면에서도 샤워헤드 타입(shower head type)인 SA CVD가 우수하다.

SA CVD의 응용공정은 AP CVD와 동일하며 단독 챔버 구조로 이루어져있어 시간당 생산량이 낮기 때문에 이중 챔버(Twin chamber)구조인 PRODUCER 본체 방식으로 전환되어 보급되고 있는 상황이다. 이러한 이유로 SA CVD가 AP CVD 시장을 많이 잠식 하였으나 앞에서 설명한 장, 단점을 고려하여 현장에서 두 가지 방식 모두 사용된다. 다만, 0.18um 공정까지는 두 공정 방식이 모두 적용되고, 0.13um 이하 공정부터는 뒤에서 언급할 HDP CVD방식으로의 전환이 이루어지고 있다.

3) 플라즈마 화학 기상 증착 : PE CVD(Plasma Enhanced CVD)

금속 박막층(Al)이 형성된 이후 공정에서는 알루미늄의 녹는점(melting point)이 낮기 때문에 온도에 의한 금속 박막층 변화에 세심한 주의가 요구되어진다. 과거 단층 금속층 구조였던 4M DRAM 제작 당시에는 금속 보호막만이 낮은 온도에서의 증착막이 요구 되었으나, 금속층 구조가 2층, 3층, 4층, 5층 그 이상으로 높게 쌓여 지면서 금속막과 금속막 사이의 절연막으로 낮은 온도에서도 양질의 박막을 얻기 위한 노력의 결과 플라즈마(Plasma) 에너지를 이용, 낮은 온도에서도 반응 가스를 분해하여 증착 할 수 있는 기술이 응용되고 있다. 이를 PE CVD라 하며 플라즈마(Plasma)를 발생시키기 위한 전원으로는 주로 13.56MHz(1초에 +와 − 극을 135,600,000회 진동)의 주파수를 갖는 RF(Radio Frequency) 전원을 사용하며, 300~400℃에서 SiO2, SiN, SiON Low K(SiC, SiOC, SiOF)막을 형성하는데 사용되며 금속막과 금속막 사이의 절연막 또는 금속 상부층의 보호막으로 주로 사용된다.

표 1-2 공정에 따른 박막 형성 조건

필 름	precursors	thermal deposition	plasma-enhanced
silicon nitride	SiH_4 or SiH_2Cl_2 and NH_3	750C	200~500C
silicon dioxide	SiH_4 O_2[or often N_3O]	350~550C	200~400C
	TEOS and O_2	700~900C	300~500C
amorphous silicon	SiH_4	550~600C	300~400C

표 1−2는 플라즈마 에너지(Plasma energy)를 사용함으로써 열에너지만을 사용할 때 보다 낮은 온도에서 박막을 증착할 수 있다는 것을 보여 주고 있다.

최근에는 플라즈마 공정 기술을 응용, 발전시켜 ICP(Inductively Coupled Plasma : 유도쌍 플라즈마)를 이용하여 HDP 공정이 CVD 전 공정을 응용할 수 있는 수준까지 이르고 있다. 이에 대해서는 다음 절에서 좀더 자세히 다루도록 하겠다.

또한, 비메모리 소자의 게이트 산화막 (gate oxide) 두께가 계속 얇아지는 추세로 PE CVD공정 시 금속 패턴의 안테나(Antenna) 효과에 의한 플라즈마 악영향으로(plasma damage) 게이트 산화막(gate oxide)가 파괴되는 불량률이 발생되는 문제가 있다. 이에 대한 설명도 다음 절에서 언급하도록 하겠다.

PE CVD 장비 업체로는 Applied Material(AMAT)사와 Novellus사가 세계 시장 및 국내 시장을 양분하고 있으며 그 이외에 ASM, Mattson, 국내 업체인 주성엔지니어링 등이 있다.

그림 1-6과 그림 1-7은 각각 AMAT와 Novellus사의 대표적인 PE CVD 주요 장비 구조 시스템을 나타내었다.

TIP

HDP
; High Density Plasma 고밀도 플라즈마, 일반 PE CVD 공정에 비해 이온의 개수가 E1 order 가량 많으며, 약1.0E12ea/cm^3

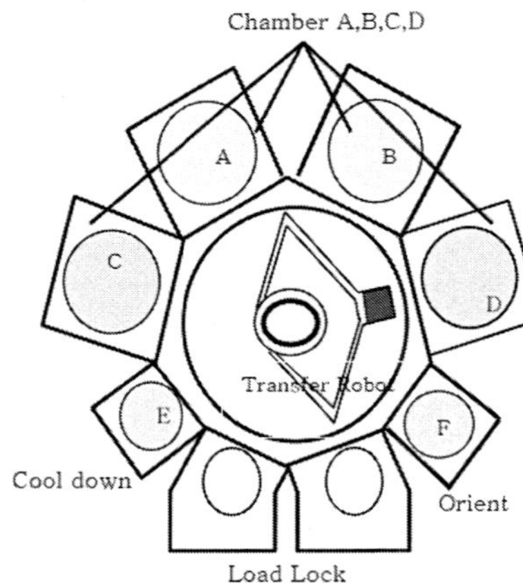

그림 1-6 AMAT Centura 5200시스템

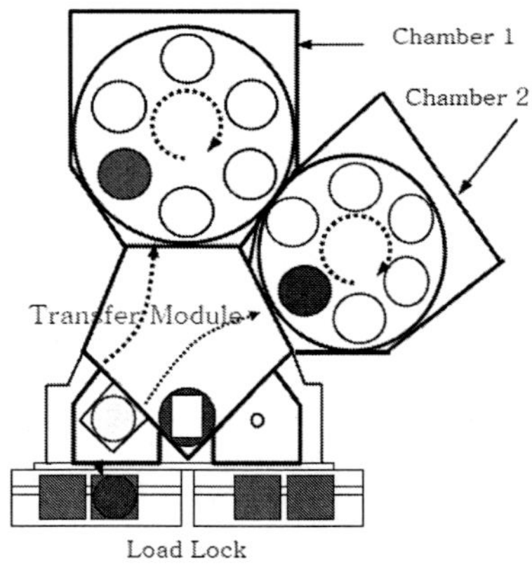

그림 1-7 Novellus Concept 2 Sequal 시스템

(1) AMAT사 PE CVD

AMAT사의 PE CVD 장비 변천사를 살펴보면 1980년대 말 6인치 웨이퍼 공정 적용 시 Precision 5000 MARK series 라 불리는 제품으로 소개되기 시작했다. 이동 전환모듈(transfer module)에 8장의 웨이퍼를 적재 할 수 있는 엘리베이터(elevator)와 이중 카셋트(dual cassette) 구조를 수용했지만 Load lock 통로는 하

나로 되어 있다. 이어 8 인치 웨이퍼 도입과 공장 자동화가 도입 되면서 현재의 Dual Load lock(E)에 해당하는 냉각(cool down) 챔버, (F)에 해당하는 웨이퍼 정렬(Orient chamber)을 갖춘 centura 5200 시스템으로 발전하게 되었으며, 12 인치 세대가 도입된 2000년 초 부터 시간당 생산량을 극대화 시킨 PRODUCER 라는 제품이 보급되기 시작 하고 있다. 이와 더불어 절연막 CVD 챔버(Dielectric CVD chamber)에 해당하는 부분의 변천은 초기 램프 히터(lamp Heated) 방식의 웨이퍼 척(chuck)인 DLH에서 Resist heated 방식인 DxZ로의 전환이후 오랫동안 공존해왔으며 점차 DxZ로의 추세로 가고 있다.

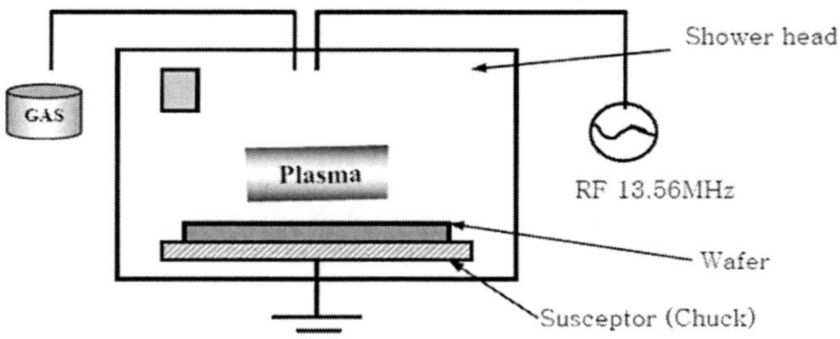

그림 1-8 AMAT사 CENTURA DLH/DxZ 챔버 구조

그림 1−8에서는 AMAT사의 PE CVD 대표장비인 Centura 5200에 장착된 챔버 형태를 간단하게 나타내어 보았다. 앞서 언급 했듯이 할로겐 램프의 복사열을 이용하는 램프가열(lamp heated) 방식의 DLH(Dielect ric Lamp Heated의 약어) 챔버와 저항가열(resist heated) 방식의 DxZ 챔버, 두 종류가 있는데 구성품의 차이는 있으나 기본 원리는 동일하며 챔버 크기는 DxZ가 조금 크다. 현재 거의 대부분 DxZ가 신규 수요를 소화해내고 있으며, Low K 증착 역시 DxZ 챔버를 이용하고 있다.

표 1-3 공정에 따른 박막 형성 조건

공 정	공정 가스, 화학물	공정온도	공정압력	필 름
ARC SiON	$SiH_4+N_2O+N_2$	350~400℃	4~9torr	SiON
IMD/PO Oxide	$SiH_4+N_2O+N_2$	350~400℃	4~9torr	SiO_2
	$TEOS+O_2+He$	350~400℃	8~13torr	SIO_2
PO NIT	$SiH_4+NH_3+N_2$	350~400℃	4~9torr	SiN
FTEOS	$TEOS+SiH_4+O_2+N_2$	350~400℃	8~13torr	SIOF

AMAT사의 PE CVD 장비가 주로 이용 되는 공정은 표 1-3과 같으며 이때 사용되는 가스와 화학용액도 정리해 놓았다. Novellus 장비와의 큰 차이점은 단일 챔버 방식이며, 단일 HF(High Frequency : 고주파 13.56MHZ) RF(Radio frequency)를 사용하는데 있다. 절연체 박막 특성의 지표인 굴절률과 스트레스(Stress)의 조절은 shower head와 웨이퍼가 놓인 수직 거리인 공간 간격(Space gap) 과 RF power를 소프트웨어를 통해 입력 값을 변경하여 원하는 목표 값에 일치시킬 수 있다. AMAT사 장비의 가장 큰 장점은 장비를 제어하는 소프트웨어가 타 회사 장비들에 비해 체계적이고 세세한 부분까지 소프트웨어로 조절이 가능하다는 점이 엔지니어들에게 친밀감을 준다.

(2) Novellus Concept 2 SEQUEL

Novellus사의 PE CVD장비 변천사는 처음 소개 당시 Concept 1이라 불리는 6인치용 시스템으로 이중 카셋트(dual cassette)를 포함하지만 챔버와 적재함(load lock) 역시 하나로 되어 있고, 적제함의 통로의 개폐(load lock door의 open과 close)를 발로 밟는 페달(pedal)형 스위치를 사용 했다. 초기에는 냉각(cooling)을 시키는 기능이 따로 없어 금속 카셋트(metal cassette)로 옮겨 공정을 진행한 후 플라스틱 카셋트(plastic cassette)로 재차 옮기는 작업을 병행하기도 했다. Concept 1 역시 현재 Concetp 2와 박막증착이 수행되는 챔버는 batch type으로 단일 챔버내에 6개의 shower head와 station으로 동일하게 구성되어 있으며, 시간당 생산량을 극대화시키기 위해 2개의 챔버를 집약시켜 2개의 robot blade를 적용하였다.

Novellus사 SEQUEL 챔버의 경우 앞서 언급한 것처럼 단일 챔버(8인치 기준) 내에 6장의 웨이퍼를 동시에 수용할 수 있도록 6개의 shower head가 설치되어 있어 용량 면에서 AMAT사의 DLH나 DxZ(4,800CC~5,300CC)에 비해 무려 34배 정도(175,000CC) 큰 용량을 지니고 있다.

두 번째 특징은 HF RF와 LF RF(Low Frequency : 450KHZ)를 동시에 적용시키는 공정을 택하고 있다는 것이다. 즉, Shower head에는 HF RF를 인가해 플라즈마에 의한 가스 해리 에너지원(energy source)로 작용하고, LF RF는 웨이퍼가 놓이는 히터 블럭(Heater block)에 인가해 약한 교류 바이어스(DC bias)가 생기게 하여 웨이퍼에 박막 증착 시 챔버 내 일부 이온이 박막 속으로 주입되도록 하여 박막의 스트레스 등을 조절 할 수 있는 역할을 수행한다.

증착 방식은 6개의 shower head 밑을 웨이퍼가 차례대로 시계방향으로 돌아가면서 누적되도록 하는 방식으로 1/6 두께에 해당하는 만큼 한 스테이션(station)에서 증착하여 원하는 두께는 6회에 걸쳐서 형성되도록 한다. 이러한 방식은 시간당 웨이퍼 처리량 면에서는 장점이 있지만 반면 챔버 내에서 문제 발생 시 웨이퍼 손실이 클 수 있다는 단점이 있다.

세 번째 특징은 인가된 HF RF power는 6개의 shower head로 분배 되어 플라즈마를 발생하게 되어있다는 것이다. 즉, 500W가 인가되면 각각의 shower head에 82.6W씩 나뉘어 인가되게 되어있어 실질적으로 각각의 웨이퍼에 노출되는 RF power는 약한 상태이다. 각각의 웨이퍼 당 6회에 걸쳐 플라즈마 인가가 반복되므로 이때 가스와 HF RF 사이에 어느 것을 먼저 on/off 하느냐와, 그들 사이에 시간 지연(Time delay)을 얼마나 줄 것인 가가 공정 변수로서 크게 작용할 수 있으며, 잔류 가스 배출(gas pumping) 시간 역시 웨이퍼 잔유물(wafer particle) 발생과 관련 중요한 공정 변수로 작용한다.

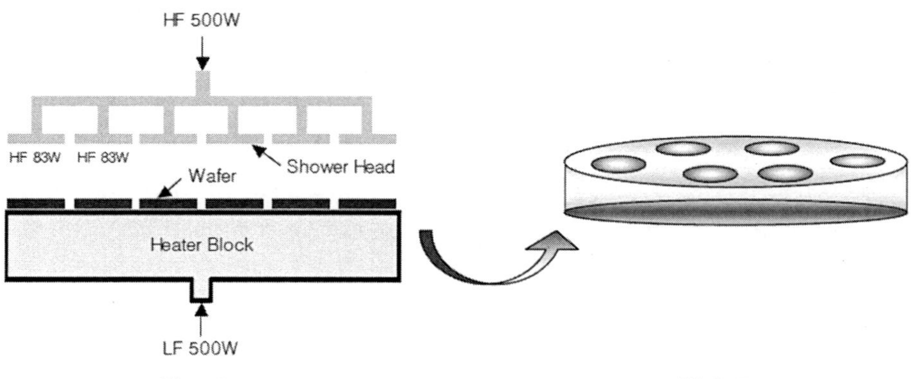

그림 1-9 Novellus Concept 2 SEQUEL batch type 챔버 구조

4) 고밀도 플라즈마 화학기상 증착 : HDP(High Density Plsama) CVD

HDP CVD의 등장은 기존 증착(deposition)과 스퍼터 전면 식각(sputter etch back)을 각각 다른 챔버에서 분리해서 진행 하던 방식을 동일 챔버에서 증착과 식각을 동시에 수행하도록 하였다.

증착과 스퍼터 식각(sputter etch)이 반복 되므로, 좁은 금속막과 금속막 사이 공극을 메울 수 있어(gap fill), 기존 SOG를 이용한 평탄화 공정을 대신 할 수 있게 되었으며, STI 트랜치(trench)을 채우는 공정은 물론, 거의 모든 절연막 CVD 공정을 수행할 수 있는 기능을 구비 하고 있어 제조 공정에서 적용이 늘고 있는 추세다.

증착과 스퍼터 식각을 동시에 수행 할 수 있다는 것이 HDP 공정의 가장 큰 장점이다. 이는 아르곤 스퍼터(Ar sputter)가 아르곤 이온(Ar ion)의 직진성을 이용하여 박막 표면과 충돌에 의해 식각을 하는 물리적 반응으로, 이때 수반되어야 할 가장 중요한 조건으로는 낮은 압력인데(수 m Torr) 낮은 압력이 필요한 이유는 아르곤 이온이 다른 회학물질이나 이온들과 충돌할 확률을 줄여 직진성을 확보하기 위함이다.

즉, 아르곤 스퍼터 식각(Ar sputter etch)를 수행하기 위해 낮은 압력이 필요하기 때문에 터보 펌프(Turbo Pump)를 사용해야 하며, 낮은 압력 하에서 증착막을 형성시키기 위해서는 기존의 PE CVD shower head 방식으로는 불가능 하여 ICP(Inductively Coupled Plasma : 유도쌍 플라즈마) 를 이용하여 고밀도 플라즈마를 생성하여 증착과 식각을 동시에 수행하도록 하는 HDP 공정이 등장하게 되었다. 그림 1-10 그래프는 HDP 공정의 특성 패턴으로 45°가 되는 부분에서 스퍼터 식각(Sputter etch)이 가장 극대화되어 증착 비율과 식각되는 비율이 1 : 1이 됨을 나타내었다. HDP 공정이 진행된 뒤 그림 1-11과 같이 단면 SEM 사진을 촬영하여 보면, 좁은 금속막 위에는 삼각형 형태의 HDP 박막이 형성되고 폭이 넓은 금속 막 위에는 윗변이 밑변보다 작은 사다리꼴 형태의 HDP 모형을 가지게 되는 이유이다.

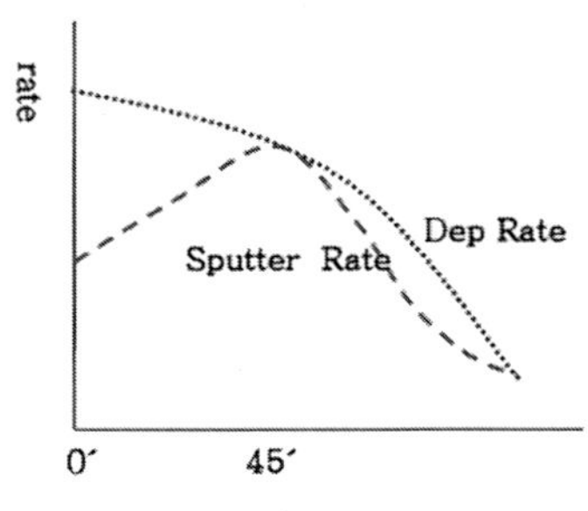

그림 1-10 각도에 따른 HDP 증착율과 식각율

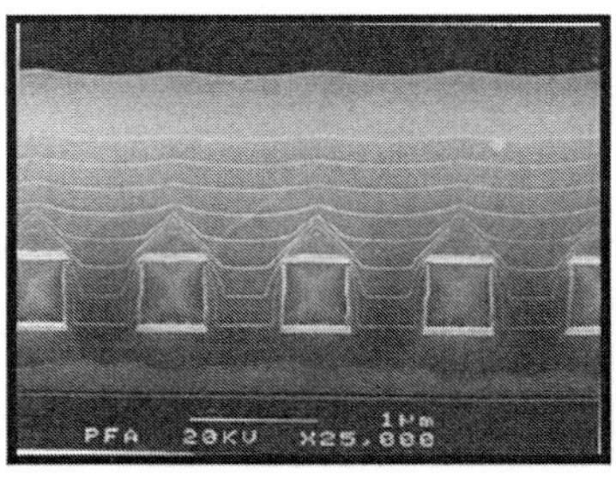

그림 1-11 HDP 두께에 따른 모형의 변화

HDP 공정은 위에서 언급한 고밀도 플라즈마를 생성시키기 위해 ICP를 이용하는데, 이는 반구형 세라믹 돔(ceramic dome) 형태에 LF RF가 인가될 구리 코일이 감겨져 있으며, 이는 프레밍(Fleming)의 오른손 법칙을 응용한 것이다.

또한 아르곤 스파터 식각(Ar sputter etch)과 연관되어 아르곤 이온들의 직진성을 배가시키기 위해 DC 바이어스가 필요하다. 이를 발생시키기 위해 HF RF를 인가해 주는 ESC (electro static chuck, 정전 척)가 매우 중요하다. ESC가 필요한 가장 큰 이유는 ESC의 역할이 정전기를 이용하여 웨이퍼를 움직이지 않게 chuck에 고정시키는 것이다. 이는 아르곤 스퍼터 식각이 실행되면 아르곤 이온의 충돌에 의해 웨이퍼의 온도가 100~150℃ 가량 상승하는데 원래 증착시 400℃가량 온도가 조성 되어 있기 때문에 이 온도가 추가로 더 해질 경우 금속박막(Al)이 녹는 현상이 나타나므로 웨이퍼 뒷면으로 헬륨 가스(He gas) 압력에 의한 chuck에 차가운 열을 웨이퍼에 전달하여 식히는 절차가 필요하기 때문이다. 이를 위해서 정전기를 이용한 웨이퍼 고정(clamping)이 필요하게 된다.

웨이퍼 냉각(Wafer cooling)을 하기 위해 적용되는 웨이퍼 뒷면 가스(Back side gas)가 고가 임에도 불구하고 헬륨(He)을 사용하는 이유는 열전도율이 가장 좋기 때문에 냉각효율을 극대화시키기 위해서이며, 아래 그림 1-11 그래프는 불활성 기체인 He, Ar, Ne의 웨이퍼 냉각 효과를 비교한 데이터이다. ESC 종류는 크게 단일 극성(mono polar)과 양극성(bi-polar)이 있는데 이에 대한 설명은 HDP 장비 업체인 AMAT사와 Novellus사가 각기 달리 사용하기 때문에 장비 특성 소개 시 간단하게 언급하기로 하겠다.

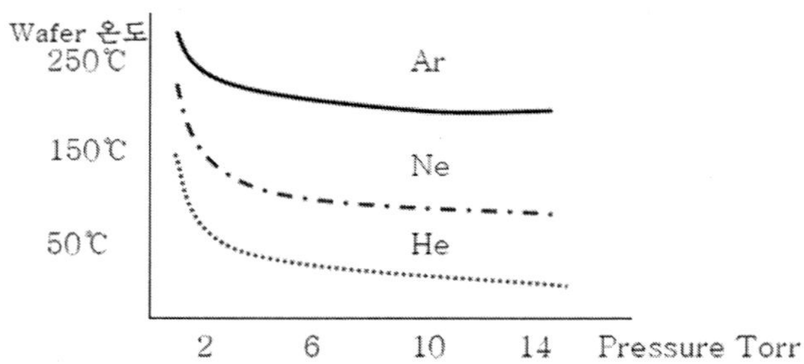

그림 1-12 불활성 기체별 압력에 따른 웨이퍼 냉각 효과

(1) Novellus HDP CVD Concept 2 SPEED

Novellus HDP CVD의 가장 큰 특징은 공정 진행을 하지 않을 때도 항상 이상적인 플라즈마(idle plasma)를 인가시킨다는 것이다. 이는 항상 이상적인 상태의 플라즈마를 인가함으로써 챔버 내부의 보온을 유지할 수 있으며 플라즈마를 인가, 단락할 때 발생될 수 있는 오염원 생성을 줄일 수 있다는 논리이다. 이는 AMAT사의 HDP 시스템과는 차별되는 요소로, 이로 인해 Novellus에서는 양극성 ESC를 사용하고 있다. 양극성 ESC는 어원 그대로 양극(+, −)을 가지고, ESC 1/2에 해당되는 부위는 음전하(minus charge)로 대전 시키고 나머지 부위는 양전하(plus charge)로 대전시켜 웨이퍼를 고정(clamping), 비고정(unclamping)하는 방식으로 ESC 자체적으로 방전과 정전기 발생을 수행 할 수 있다. 그러나 단점으로는 ESC 표면재료 사용에 제약이 따르므로 아직까지는 단일극성(mono polar) ESC에 비해 수명이 짧다는 단점이 있다. 8개의 주입구(injector)를 사용하여 반응 가스를 주입하기 때문에 두께 변동 폭이 다소 큰 것이 단점이다.

HDP 공정의 공극을 채웠는지 여부(gap fill)를 확인하기 위해서는 단면 촬영이 불가능하기 때문에 보조 수단으로 식각/증착율를 구해 간접적인 수치 지표로 삼고있다.

식/증착율(Etch Dep ratio)을 구하는 방법은 우선 동일 조건에서 HF RF에 의한 아르곤 스퍼터 식각(Ar sputter etch)을 배제한 순수한 증착만 이루어지게 HF RF를 '0'으로 고정한 상태에서 공정을 진행 한다.

이를 UBUC(UnBiased/UnClamped)라 하는데 여기서 언바이어스(Unbiased)란 아르곤 스퍼터 식각(Ar sputter etch)을 수행하지 않도록 HF RF를 '0'으로 고정함으로써 교류 바이어스(DC bias)를 생성하지 않게 한다는 의미이며, 언클램프드(UnClamped)란 아르곤 스퍼터 식각(Ar sputter etch)을 수행하지 않으므로 웨이퍼 뒷면에 헬륨(He)을 통한 웨이퍼를 냉각시키지 않아도 되므로 웨이퍼를 고정하지 않는다는 의미이다.

BC (Biased Clamped)는 증착과 식각을 동시에 수행하는 것으로 실제 공극 채우기 공정(gap fill process)에 적용 되는 조건으로 바이어스된 HF RF를 인가하여 스퍼터 식각(Sputter etch)을 수행 한다는 의미이며 고정된 웨이퍼를 아르곤 스퍼터 식각을 수행함으로써 아르곤 이온의 충돌 에너지에 의한 온도 상승으로 금속막이 녹는 것을 예방하기 위해 웨이퍼 뒷면에 헬륨압을 적용, 냉각시키기 위해 웨이퍼를 고정하는 것을 의미한다.

식각증착율(E/D ratio)는 (UBUC-BC)/UBUC 로 정리할 수 있으며, 금속막 간격(metal space)와 높이(height)등 디자인 룰(design rule)에 따른 적절한 E/D율을 선정해야 하는데 E/D율이 크면 공극 채우기(gap fill)는 충실한데 반해 금속박막의 위쪽 모서리가 아르곤 스퍼터 식각(Ar sputter etch)시 충격을 받아 금속막의 깨짐이 발생될 수 있다. 반면 E/D 율이 작으면 공극 채우기(gap fill)가 제대로 되지 않아 공핍(Void)이 발생될 확률이 크다. 이를 고려하여 적절한 E/D율이 선정 되어야 한다.

Novellus HDP process의 응용은 IMD gap fill, passivation, STI Fill, IMD FSG Gap fill, BPSG, Cu Damascene FSG Low K에 적용 되고 있다. 눈여겨 볼 점은 STI Fill시 스퍼터 식각 가스로 아르곤(Ar) 대신 헬륨(He)을 대신 적용하고 있다는 것이다.

HDP 장비 구조는 PE CVD와 동일하며 SPEED 챔버는 고밀도 플라즈마를 생성시키는 세라믹돔(ceramic dome), 가스를 주입하는 8개의 주입구(injector), 아르곤 스퍼터 식각(Ar sputter etch)을 수행하기 위한 ESC, 터보펌프(Turbo pump), HF RF, LF RF가 주요 구성 품이다.

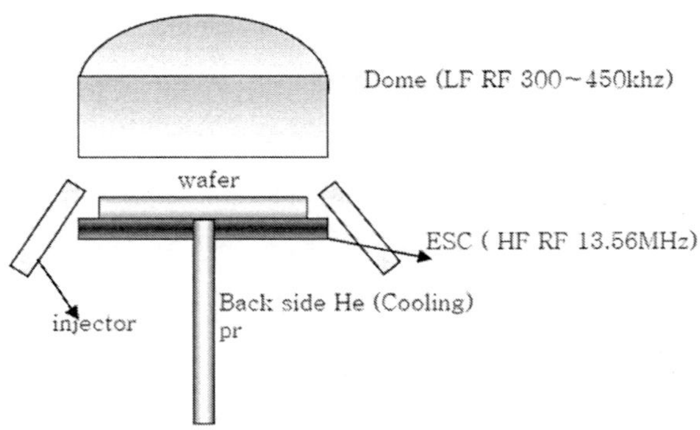

그림 1-13 Novellus HDP SPEED Chamber 구성도

(2) AMAT HDP CVD Ultima

기본적인 원리는 Novellus HDP CVD와 동일하다. 가장 큰 차이는 단일극성(mono polar) ESC를 사용하는 것인데 단일극성(mono polar)은 수명이 긴 반면

웨이퍼를 고정(clamping)하거나 비고정(unclamping) 할 때 챔버 내의 플라즈마를 이용해야하므로 Novellus와는 달리 매 웨이퍼 마다 플라즈마를 개폐시켜야 하는 방식을 취하고 있으며 웨이퍼 두께 균일도를 좋게 하기 위해서 Dome의 천장 부위에 주입구(injector)가 추가로 달려있고, 측면에도 18개의 주입구가 설치되어 있다. 또한 고밀도 플라즈마를 형성시키는 ICP도 다소 높은 2MHz로 dome의 천정(Top)과 측면(side)에 설치되어 두께 균일도 측면에서 유리한 방식을 취하고 있다.

또한, 공극 채우기(gap fill)여부를 간접적으로 확인하는 방식이 Novellus사 장비와는 달리 '증착/스퍼터 식각' 이라는 규칙을 적용하기 때문에 기본 개념은 같지만 수치적으로는 차이를 나타낸다. D/S를 구하는 방식은 우선 증착과 스퍼터 식각이 동시에 수행된 웨이퍼의 증착율을 구한 다음, 스퍼터 식각율(sputter etch rate)을 구한 후 다음 식에 적용하여 D/S ratio를 구한다.

$$D/S = (\text{Dep rate} + \text{Sputter etch rate})/\text{sputter etch rate}$$

여기서 나오는 수치는 Novellus E/D ratio 수치와는 반대로 D/S 율이 목표치보다 크면 공핍(void)이 생길 가능성이 있으며, D/S 율이 작으면 공핍의 발생 확률은 적으나 금속 막의 깨짐(metal line clipping) 현상이 발생될 수도 있다.

AMAT HDP 공정의 응용은 IMD gap fill, passivation, STI Fill, IMD FSG Gap fill, BPSG, Cu Damascene FSG Low K에 적용 되고 있다.

5) SOG(Spin On Glass)

반도체의 고집적화가 계속 이루어지면서 다층 금속 배선이 요구되고 있다. 이에 금속 간 절연막을 겸하면서 후속 패턴 공정도 원활하게 수행하기위해 평탄화 기능을 가진 액체코팅(Liquid source coating) 형태의 SOG(Spin On Glass) 공정이 각광을 받아왔다. SOG 기본 특성은 열처리(curing)에 따른 수축율(shrinkage)이 수반되는데, Siloxane계가 박막 내에 탄소가 있기 때문에 산소(O_2)와 반응하므로 Silicate계에 비해 수축(shrink)이 크다.

표 1-4 N_2, O_2 분위기에서 열처리에 따른 수축율

Cure 조건	Siloxane계	Silicate계
N_2 분위기	10.70%	20.50%
O_2 분위기	14.40%	19.90%

Dow corning사의 HSQ(Hydro SilsesQuioxane) 계열의 FOx(Flowable Oxide)계는 유전률(dielectric constant)이 2.7~3.0로 낮은 편에 속해 논리소자(logic device)와 같이 빠른 처리속도를(RC delay에서 C 값을 낮춤)요구하는 소자에 적용되어 왔다.

Spin On Glass 공정의 단점은 liquid source의 코팅(coating) 형태이기 때문에 코팅 후 용매를 휘발시키는 과정이 완벽치 않을 경우 후속 공정인 비아 삽입(Via plug)공정에서 비아가 비어있는 상태(poison Via)를 유발하거나, 패캐지(package) 이후 실장에 장착 된 후 재현성 문제(Reliability issue)가 끊이지 않고 제기 되는 등 불안정적인 요인이 많은 공정이라는 것이다. 최근에 HDP FSG(SIOF)로 많이 대체 되고 있긴 하지만 Low K 물질(material)로 SOG(Spin On Glass) 계열의 제품 소개도 계속되고 있는 실정이다.

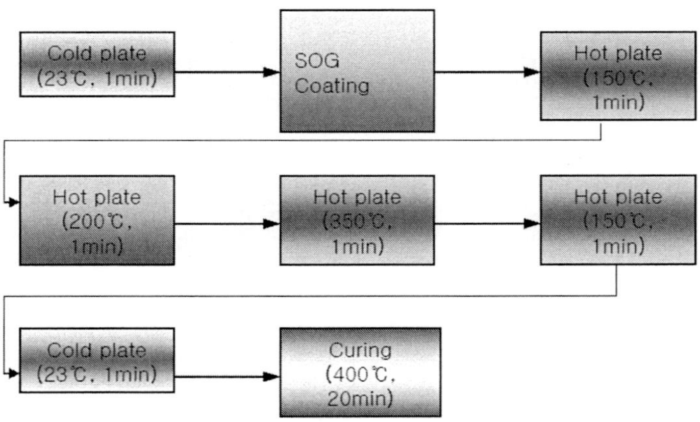

그림 1-14 SOG 공정의 순서도

표 1-5 CVD 공정과 SOG 공정의 장단점

PROCESS	장 점	단 점	응 용
AP CVD	• 단순 반응 • 빠른 증착 속도 • Gap fill 능력 우수	• Poor step coverage • Metal 오염 • Cleaning 주기 잦음	• STI Fill Layer (Transistor isolation) • BPSG/PSG Layer
LP CVD	• 불순물이 적음 • 두께 균일도가 뛰어남 • Conformal step coverage	• High Temp	• High Temp SiO_2 • SiN • W-silicide, W-plup dep
PE CVD	• Low Temp • 빠른 증착 속도	• Hydrogen content • Plasma damage	• 금속 층간 절연막(IMD) • 소자보호막(Passivstion) • 비반사막(DARC SiON)
SA CVD	• Metal 오염 free • Cleaning 주기 여유	• Crack 발생	• STI Fill Layer(Transistor isolation) • BPSG/PSG Layer
HDP	• Gap fill 능력 우수 • Dielectric all process	• Plasma damage	• STI Fill • BPSG/PSG • Stop etch Nitride • IMD(USG, FSG) • Passivation
SOG	• Gap fill 능력 우수 • Low K 구현가능	• Crack 발생 • Poisson Via 불량 • Reliability issue	• 금속 층간 절연막(IMD)

3. 금속 공정 기술의 응용

1) CVD 각 공정별 목적

아래 그림은 비메모리 다층금속 구조의 device를 CVD 적용 층별로 표시해 놓은 것이다. 여기서 CVD 공정에 해당 되는 부위에 대해 목적에 대한 간략한 설명을 하겠다.

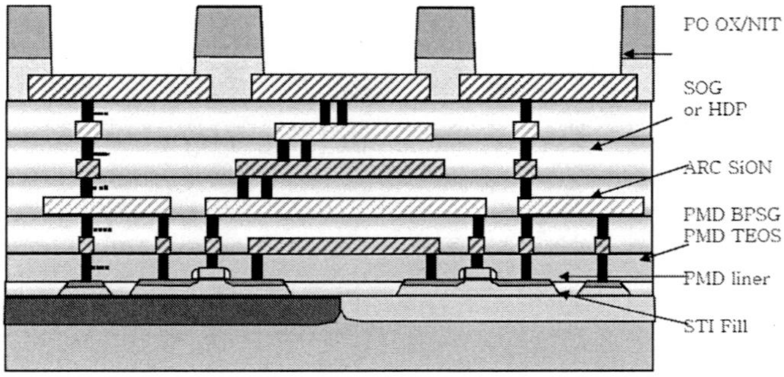

그림 1-15 EM에 의한 배선의 결점 사진

(1) STI Fill

STI는 Shallow Trench Isolation의 약자로 이웃하고 있는 트랜지스터(Transistor : CMOS, FET)의 절연을 위해 실리콘을 얕게 트랜치 식각(trench Etch)한 후 산화막(SiO_2)으로 식각한 자리를 Gap Fill(메꾸는)하여 서로 고립(isolation) 시키는 역할을 하도록 한다. 이것은 트랜지스터들이 동작을 할 때 바로 옆에 이웃하고 있는 트랜지스터의 간섭을 받지 않도록 하기 위해 필요한 공정이다.

(2) PMD Liner

게이트의 전극인 티타늄 실리사이드(Ti silicide or Co silicide)와 금속 1 박막층(Metal-1 layer)의 절연체로 사용되는 PMD 박막층인 BPSG 박막 불순물(film dopant)의 영향으로부터(특히 붕소) 상쇄시키기 위해 PE TEOS 박막을 BPSG막으로 증착하기 이전에 증착시키며, 집적화된 소자에서는 컨텍과 게이트가 CD 디자인 룰 설계 여유가(margin) 없어 켄텍 식각(contact etch)시 게이트(gate) 전극을 비켜나 과도 식각(over etch)이 일어나 shark tooth 현상을 초래할 가능성이 많기 때문에 이를 방지 하고자 켄텍 산화막 식각(contact Oxide etch)시 선택비(selectivity)가 커져 식각정지(stop etch) 역할을 하는 얇은 질화막(thin Nitride)을 이용하기도 한다.

(3) PMD BPSG Dep

게이트 패턴(Gate pattern)을 형성한 후 Metal-1 박막층을 형성하기 위해 PMD(Pre Metal Dielectric)으로 절연막이 필요한데 특히 트랜지스터의 전극인 게이트와의 절연막이기 때문에 알카리 이온인, Na, K의 침투를 막기 위해 보호(Capturing) 기능이 우수한 인(Phosphorus)를 도핑(doping)하고 고온에서(800℃) 유체 특성이 있는 붕소(Boron)를 첨가하여 평탄화 특성을 좋게 하면서 식각율(Etch rate)을 증가시키기 위한 BPSG(Boro-Phospho Silicate Glass) 박막이 요구되어진다.

(4) PMD TEOS

켄텍 텅스텐 플러그(Contact W- PLUG)의 전면식각(Etch Back)을 적용하지 않고 CMP 공정을 적용할 경우 바로 밑에 층(Under layer)인 BPSG 층의 식각율(etch rate)이 일반 산화막(SiO_2)에 비해 빠르기 때문에 W-CMP시 BPSG 박막층이 늘어 났을 때 가장자리(Edge)에 비해 중앙(Center) 부위가 많이 제거되는 디싱(dishing) 현상이 일어나기 때문에 이를 방지하기 위해 PMD CMP후 PE TEOS 박막을 비교적 얇게 증착 한다.

(5) ARC SiON (Anti Reflectance Coat : 비반사 증착)

금속 박막선(Metal line)이 집적화(Sub micron)에 도달하면서 Deep UV를 사용해야 원하는 CD를 구현할 수 있는데 이때 Deep UV 광원의 파장이 248nm 이므로, 금속 박막층의 비반사 막박 층(ARC Layer)로 주로 사용된 ARC TiN의 반사도가 248nm 영역에서 60%을 상회하는데 이 경우에 정확한 CD를 얻을 수가 없기 때문에 반사도를 3% 이하로 낮추기 위해 입사각에 대한 반사각이 $\lambda/2$ 위상 변화가 일어나 상쇄 간섭이 일어나도록 SiON 박막을 250Å 두께로 금속 박막 위에 증착하며, 또한 Deep UV Photo resist acid 성분에 의해 SiON 박막 형성 시 발생한 Amine기와 반응하여 감광액(PR)이 footing 현상이 발생 하는데 이를 막기 위해 추가로 Cap oxide(SiO_2) 50Å을 SiON 박막 위에 증착한다.

(6) SOG Coat/Cure or HDP IMD

금속 박막과 금속 박막 사이의 절연막 겸 평탄화를 위해 공극 채우기(Gap fill) 능력이 우수한 SOG 코팅(Coating) 공정 또는 증착 식각(Dep etch)공정인 HDP를 사용한다.

(7) PO Oxide, Nitride

마지막 금속(metal) 공정 이후 소자를 패키징하기 전 취급과정에서의 스크레치(scratch) 및 패키징 후 수분이나 오염물질로부터 소자를 보호하기 위한 막으로 사용되며, 특히 질화막(SiN) 막은 위에서 언급된 보호막으로서 가장 훌륭한 막질이지만, 스트레스(Stress)가 강해 이를 완화시키기 위해 질화막(SiN) 증착 전에 산화막(SiO2)을 증착하여 스트레스(Stress)를 완화시키는 역할을 하도록 한다.

2) 플라즈마 손상(plasma damage)

게이트 산화막(Gate oxide) 두께가 50Å 이상 소자에서는 플라즈마를 사용하는 장비의 플라즈마 불균일도(Plasma non-uniformity)에 의해 안테나(Antenna) 효과로(피뢰침에 낙뢰가 떨어지는 현상) 게이트 산화막(Gate oxide)이 파괴되는 현상이 거의 발생하지 않고 있지만, 게이트 산화막(Gate oxide) 두께가 50Å 이하 소자의 경우 금속(metal) 공정 이후 플라즈마 공정 시 Antenna 효과에 의한 게이트 산화막(Gate oxide) 파괴현상이 반도체 제조 공정에서 종종 발생되고 있다.

특히 몇 년 전까지 만해도 식각 공정에서만 플라즈마에 의한 손상문제(Plasma damage issue)가 있는 것으로 알려져 있었으나 PE CVD 증착 공정 중에도 Antenna ratio가 큰 소자에서는 플라즈마 손상이 발생되는 것으로 확인되었으며, 실제 평가 패턴(test pattern)을 통해 검증 절차를 걸쳐 확인 된 경우도 많다.

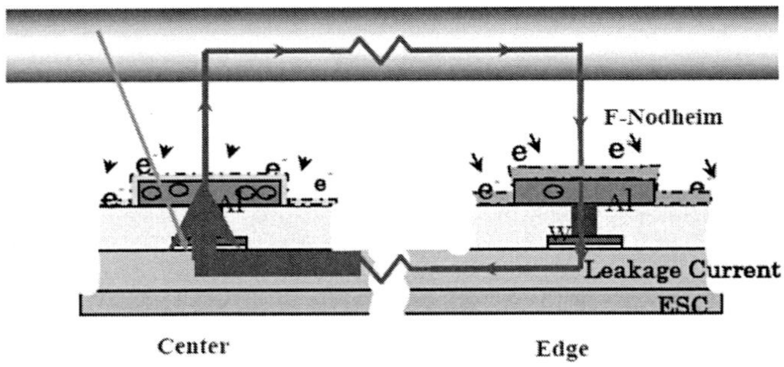

그림 1-16 안테나 효과에 의한 플라즈마 손상

증착 공정 중 발생될 수 있는 플라즈마 손상의 경우 원인 중 하나로서 챔버 압력(Chamber pressure)의 불안정을 들 수 있는데, 특히 챔버 압력(Chamber pressure)이 낮을 경우 플라즈마 밀도가 상대적으로 넓게 퍼지면서 플라즈마 불균일도를 초래 하며, 초기 플라즈마 점화(Ignition : Plasma on) 과정 중 발생될 확률이 가장 크다. 이에 대한 해결책으로는 공정 압력을 높여 해결할 수 있다.

이외에도 증착 온도와의 연관성도 배제할 수 없는데, 이는 낮은 온도에서 증착이 이루어질 때 산화막내에 트랩 전하(Trap charge)들이 많이 형성되어 게이트 산화막(Gate oxide) 파괴를 가져올 수 있으므로 적절한 증착 온도를 설정하여 트랩 전하(Trap charge)의 형성을 줄여 문제를 해결할 수 있다.

플라즈마 손상(Plasma damage)을 사전에 예방하기 위한 방편으로 실시간 모니터링이 가능한 장치로 SDI사의 PDM(Plasma Damage Monitor) 장비와 Keithley사의 Quntox라는 장비가 있다. 두 장비 모두 같은 원리를 적용하고 있다. 즉, 산화막 표면의 포텐샬 전하(Potential charge)를 특수 캐패시턴스(Capacitance) 측정 프로브(Kelvin probe)로 캐패시턴스를 측정하여 플라즈마 불균일도(Plasma non-uniformity)를 점검하는 방식이다. 그러나 실제 소자의 패턴 밀집도(Pattern density)등이 전혀 고려되지 않은 상황이기 때문에 정확도에서는 떨어지나 장비를 장기간 모니터링하면서 경향을 분석하여 이상 유무를 판정하고 사전 예방 하는데 어느 정도 도움이 된다. 이외에 'Charm' 웨이퍼로 불리는 EPROM을 이용한 소자로 플라즈마를 전문적으로 모니터링하는 소자가 있으며, 대부분의 반도체 제조 공정에서는 자체적으로 평가 패턴(Test pattern)을 활용하여 주기적인 모니터링을 하는 경우가 많다.

요 약

- 화학기상증착 공정에 대한 전반적인 이해에 대한 내용이 포함된다.
- 화학기상증착 공정에 사용할 적합한 화학기상 증착 장비의 선정 능력에 대한 내용이 포함된다.
- 각종 화학기상 장비 운영 기술(APCVD, Thermal CVD, PECVD, LPCVD 등)에 대한 내용이 포함된다.

연습문제

01 CVD란 무엇인지 간략하게 설명하고 장단점을 논하시오.

02 CVD 막 용도 중 절연막의 역할을 간략하게 논하시오.

03 CVD 분류법 중 반응 방법에 따라 분류하고 장비 구성 각 요소를 설명하시오.

04 플라즈마 원리를 설명하시오.

05 SOG 공정과 원리를 설명하시오.

2
Chapter

PVD 공정 기술

1. 금속 배선(Metal Interconnect)의 목적 및 역할

PVD(Physical Vapor deposition)은 고체 물질로 부터 박막을 얻기 위해 기계적 혹은 열역학적 방법을 사용하여 얻는 공정이다. 일상생활에서의 예로는 추운 날 생기는 서리를 들 수 있다. 도포할 물질들에 에너지나 열을 가해 주면 표면으로부터 작은 입자들이 떨어져 나간다. 이 입자들을 차가운 표면에 부딪치게 하면, 입자는 에너지를 잃고 고체층을 형성하게 된다. 이 모든 과정은 진공상태의 챔버 내에서 이루어져 입자들이 자유롭게 챔버 내의 공간을 이동할 수 있게 된다. 입자들은 직성방향으로 나아가려는 경향이 있기 때문에 물리적 방법으로 도포되는 박막은 일반적으로 방향성을 가진 상태가 된다.

1) 금속 배선

모든 전기 제품이 전선을 통해 전기를 공급해야 작동하듯이, 반도체 칩(chip)도 외부로부터의 전원(전류)을 내부 소자에 전달해야 동작한다. 외부로 부터의 전원(전류)은 금속 배선을 통해 이동한다.

2) 반도체 chip에서 금속 배선의 역할

- 전원 공급(전류 이동 통로)
- 반도체 칩(Chip)과 외부를 연결
- 전기 신호의 전달

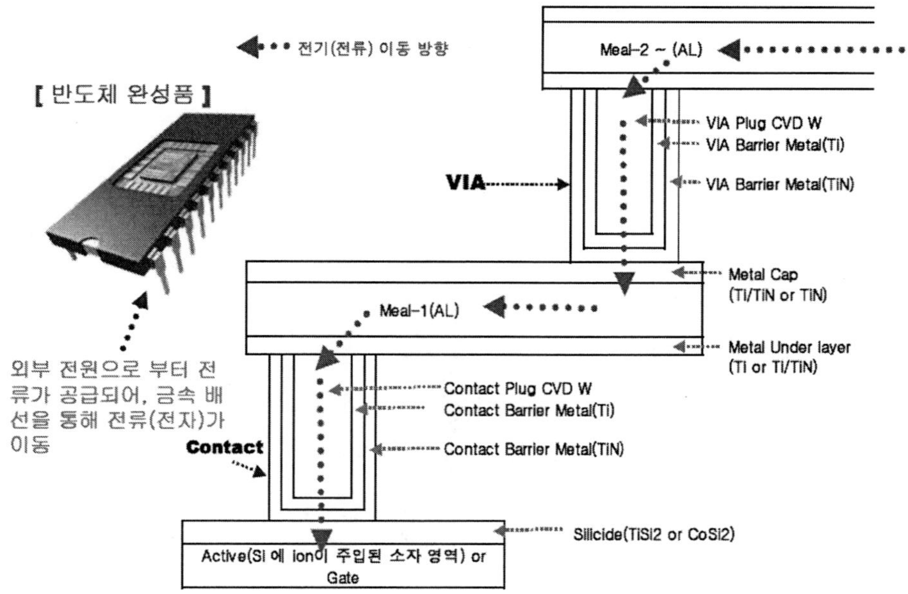

그림 2-1 반도체 공정에서 금속 배선의 단면도

Tip

Contact(콘택)
금속 배선과 소자/Gate를 연결시키기 위해 절연막에 형성된 원형의 구멍, 주로 CVD W을 구멍에 채워 넣어 전류가 흐를 수 있도록 한다.

Tip

VIA(비아)
하부의 금속 배선과 상부의 금속 배선을 연결시키기 위해 절연막에 형성된 원형의 구멍, 주로 도체인 CVD W을 채워 넣어 전류가 흐를 수 있도록 한다. METAL-1 상부 비아가 VIA-1이라 한다.

2. 금속 공정의 종류 및 역할

1) 금속 공정의 정의

금속(Metal) 공정은 하부 구조(소자, Gate 등)가 완성된 상태의 반도체 표면에 금속 배선을 형성하기 위한 금속막(주로 알루미늄, AL)을 얇게 입히는 공정이다.

2) 금속 공정의 구분

(1) 증착(Deposition) 방법에 따른 구분

표 2-1 증착(Deposition) 방법에 따른 금속 공정 구분

<table>
<tr><td rowspan="5">PVD</td><td colspan="2">증발(Evaporation)</td></tr>
<tr><td rowspan="4">스파터링(Sputtering)
※ 금속 공정에 널리 적용</td><td>DC Sputtering</td></tr>
<tr><td>Bias Sputtering</td></tr>
<tr><td>RF Sputtering</td></tr>
<tr><td>Magnetron Sputtering</td></tr>
<tr><td colspan="3">CVD : Plug W, Barrier Metal TiN 증착시 사용</td></tr>
</table>

Tip

PVD
; Physical Vapor Deposition
물리적 기상 도포, 플라즈마를 이용하거나 금속 재료를 가열하여 금속 막을 웨이퍼에 증착하는 방식이다.

CVD
; Chemical Vapor Deposition
화학적 기상 도포, 가스의 화학 반응을 이용한다.

Evaporation
금속을 고온으로 가열하여 기체상태로 증발시켜서 금속막을 입히는 방법이다.

Deposition(증착)
금속막을 웨이퍼 표면에 얇게 입히는 공정을 말한다. 주로 증착이나 Depo라고 표시한다.

(2) 금속막(Metal Film)의 종류에 따른 구분

① 실리사이드 스퍼터(Silicide sputter) 금속 박막

실리콘과 금속의 접촉 저항을 감소시키기 위한 금속으로 Ti(티타늄)나 Co(코발트)를 스퍼터링(Sputtering) 방식으로 증착시킨다.

② 베리어 금속(Barrier Metal) 박막

CVD W을 deposition시 하부 막과의 반응을 방지하기 위해, Contact나 VIA 형성 후 증착한다.

③ 플러그 텅스텐(Plug W) 박막

콘텍(Contact)이나 비아(VIA) 형성 후 공극을 채우는 금속으로 CVD 방식으로 증착을 한다.

④ 금속(Metal : AL) 박막

배선을 형성하는 금속으로, Ti/TiN/AL/TiN(상부 Cap), Ti/AL/Ti/TiN, Ti/AL/TiN 등의 구조가 주로 적용된다.

3. 스퍼터링(Sputtering)의 원리 및 이해

1) 진공(Vacuum)

(1) 진공이란

일정한 공간 특히, 장비의 챔버에 존재하는 공기를 제거한 상태이다.

(2) 목적

챔버 내의 불순물을 제거하여 고순도의 금속막을 얻기 위해 진공이 필요하다.

(3) 스파터 챔버의 진공

5×10e8 Torr 이상의 고진공이다(대기 1기압=760 Torr).

(4) 챔버의 진공을 만들기 위한 진공 펌프

Cryo(크라이오), Tuerbomolecular(터보) 등의 고진공 펌프와 저진공 펌프로 건식(Dry) 펌프를 주로 사용한다.

2) Plasma(플라즈마)

(1) 정의

집합적인 성격을 나타내는 대전된 중성 입자들의 준 중성(quasi- neutral) 가스이다.

(2) 설명

"가스"는 전기적으로 중성 상태의 원자들이 모인 상태를 말하며, 플라즈마는 중성 원자와 함께 동일한 수의, 이온화된 원자와 전자가 함께 섞여있는 상태이며 주로 보라색을 띤다. 플라즈마가 형성되어야 이온이 금속 타겟과 충돌하여 스파터링이 가능하게 된다.

Tip

챔버(Chamber)
장비에서 각각의 금속을 입히는 작업이 진행되는 별도의 용기, 진공상태로 유지한다.

Cryo pump
초저온(10°K, 0°K=−273℃)으로 냉각 압축된 He을 이용하여 가스를 얼어붙게 한다.

Turbo pump
선풍기 날개 같은 여러 개의 blade가 초고속으로 회전(25000 RPM 이상)하여 챔버로부터 가스를 뽑아내어 진공 상태를 만든다.

(3) 플라즈마의 특징

가스의 이온화 정도는 입자의 이온화 에너지가 낮을수록, 온도가 높을수록, 압력이 낮을수록(중성 입자가 적을수록) 높아진다.

평균 자유 행로(Mean Free Path)는 플라즈마 내의 입자들이 다른 입자, 전자, 이온과 충돌하지 않고 이동할 수 있는 평균 거리를 말하며, 플라즈마의 이온화율에 영향을 준다.

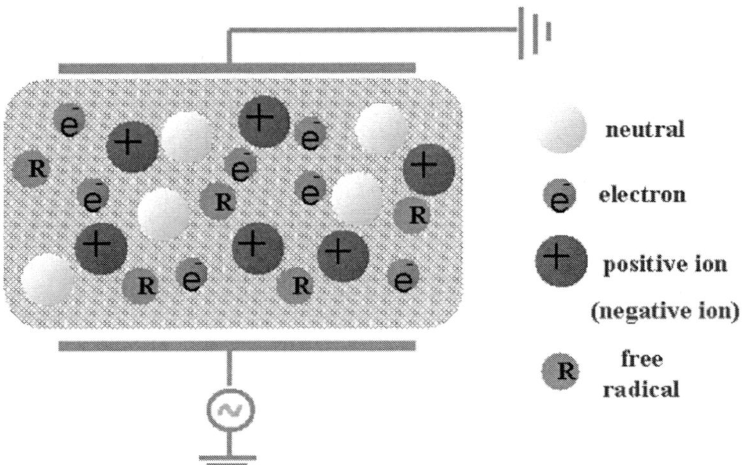

그림 2-2 플라즈마 이온화 과정

3) 스퍼터링의 과정(Sputtering Sequence)

① 챔버를 진공 상태로 만든다.
② 웨이퍼를 챔버에 넣는다.
③ 챔버에 아르곤(Ar) 가스를 주입한다.
④ 목표금속물(타겟)에 직류 음전하(−)를 공급한다.
⑤ Ar 가스가 이온화되어 플라즈마 상태가 된다.
⑥ Ar+이온이 음극인 타겟으로 날아간다.
⑦ Ar+이온이 타겟 표면에 충돌한다.
⑧ 타겟으로부터 금속 입자가 분리된다.
⑨ 타겟에서 이탈된 금속 입자가 웨이퍼로 날아와 웨이퍼 표면에 박힌다.

4) 스퍼터링(Sputtering) 이란

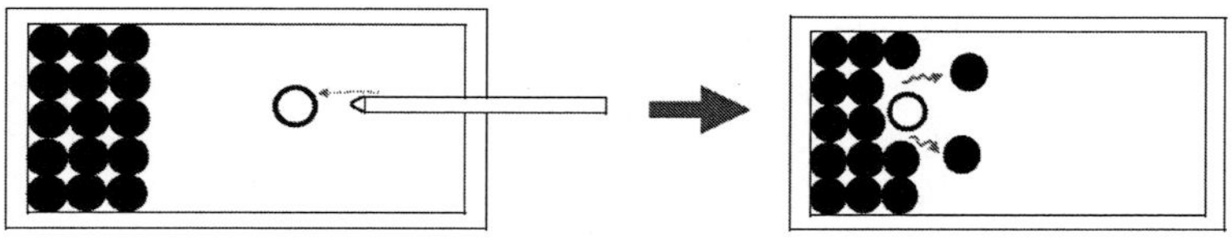

그림 2-3 스퍼터링의 원리

당구대에서 큐대로 흰공을 때려 한쪽 끝에 정렬된 검은 당구공들 에 충돌시키면 충격을 받은 검은 공들이 튀어나온다. 검은 공이 결합되어 뭉쳐진 상태가 target, 흰공이 Ar(아르곤) 이온, 큐대가 DC power라고 생각하자.

Tip

Ar(아르곤)
스파터링에 사용되는 가스로 불활성이다. 즉 다른 원자와는 화학적으로 반응하지 않는다.

5) Sputtering의 기본 원리 설명

진공 상태의 챔버에 아르곤(Ar) 가스를 주입하고 타겟에 "–" DC power를 공급한다. 그러면, 타겟으로 부터 방출된 전자가 중성의 Ar 원자와 충돌하여 Ar의 최외각 전자를 분리 시키고 Ar은 Ar+ 상태의 양이온이 된다.

Ar+는 당연히 "–" 인 타겟쪽으로 끌려가게 된다. Ar+가 고속으로 날아가 타겟 표면에 충돌한다. Ar+이 충돌한 타겟 표면에서 충돌 에너지에 의해 떨어져 나온 금속 입자가 웨이퍼 위에 날아와 쌓이게 된다. Ar+이 타겟에 충돌할 때 충돌 부위의 타겟에서 2차 전자가 방출되어 Ar의 이온화에 이용된다.

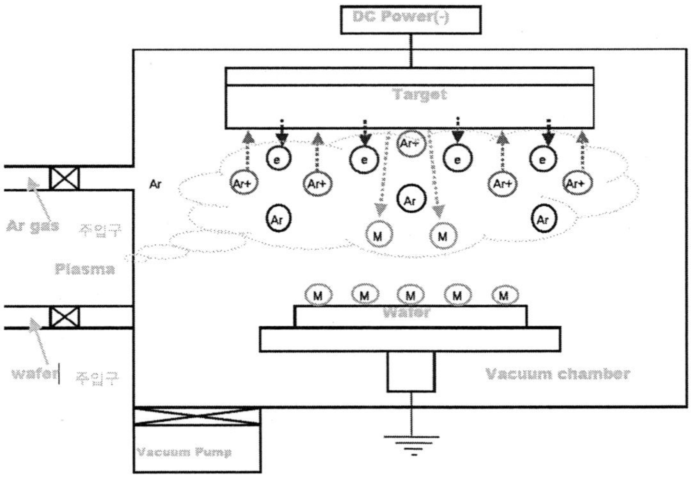

Ar : 아르곤 가스, Ar+ : 아르곤 이온(양이온), e : 전자, M : 금속 입자

그림 2-4 스퍼터 구조 및 기본원리

Tip

Target(타겟)
웨이퍼에 입힐 금속막의 원료가 되는 원형의 금속 덩어리, 웨이퍼 반대편에 장착한다.

Wafer(웨이퍼)
반도체를 만드는 원형의 얇은 Si(규소) 판을 말한다.

6) 스퍼터링의 종류

(1) 직류 (DC, Direct Current) 스퍼터링

① 원리 및 메카니즘

가스의 방전(Discharge)이란 용기(chamber)내에 가스를 주입한 상태에서 전류가 흐르는 것이다. 챔버의 양단(target 및 wafer)에 DC 전압을 인가하고 전압을 서서히 증가시키면, 전류가 서서히 증가하고 전압이 600V를 넘어서는 순간 전류가 급속히 증가하여 전압이 증가하지 않아도 전류가 증가한다. → Gas breakdown(Vb) 전류의 breakdown이 일어나기 전의 영역을 "Townsend discharge"라고 하는데, 작은 전류만 흐르며 Vb의 일정한 전압에서 전류가 계속 증가한다.

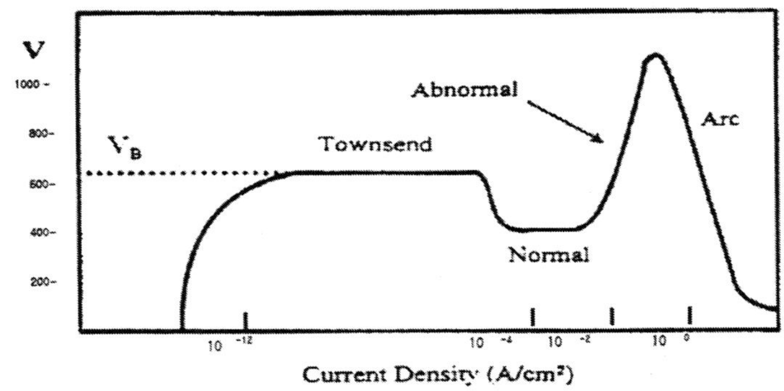

그림 2-5 DC Glow 방전의 형성그림

이때 챔버의 양극에 가해진 전장을 따라 이동하는 전자가 챔버에 주입된 Ar 가스와 충돌하여 Ar을 양이온화 시키고, 이 양이온이 타겟에 충돌하여 2차 전자를 방출시킨다. 급격히 증가하는 전자가 계속 이온을 만들어 이온이 급증(Avalanche)하는 상태를 만들고 방전이 자체적으로 유지된다. 이때, 보라색 빛을 발하는 플라즈마가 형성되고, 전압은 감소하고 전류는 금격히 증가하게 되는데 이를 "Normal Glow"라 한다. 이때 양이온의 충돌은 일정하지 않고 스퍼터링이 타겟(target)의 끝이나 돌출 부위에 집중 된다.

전원를 계속 증가시키면 스퍼터링이 타겟 전체에서 일정하게 일어나고 방전 전압 과 전류가 모두 증가하는 "Abnormal Glow" 구간이 형성되는데, 이 영역이 스퍼터링에 사용하는 구간이다.

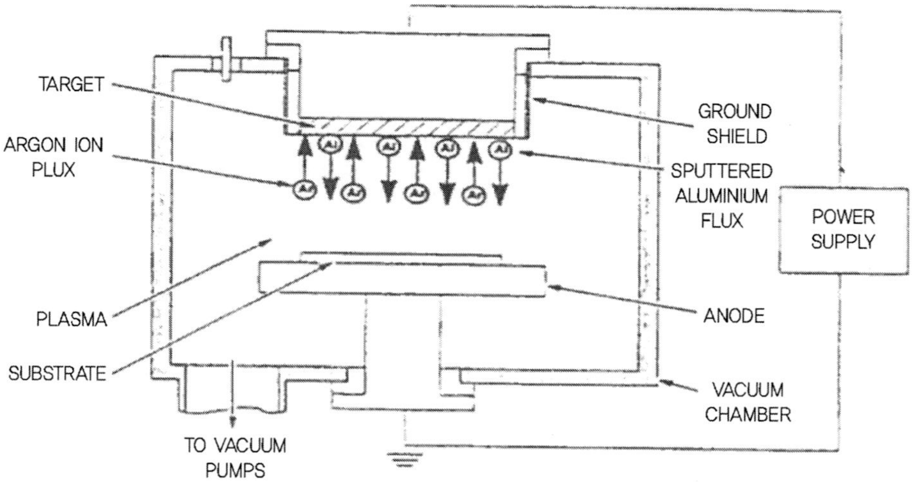

그림 2-6 DC 스퍼터 시스템 구조

② 특징

스퍼터링에 적용되는 비정상 글로우 방전(abnormal glow discharge)을 형성시키는 변수가 Breakdown 전압이다. 이 전압은 2차 전자의 평균 자유 행로를 결정하는 챔버 내 가스(Ar) 압력과, 음극과 양극 사이의 거리에 영향을 받는다. 만일 기체 압력이 너무 낮아서 2차 전자의 평균 자유 행로가 너무 커지거나 음극(target)과 양극(웨이퍼) 사이의 거리가 너무 짧으면, 2차 전자가 Ar 원자와 충돌하여 충분한 이온을 만들기 전에 타겟에 충돌한다. 또, 반대로 압력이 너무 높거나 양극간 거리가 너무 먼 경우, Ar+ 이온이 다른 입자와 비탄성 충돌할 기회가 많아져서 속도가 느려지고 2차 전자가 감소한다.

방전 전류나 전압, Ar 압력에 따라 스퍼터링 효율이 큰 영향을 받고, 많은 금속 재료에 대해 넓은 면적의 균일한 막(target 직경의 50~60% 내외에서 ±5% 이하)을 얻을 수 있다.

③ 문제점

전자가 target에서 웨이퍼까지 먼 거리를 이동하며 Ar 가스를 이온화시키기 때문에, Ar 원자의 수% 정도만 이온화되는 비효율적인 방식이다.

(2) Magnetron Sputtering

① 원리 및 메카니즘

타겟(Target)에 인가된 "−" power는 타겟(Target) 면에 수직한 방향으로 전기장을 형성시킨다. 이때 타겟(Target) 면에 수평한 방향으로 자기장을 걸어주면, 전자는 타겟(Target) 표면 근처에서 나선 운동(Spiral motion)을 하게 된다. 전자가 타겟(Target) 부근에서만 운동하므로, 실제로 스퍼터링이 일어나는 타겟(Target) 표면 근처에서 Ar을 집중적으로 이온화시킬 수 있다.

또한, 전자의 나선 운동을 통해 전자가 Ar과 충돌할 확률을 크게 증가시킨다. 이와 같은 효과를 통해 스퍼터링 효율을 획기적으로 향상 시킬 수 있다. 최근에는 막 두께의 균일도(uniformity), 증착율(deposition rate), 타겟 부식(target erosion)개선을 위해, 기존의 planer Magnetron 방식 대신 자장(electric field)의 범위를 타겟 전면에 만들어 주는 영구 자석의 circular Magnetron 방식을 일반적으로 사용한다. 영구 자석이 타겟(Target) 주위를 회전 운동한다.

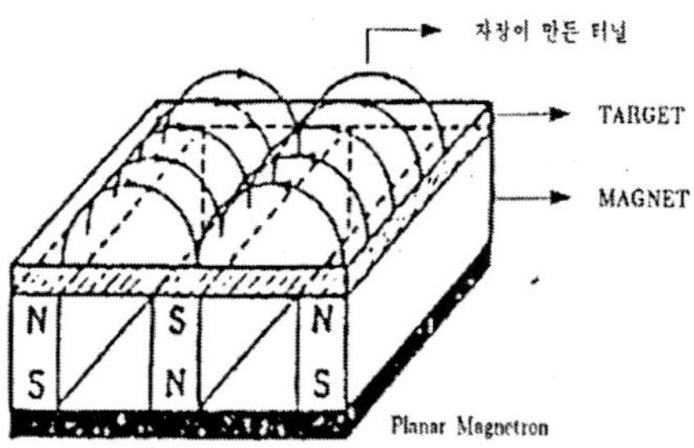

그림 2-7 Magnetron Sputtering의 기본 원리

그림 2-8 Sputtering용 타겟 모형

② 특징 및 장점

- 타겟 표면의 전류 밀도가 기존 DC 다이오드(diode) 방식에 비해 10~100배 향상되므로, 스퍼터 효율도 크게 개선된다.
- 막 두께 균일도를 개선하기 위해, 타겟의 크기가 웨이퍼의 크기보다 크게 제작된다. 8인치(200mm) 웨이퍼의 경우, 타겟 크기는 보통 14인치를 사용한다.
- 현재의 스퍼터는 대부분 circular Magnetron 방식을 채택하고 있다.

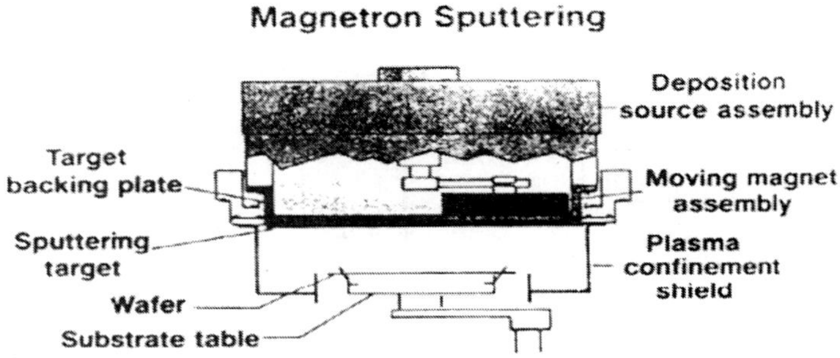

[Circular planar Magnetron Sputtering system source]

그림 2-9 Magnetron Sputtering 구조

(3) RF(Radio Frequency) Sputtering

① 원리 및 메카니즘

절연막에 비아(VIA) 홀을 형성한 후, Barrier Metal을 증착하기 전에 비아(VIA) 하부의 금속막 표면에 존재하는 자연 산화막을 제거해야만 비아의 Rc 값을 낮출 수 있다. 즉, 절연막 상태의 웨이퍼 표면을 스퍼터링을 해야 하는데, 절연막 표면을 스퍼터링 하기위해 절연막이 코팅(coating)된 웨이퍼에 음전압을 인가하면, Ar+의 양전하가 절연막 표면에 충전(charge up)된다. 양전하로 충전된 웨이퍼 표면으로는 플라즈마 내의 Ar+ 이온이 지속적으로 날아올 수 없다.

따라서, 양전하로 충전된 웨이퍼 표면에 전자를 공급하여 웨이퍼 표면과 플라즈마 내의 Ar+ 간의 전위차를 높여야 스퍼터링이 계속될 수 있는데, 절연막이 존재할 경우 웨이퍼 쪽에 음전압을 가해도 절연막을 통과하여 절연막 표면으로 전자를 공급할 수 없기 때문에 스퍼터링이 중지된다.

RF 스퍼터링은 웨이퍼 뒷면의 전극에 (+)와 (−) 전압을 교대로 인가하는데, 공업용 주파수인 13.56 MHz를 사용한다. 이는 1초에 13,560,000번 (+)와 (−)가 교차한다.

이 고주파 전위를 웨이퍼쪽에 걸어주면, "−" 주기 동안에는 Ar+를 끌려오게 하여, 웨이퍼 표면의 절연막을 스퍼터링하여 식각한다. 다음 "+" 주기 동안에는 플라즈마 내의 전자를 끌어와 절연막 표면에 충전된 Ar+를 중화시킨다. 따라서, 절연막 표면의 Ar+ 흡착(charge-up) 문제를 해결하면서, 절연막의 스퍼터링이 가능하다.

Tip

타겟부식(Target erosion)
사용 후에 교체한 타겟의 표면은 균일하지 않고, 굴곡을 가지게 됨

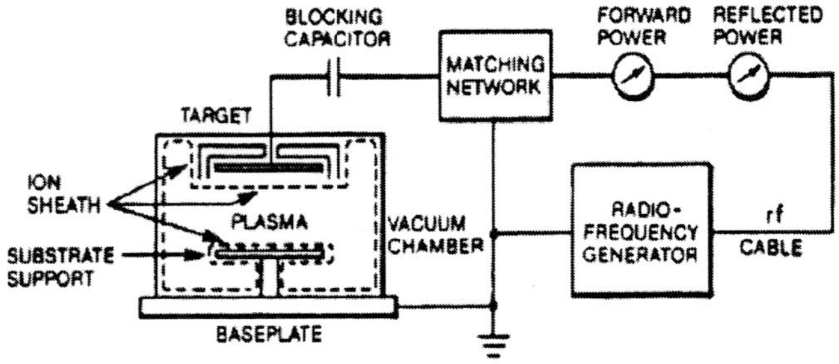

그림 2-10 RF 스퍼터링 구조

② 특징 및 장점

- 비아(VIA) 형성 후, 장벽 금속막(Barrier Metal) 증착시 실시간(In-situ)으로 절연막을 식각 하는데 이용한다.
- 웨이퍼에 전압을 인가하는 방식을 Bias 스퍼터링이라 하므로, 일반적으로 장벽 금속막(Barrier Metal) 증착시의 절연막 식각을 RF bias sputter라고 한다.

(4) Reactive 스퍼터링

■ 원리 및 메카니즘

타겟과 동일한 단일 성분의 금속막 대신에 TiN등의 혼합물(compound) 금속막을 형성하기 위한 방식이다. Ti 타겟을 사용하여 DC sputtering을 진행하는 챔버에 N_2 가스를 주입한다. Ti 원자가 웨이퍼 표면에 도달한 후 질소(N) 가스 원자와 반응하여 TiN 막을 형성한다. N_2 가스의 부분 압력에 따라 Ti와 N의 조성비(stoichiometry)가 달라지게 된다. 일반적인 N_2 : Ar 비율은 1 : 1이다. 막의 특성은 N_2 부분압, 전체 가스 압력, 스퍼터링 전원, 웨이퍼 가열 온도에 영향을 받는다.

Tip

In-situ
진공 상태에서 2개 이상의 공정을 연속 진행하는 것이다. 진공 챔버에서 나온 후 추가 공정을 진행하는 방식은 Vacuum break이라 한다.

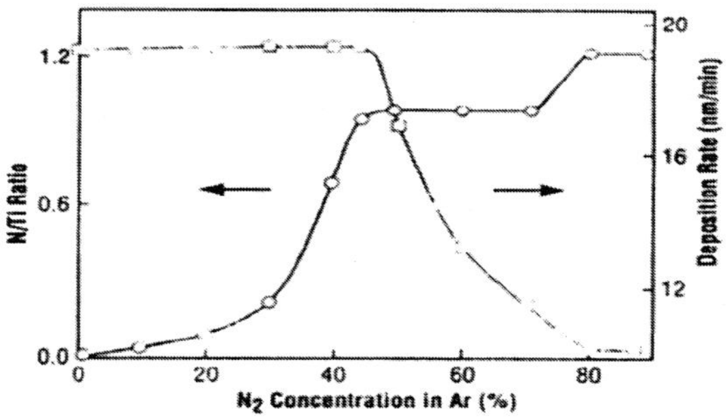

그림 2-11 N_2와 Ar 비율에 따른 Ti/N 조성비 및 증착 속도

4. 금속막의 종류 및 역할

1) 장벽 금속(베리어 메탈, Barrier Metal)

(1) 역할

콘텍 W의 WF_6와 하부 실리콘(Si) 및 금속박막(Metal)과의 반응(diffusion)하는 것을 방지하고, 접착을 용이(Adhesion layer) 하도록 하는 금속층을 말한다.

(2) 주요 용어 정의

① 단차율(Aspect Ratio(A/R))

a/b로 정의, 구멍의 폭이 좁을수록 A/R은 커지고 베리어를 균일하게 채우기 어렵게 되어진다.

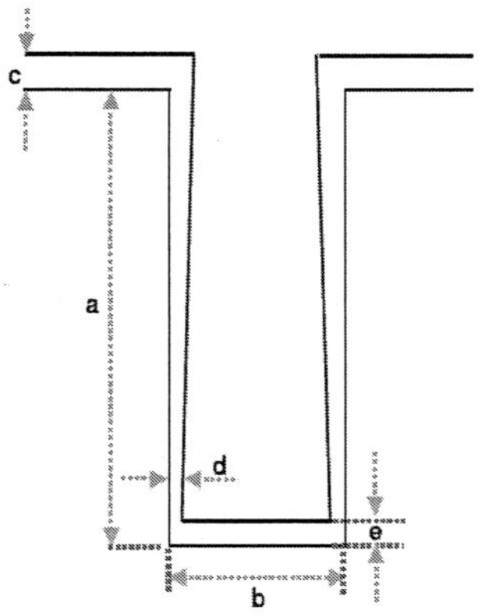

a : 절연 막 두께
b : 비아/콘택 홀의 폭(width)
c : 상부 편평한 부위의 막 두께
d : 홀 측벽에서 가장 얇은 금속막의 두께
e : 홀 하부의 금속막의 두께

그림 2-12 금속박막의 비아/콘텍 홀

② 고른 덮힘율(Step Coverage(S/C, %))

구멍 내에 베리어 금속의 두께가 균일한 정도를 나타내는 지수로써 측벽(Side wall) S/C는$(d/c)\times100$이며, 바닥(bottom) S/C는 $(e/c)\times100$로 표현한다. S/C가 클수록 베리어 특성이 우수하다.

③ 장벽 금속막(Barrier Metal)에 필요한 조건

- 장벽 금속막(Barrier Metal)을 통한 확산이나 반응이 없을 것
- 비저항(ρ)과 콘택 저항(Rc)이 낮을 것

Tip

비저항(resistivity)
물질의 고유한 저항값을 말하며, 비저항 ρ = Rs(sheet resistance, Ω/a) X t(금속막의 두께)으로 표현되어진다. 일반적으로 알루미늄(Al)은 2.65, 티타늄(Ti) 55.0, 합금인 Al-Cu은 3.0이다. 비저항이 낮을수록 금속에서 전자의 이동 속도가 빨라진다.

Adhesion(부착 특성)
베리어가 홀의 측벽에 잘 붙어있는 정도를 말하며, 이 특성이 나쁘면 막이 떨어지는 현상이 발생하게 된다.

- 부착(adhesion) 특성이 좋을 것
- 고른 덮힘율(Step Coverage)이 우수해야 함
- 열적(thermal) 및 기계적(mechanical) 스트레스에 대한 저항성이 우수해야 함

④ 장벽 금속막(Barrier Metal) 증착 기술(step coverage 개선)

- 콜리메이트(Collimator) : 타겟과 웨이퍼 사이에 설치되는 벌집 모양의 구멍이 뚫린 원판으로 되어있으며 타겟에서 경사를 가지고 떨어지는 금속 입자는 Collimator의 홀 측벽에 걸려 붙게 되고, 웨이퍼에 수직 방향으로 직진성을 가진 금속 입자만 홀을 통과하여 증착하게 된다. 타겟 낭비가 많고 고른 덮힘율(step coverage)가 30% 이하로 좋지 않다.

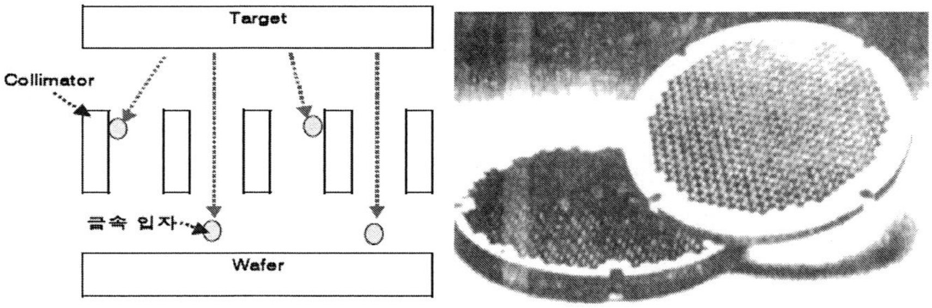

그림 2-13 콜리메이트(Collimator)의 구조

- IMP(Ionized Magnetron Process) : RF 전원 공급원 코일로 부터 발사된 전자가 타겟에서 분리된 금속 입자에 충돌하여 금속을 "+"로 이온화 시킨다. 웨이퍼에 바이어스 전원 공급(Bias power supply)를 설치하여 "−" 전원을 공급하면 "+"의 금속 이온은 수직 방향으로 직진성을 가지고 웨이퍼로 끌려온다. 고른 덮힘율(step coverage)이 50% 이상으로 우수하고, 타겟 효율이 좋으며 홀 상부의 오버행(Overhang) 제거 효과도 있다.

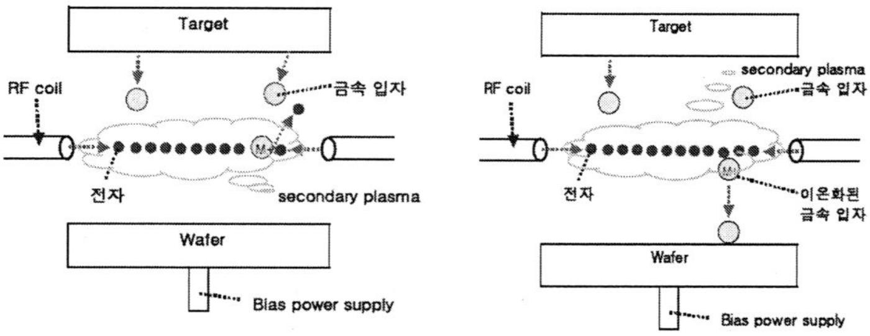

그림 2-14 IMP(Ionized Magnetron Process) 구조

- CVD TiN : 높은 단차비(High aspect ratio)을 가진 소자나 협소한 비아(narrow Via)나 콘택을 가진 구조에 균일한 두께의 TiN 막을 형성하기 위해 사용한다. 스퍼터와 달리 가스(TDMAT, N_2, H_2)의 화학적 반응으로 CVD 막이 성장한다.

  TDMAT : $Ti(N[CH_3]_2)4$. Resistivity 〈 600uohm-Cm

  반응식 : $6Ti(N[CH_3]_2)4$ (gas)+4 N_2(gas)+12 H_2(gas)

  → 6TiN(film)+$24HN(CH_3)_2$ (가스 상태로 제거)+N_2(g가스 상태로 제거)

- –장점 : 우수한 고른덮힘율(step coverage), 낮은 스트레스(low stress), 비결정질(amorphous) 구조로 우수한 확산 방지 능력이 있다
- –단점 : 이 박막은 고유저항이 크며(high resistivity), 과도한 carbon 함유량(~25%), 공기중에서 산화하여 저항 증가
- –종류 : Standard TXZ(0.25um, 450℃), HP+TXZ(0.18um, 380~400℃)

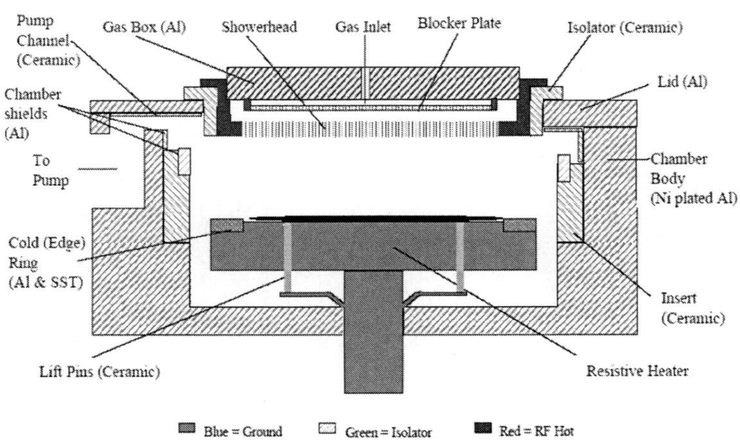

그림 2-15 CVD TiN 챔버 구조

Tip

Overhang
비아/콘택 홀 상부의 모서리, 스파터링시 이 모서리에 증착된 금속이 홀 하부 측벽에 금속이 증착되는 것을 방해한다.

Tip

HP(High Productivity) CVD TiN
Lid assembly, heater, process kit을 개선하여, step coverage와 PM 주기를 개선함

Stress
금속막은 외부의 열적, 물리적 영향으로 변형하려는 성질이 있음

Amorphous(비정질)
결정화 되지 않고Grain boundary가 없어 다른 성분이 막을 통과하기 어려움

2) Plug CVD W(텅스텐)

(1) 용도

우수한 Filling(홀을 잘 채우는) 특성으로, VIA나 콘택 홀을 채우는데 쓰인다. 챔버의 Shower head를 통해 가스를 주입하고, gas(WF6+H_2 or SiH_4)의 화학적 반응에 의해 W 막이 성장한다. CVD W은 Oxide(SiO_2)나 Nitride(Si_3N_4) 상에서는 성장하지 않기 때문에, 하부의 TiN이 베리어 역할과 Nucleation seed 역할을 한다.

(2) 장점

열적인 안정성(Melting point 3410℃), 우수한 Conformal(등각의) Step coverage, Low stress(5×10dyne/cm^2), 우수한 EM 및 Corrosion 저항성

(3) 단점

High resistivity(7~12uΩ-Cm), "F"에 의한 AL 이나 Ti attack, Oxide나 Nitride에 Adhesion 특성 불량

(4) CVD에 의한 박막형성과정

① Shower head를 통해 챔버에 gas 주입
② 확산에 의해 gas가 웨이퍼의 표면으로 이동
③ 웨이퍼 표면에서 gas가 TiN에 흡착(absorption) 및 표면 반응
④ 불순물(by-product)의 탈착(desorption)

Tip

Corrosion(부식)
금속이 외부 성분과 반응하여 부식하는 현상, 금속이 부분적으로 제거됨

Conformal step coverage
막이 하부와 측벽에서 균일한 두께로 성장하는 특성

Shower head
gas가 주입되는 주입구

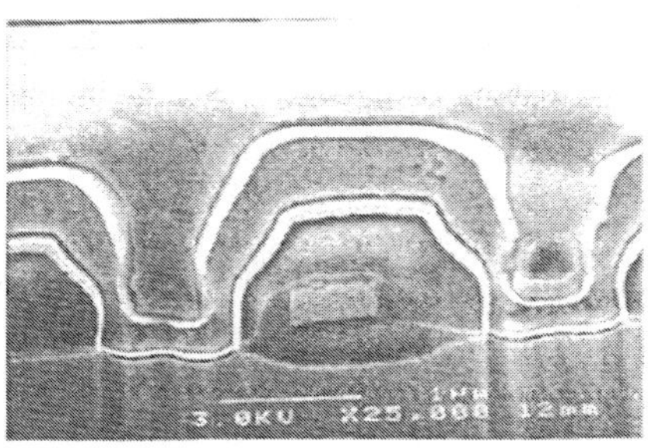

PVD Al

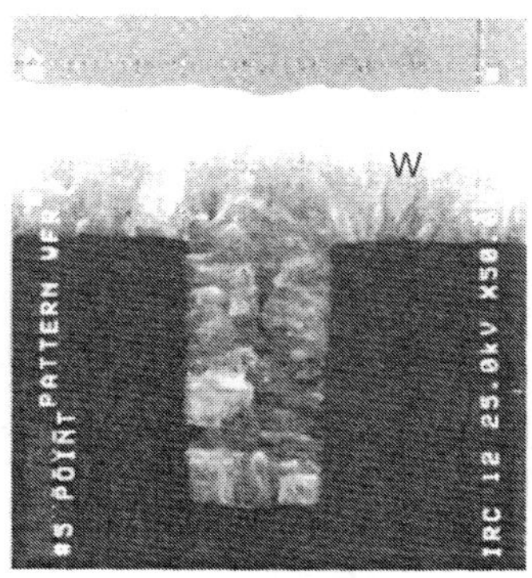

CVD W

그림 2-16 CVD W과 스퍼터링 의한 공극의 특성비교

(5) 반응 화학 구조(Reaction chemistry)

① Nucleation : TiN 상에서 결정핵 생성

2 WF6(gas)+3SiH$_4$(gas) → 2 W(W film)+3SiF$_4$(gas)+6H$_2$(gas)

② Bulk Deposition : W막 성장

WF6(gas)+3H$_2$(gas) → W(W film)+6HF(gas)

(6) CVD W 증착 방식의 종류

① FCW(Full Coverage W)

WEE(Wafer Edge Exclusion)이 없이 wafer 전면에 W 막이 증착된다. 증착 온도는 400℃ 전후이며, W CMP로 평탄화를 시킨다.

② SRW(Shadow Ring W)

WEE에 크램프(Clamp)가 장착되어 텅스텐(W) 막이 증착 되지 않으며, 증착 시 온도는 대략 450℃ 전후이다.

(7) Plug formation step

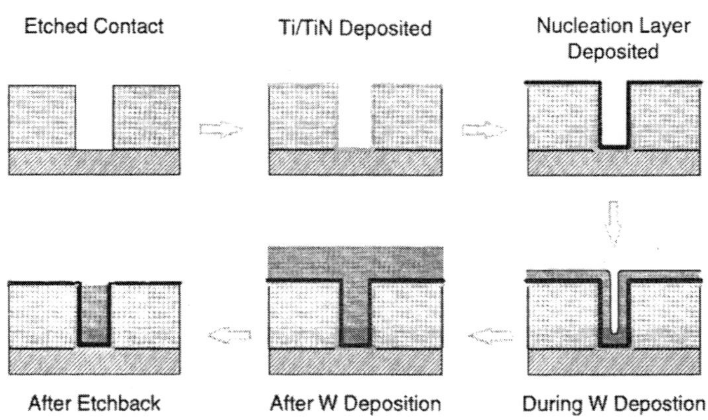

그림 2-17 플러그 구조 형성 과정

Tip

WEE
막증착 후 웨이퍼의 가장 자리에 막이 증착되지 않은 원형의 띠. Clamp에 의해 형성됨

Clamp
챔버내에서 웨이퍼를 고정시키거나, 플라즈마나 gas를 모아두는 역할을 하는 ring 형태의 금속. Clamp가 위치한 부위에는 금속이 증착되지 않음. 일반적으로 폭 3mm 이하로 형성됨

3) 배선 금속(Interconnect Metal, Aluminum, 알루미늄)

(1) 용도

AL은 30년 이상 반도체 배선 금속 재료로 가장 많이 이용되고 있다.

(2) 장점

낮은 비저항(pure Al 2.7 uΩ-Cm, Al-0.5% Cu 3.0 uΩ-Cm), 산화막과의 접착 특성 우수, 스퍼터링 공정에 적합하고 식각용이, 고증착율(High deposition rate), 싼 가격

(3) 한계

비저항(Cu 1.7 uΩ-Cm), EM(Electro-Migration) 저항성 취약, 부식(Corrosion)(F, Cu 등에 의한) 저항성 취약, Low melting temperature(660℃)로 인한 SM(Hillock).

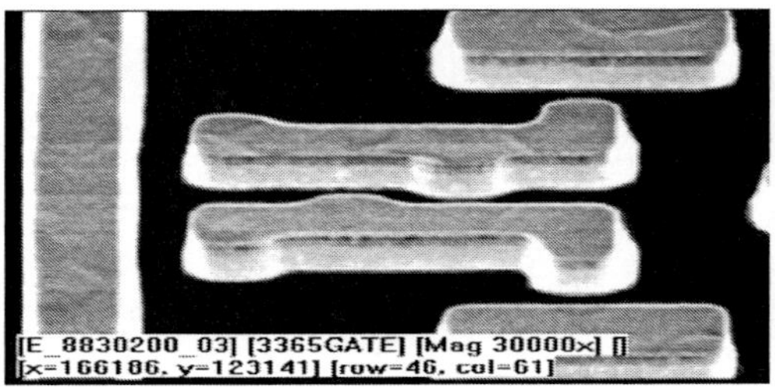

[금속 배선 표면**(by SEM)]**

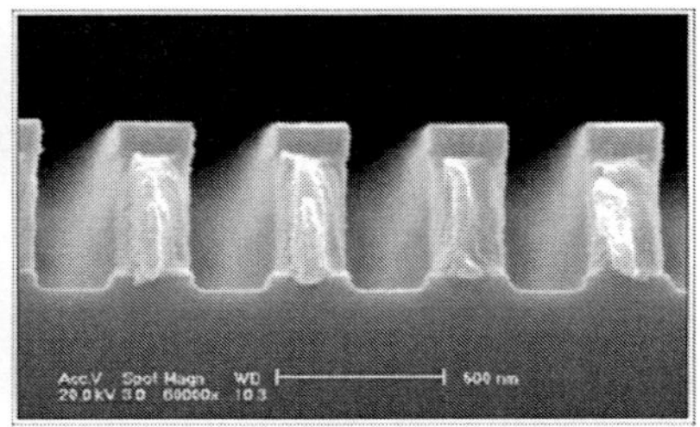

[금속 배선 단면**(by FIB)]**

그림 2-18 금속 배선의 단면

(4) 배선 금속의 막질에 영향을 주는 변수

① 기판온도(Substrate Temperature)

스퍼터링(Sputtering)시 웨이퍼 가열 온도가 높을수록 그레인 사이즈(Grain size)가 커지고 물리적 특성이 개선된다. 알루미늄(AL)은 주로 200~300℃의 온도에서 증착

② 아르곤(Ar) 압력(pressure)

보통 1% 이하로 함유되며, Ar 함유량이 많아지면 막의 스트레스(stress)를 증가시키고, 전기적 물리적 특성을 약화시킨다.

③ 합금 첨가물

금속의 EM 특성을 향상시키기 위해 2%의 Cu를 첨가함. Ti도 동일 효과

④ 전압(Power), 바이어스(negative bias)

증착율과 결정 방향등 막 구조에 영향

⑤ 후속 열처리

열처리(Sinter), IMD 박막 증착 등 열처리 온도가 높을수록 그레인(Grain) 성장

> **Tip**
> Grain
> AL은 여러 개의 단결정이 모인 다결정(Poly crystal) 구조이다. 각각의 단결정을 Grain이라 하고, 단결정간의 계면을 Grain Boundary라 한다. AL 입자는 G/B를 통해 이동하거나 성장한다.

(5) Metal(AL) sputtering system의 구조

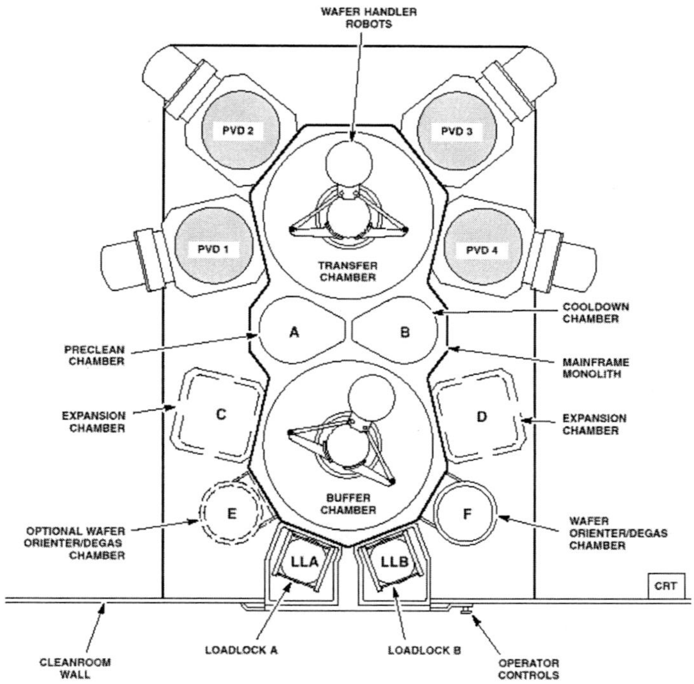

그림 2-19 금속 sputtering system의 구조

(6) 금속 박막 구조의 역할

① 알루미늄 하부 베리어 금속막(Barrier film)

주로 Ti나 TiN을 이용. 하부 Plug W 막 내부의 "F" 이 AL으로 침투하면 ALF3의 부식(corrosion)을 유발시키며, 이를 방지하는 역할. AL 하부에 Ti를 적용하면 AL과 반응하여 $TiAl_3$를 형성시킴. $TiAl_3$는 배선 저항을 증가시키나 EM 및 SM 저항성은 향상시킴

② 알루미늄(Al) 상부의 보호박막(Capping film)

알루미늄의 반사도가 높기 때문에, 배선 형성을 위한 Photo의 정렬 공정(Align) 진행시 알루미늄이 UV 빛을 반사시켜 불필요한 부위의 감광막(PR)을 제거시킬 수 있는데 이를 난반사라 한다. 난반사 발생시 금속막 식각(Metal Etch)후 금속 라인(Metal line)의 측벽이 부분적으로 식각되며 이를 Notching이라 한다. Capping은 AL 상부에서 반사도를 크게 낮추어 난반사를 방지하는 ARC(Anti Reflective Coating) 역할을 하며, Hillock 성장을 방지하는 효과도 있다.

5. 금속 박막(Metal film)의 특성평가(Parameter, 불량)

1) 모니터링 종류(Monitoring Items)

(1) Rs(sheet resistance)

① 1cm 면적에서 금속의 저항

② Omni-map에서 측정

③ Rs－ρ(resistivity)/T(금속막의 두께), 막 두께가 얇아지면 비저항이 증가함

(2) RI(Reflectivity Intensity, 반사도, %)

① 금속막 표면의 반사도는 Nano Spec.에서 측정

② 금속막의 표면에 파장 λ＝480nm의 light를 조사한 후 직반사 되는 빛의 양을 수치화. 금속의 증착 온도가 낮을수록, 증착 속도는 빠를수록 RI가 증가함

(3) Particle

① Metal의 주요 불량으로 Sub-scan으로 측정

② 발생시 Yield를 저하시키며, Scrubbing으로 제거

(4) Thickness

금속막의 두께로, Metapulse 및 XRF로 측정

(5) NU(Non Uniformity)

① 측정값간의 차이를 나타내는 지수

② Standard deviation(표준 편차) /Mean(평균값)×100

그림 2-20 금속 구조의 SEM 사진

Tip

Degas
금속 증착전에 웨이퍼를 가열하여 웨이퍼 상부의 수분이나 불순물을 제거하는 공정. 170℃나 280℃ 조건을 주로 적용함

Orient
웨이퍼가 일정한 방향으로 loading 되도록 웨이퍼를 회전시키면서 notch 위치를 확인

2) 금속막 특성 평가 항목

(1) 그레인 크기(Grain size)

알루미늄은 폴리 결정(poly crystal) 구조로 그레인(Grain)을 형성하며, SEM으로 촬영이 가능하다(그림 2-20). 그레인 크기(Grain size)는 금속막의 증착 온도, 진공도, 증착율(deposition rate)가 증가할수록 커지며, 알루미늄 증착 후 IMD 증착이나 열처리(Sinter) 공정에서 그레인 크기(Grain size)이 크게 성장한다. 그레인 크기(Grain size)가 클수록 EM 및 SM 저항성이 향상된다. 알루미늄의 그레인 크기(Grain size)는 0.5~1.0㎛ 정도로 형성 된다.

(2) 표면 거칠기(Surface roughness)

AFM이나 Step profiler로 측정한다. 표면이 거칠수록 금속막의 접착(adhesion) 특성과 EM 특성이 열화 되며, 식각 후 profile 불량을 초래한다.

(3) 화합물 조성비(Stoichiometric)

주로 TiN에서 Ti와 N의 조성비로서, 이 조성비에 따라 TiN 막의 Rs와 barrier 특성이 결정된다. RBS로 측정한다.

(4) 결정 방향(Crystal Orientation)

금속막의 EM, SM 특성에 영향을 주며, (111) 결정 방향일수록 외부 스트레스에 대한 저항성이 우수한 것으로 알려져 있다. XRF로 분석

(5) Hillock

알루미늄이 상부로 돌출하는 현상으로 힐락 주위에는 보통 Void도 발생한다. 힐락은 IMD 증착이나 열처리(Sinter)와 같은 열처리 공정 중에 성장하며, 알루미늄과 Oxide와의 열팽창 계수(Thermal expansion coefficient)의 차이로 인해 유발된다. 힐락은 Photo에서 정렬(Align) 불량을 초래하거나 IMD에 손상을 줄 수 있다. 방지를 위해서는 알루미늄 상부에 TiN capping, 알루미늄에 Cu 첨가, 알루미늄 고온 증착, 알루미늄 Etch후 열처리 등의 방법이 있다.

그림 2-21 금속 박막의 결점 사진

Tip

반도체에서의 단위
1m=100cm
=106㎛=109nm
=1,010Å
1㎛=10,000Å=10-6m

금속배선의 선폭(width)
: 0.2~0.3㎛

AL 두께
: 4,000~12,000Å

(6) EM(Electro Migration)

① 메카니즘

금속 배선에 전류를 인가하면 배선의 내부로 전자가 이동하게 된다. 알루미늄의 grain boundary는 결정이 깨어져 micro void로 이루어진 불안전한 상태이다. 질량을 가진 입자인 전자가 이동하면서 AL 입자(원자)에 충돌하면, Grain이 미세한 진동을 하면서 열이 발생한다. 장시간 전자가 충돌하면 전자의 이동 방향으로 알루미늄의 Grain이 이동하여 알루미늄이 없어지는 부위가 발생하고 결국 배선이 단선(open)된다.

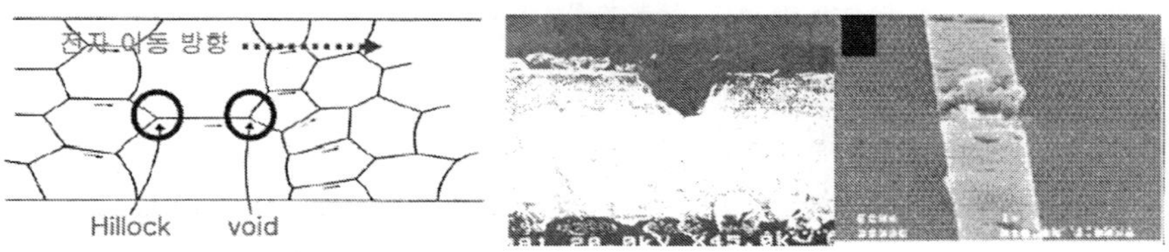

(a) EM 발생 현상 도식화 (b) EM에 의한 Metal void 및 open

그림 2-22 금속 박막의 결점 구조 및 사진

② 현상 및 특징

- 주로 그레인 3개가 만나는 triple point에서 EM이 시작되며, 그레인(grain)간의 크기 차이가 클수록(즉 매우 큰 그레인과 매우 작은 그레인이 붙어 있을 때) EM에 취약하다.
- 다층 배선 구조에서는 비아 텅스턴(VIA W)과 배선 알루미늄이 만나는 계면의 알루미늄 부위, 특히 전자가 텅스턴으로 부터 알루미늄으로 빠져 나가는 부위에서 EM이 발생한다. 텅스턴은 EM 저항성이 강하여 텅스턴 내부에서는 EM이 발생하지 않는다.

- 알루미늄에 비해 구리(Cu)의 EM 특성이 더 우수하다.

③ 배선의 EM 특성 개선 방법

- 알루미늄 내에 미량(~4 wt%)의 Cu나 Ti을 첨가한다.
- 알루미늄의 상하부에 Ti를 증착하여 $TiAl_3$를 형성시킨다.
- 배선 형성시 bamboo 구조를 형성 : 그레인 크기(Grain size)보다 배선 폭을 좁게 형성하여 triple point를 제거한다.
- 알루미늄의 그레인을 크게 만든다 : 알루미늄 증착 온도 증가, 배선 식각 후 소결처리(Sinter) 실시

Tip

Open(단선, 개방)
배선이 끊어져서 전류가 흐르지 않는 상태

Close(단락)
배선이 이어진 상태

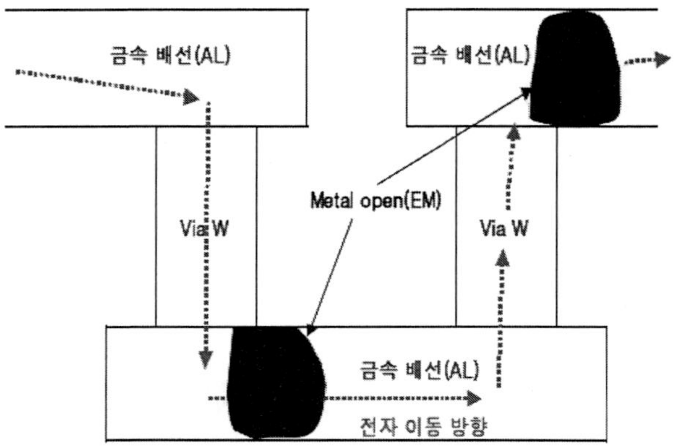

그림 2-23 다층 금속 배선 구조에서의 EM

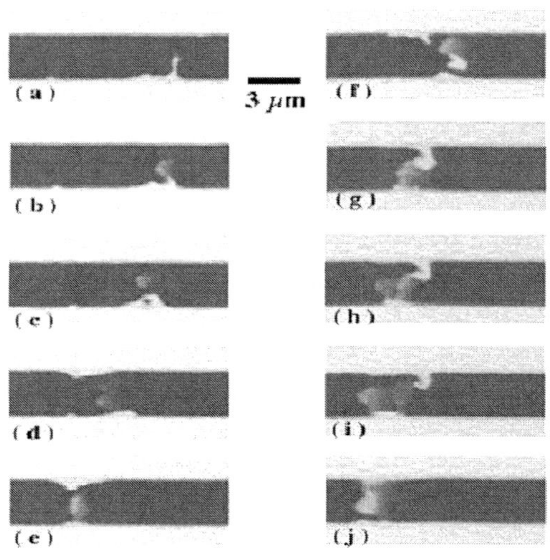

그림 2-24 EM에 의한 배선의 결점 사진

④ EM test 방법

- 테스트 배선 구조 : 배선 길이 2,000㎛
- 웨이퍼 가열 온도 : 200～250℃, 전류 밀도(current density, J) : 2～10MA/cm
- 단선(Failure) 규정 : 초기 저항에 비해 배선의 저항이 10% 이상 증가 시

⑤ 주요 data

- MTTF(Median Time to Failure) 전체 테스트 배선 중 50%가 단선(Failure)되었을 때의 시간
- σ(Sigma) : 각 배선이 단선된 시간 간의 표준 편차
- 배선 수명 : 테스트 시의 가혹 조건인 온도와 전류 밀도를, 실제 칩 사용 조건(상온, Low current density)으로 환산 했을 경우의 배선 수명. 일반적으로 10년 이상의 수명을 보장해야 함

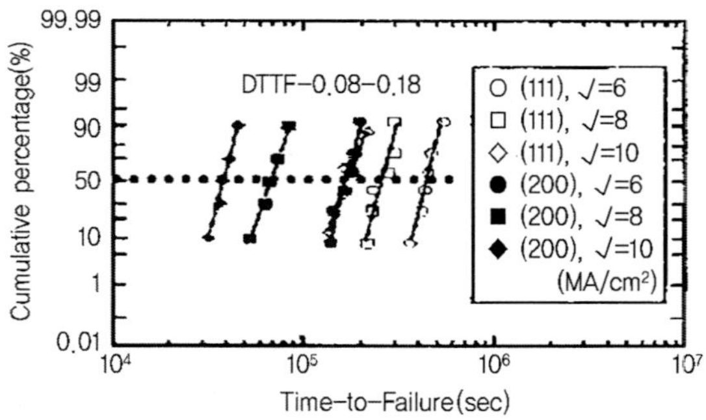

그림 2-25 EM 테스트 후의 데이타

> **Tip**
>
> **Bamboo 구조**
> 금속 배선의 선폭이 Grain size보다 좁게 형성되면, 대나무 마디와 유사한 형태의 grain 구조가 형성된다.
>
> **전류 밀도(J)**
> 인가한 전류/배선의 단면적(배선 폭×배선 두께)

(7) SM(Stress Migration)

① 정의

금속(AL) 배선의 상부에 절연막 증착시 내재된 스트레스(intrinsic stress)가, Sinter 등 후속 열처리 공정시 열적 스트레스(thermal stress)가 알루미늄에 인가된다. Melting temperature가 600℃ 정도(Al-Cu)로 열적 스트레스(thermal stress)에 대한 저항성이 약한 알루미늄은, 외부 스트레스를 극복하기위해 알루미늄 원자가 그레인 경계면(grain boundary)를 통해 이동하는데 이를 S/M이라 한다. 알루미늄의 S/M으로 인해 금속 배선에 hillock이나 void가, 보호막(passivation layer)에 깨짐(crack)이 발생한다.

② SM 평가 방법

HP4145나 HP4062로 금속 배선의 초기 저항을 30chips/wafer로 측정한다. 다음 오븐 열처리(Backing Oven)에서 고온으로 장시간 열처리를 실시한다. Void성 SM 평가시는 150~200℃로 1000 시간, hillock성 SM 평가시는 350℃로 100 시간의 열처리를 실시한다. 열처리 완료후 배선저항을 측정하여, 저항 변화율로 Failure 결정한다.

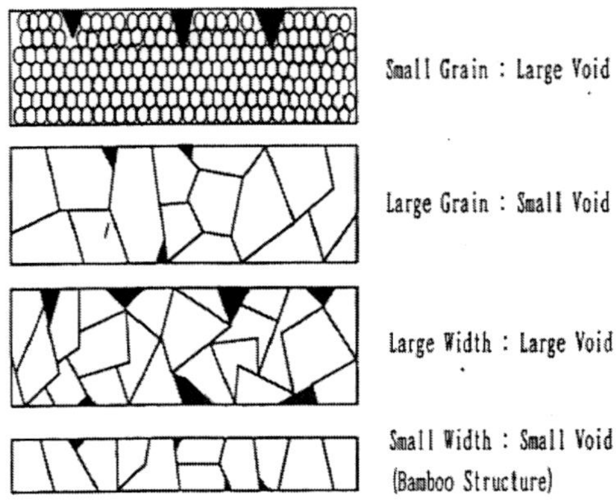

그림 2-26 SM에 의한 금속막의 결점 구조

③ Failure 정의 규정

- 초기 저항에 비해 저항이 10% 이상 증가 시에 Failure로 규정
- Failure=(Rf−Ri)/Ri×100%

  Ri : 열처리 전 초기 저항
  Rf : 열처리 후 저항

TIP
Crack
보호막이 갈라져 금이 생긴 상태

④ SM 특성개선방법

- 알루미늄의 상하부에 Ti를 증착하여 $TiAl_3$를 형성시킨다.
- 알루미늄의 grain을 크게 만든다. 알루미늄 증착 온도 증가, 배선 식각 후 열처리(Sinter) 실시
- 배선 형성 후 열처리 온도는 낮게, IMD나 보호막 두께는 얇게 형성한다.

6. 살리사이드(Salicide, Self Aligned Silicide) 공정

1) 실리사이드(Silicide)의 정의

콘택(Contact)을 통하여 금속과 접촉하는 접합점(source, drain)이나 Gate는 모두 실리콘 상태이다. 특히, Gate의 다결정 실리콘(Polysilicon)은 Rs가 40Ω/□로 매우 높다. 따라서, 칩의 구동 속도를 향상시키기 위해서는 Junction과 Gate에서 금속 배선과 연결되는 부위의 내부저항 Rs를 낮추어야 한다. 실리콘 상부에 금속을 증착한 후 열처리를 실시하여, Junction과 Gate의 실리콘과 금속의 반응으로 내부저항 Rs가 작은 혼합물(compound)를 형성시키는 기술을 실리사이드(Silicide)라 한다.

2) 실리사이드(Silicide) 형성 목적

- low contact resistance
- Ohmic contact
- diffusion barrier

3) 실리사이드(Silicide)의 종류

(1) 폴리사이드(Polycide, Polisilicon-Silicide)

게이트(Gate) 형성후, 폴리실리콘(Polysilicon) 과 금속 실리사이드(Metal silicide, WSi_2, $TaSi_2$, $MoSi_2$ 등)를 차례로 증착한 후 패턴링(Patterning)하여 형성시킨다. 폴리실리콘(Polysilicon)의 Rs가 40Ω/□인데 반해, 폴리사이드 (Polycide)의 Rs는 10Ω/□ 이하로 낮출 수 있다. 주로 2층 이하 배선 구조에 적용된다. 비저항(Resistivity)의 범위는 50~100uΩ-cm로 살리사이드(Salicide) 보다 크다.

(2) 살리사이드(Salicide)

$TiSi_2$ 및 $CoSi_2$ 등 금속막은 낮은 비저항(low resistivity)으로~15uΩ-cm 정도 되며, 높은 열적 안정성(high thermal stability, 850~900℃)을 갖는 금속 막이 된다.

그림 2－27에서 (a) 폴리사이드 구조－(i) gat oxide, (ii) polysilicon and silicide deposition, (iii) pattern polycide, (iv) lightly doped drain(LDD) implant, sidewall formation, and S/D implant이며, (b) 살리사이드 구조－(i) ate patterning(polysilicon only), LDD, sidewall, and S/D implant, (ii) metal(Ti, Co) deposition, (iii) anneal to form salicide, (iv) selective(wet) etch to remove unreacted metal이다.

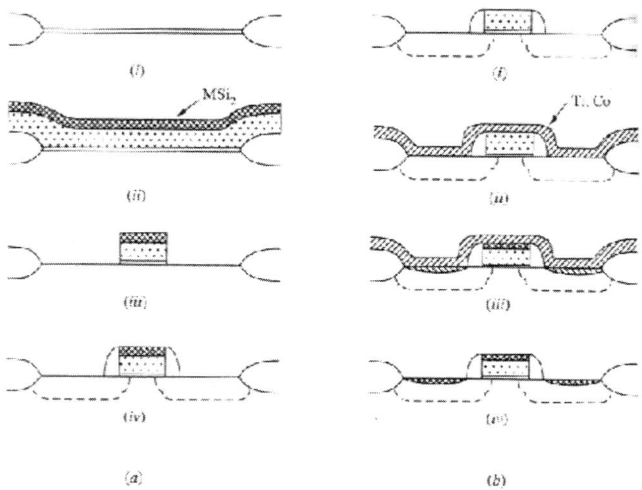

그림 2-27 폴리사이드 공정과 살리사이드 공정의 비교

4) 살리사이드(Salicide, Self Aligned Silicide)

(1) 정의

폴리실리콘 게이트(Polysilicon Gate) 형성 및 게이트와 접합영역(Gate와 Junction)을 분리시키기 위한 측벽 스페이서(Sidewall spacer)를 형성 시킨다. 다음 스퍼터 방식으로 Ti이나 Co를 증착한 후, 급속 열처리(RTP, Rapid Thermal Process) 열처리를 실시하면 Ti이나 Co가 Si과 접촉한 부위에서만 실리사이드($TiSi_2$ or $CoSi_2$)가 형성된다. 습식 식각 용액으로 처리하면, 측벽 스페이서(sidewall spacer)등 절연막 상부에서 실리사이드(Silicide)가 형성되지 않은 상태의 Ti이나 Co만 선택적으로 제거된다. 이와 같이 patterning 공정이 필요없는 실리사이드(Silicide) 방식을 살리사이드(Salicide)라고 한다.

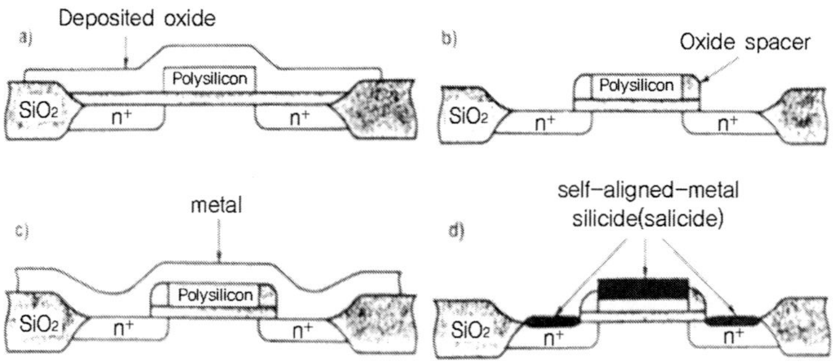

그림 2-28 실리사이드 공정의 절차

(2) 티타늄 살리사이드(Ti Salicide)

① 진행 절차

- Wet Clean : HF 200 sec → Si 표면의 자연 산화막 제거
- Ti 380Å or 460 Å Sputtering → 17.7 ohm/sq
- Silicide Form by RTP of 750C, 30sec(C-49 phase TiSi2) → 1.94 ohm/sq
- Unreacted Ti Strip : SC1 30 min(HD451=28C) → 2.2 ohm/sq
- Silicide Anneal by RTP of 910C, 10sec(C-54 phase TiSi2) → 2.15 ohm/sq

② 특징

- 열처리 온도와 Ti 두께에 따라 최종 TiSi2의 저항이 결정된다.
- C-54의 $TiSi_2$는 C-49에 비해 비저항이 3~4배 낮다.
- RTP 2회 진행 이유: Silicide form을 900℃ 이상에서 진행하면 1번에 C-54 $TiSi_2$가 형성되지만, Side wall을 따라 성장한 TiSi2가 Gate와 Junction을 연결하여 누설(Leakage) 전류를 발생시킨다.
- Si이 Ti 층으로 이동하여 $TiSi_2$가 형성된다.
- Si 부위의 폭(width)이 0.25㎛ 이하로 감소할 경우, Ti silicide가 형성되지 않는다.

(3) 코발트실리사이드(Co Silicide)

① 진행 절차

- Wet Clean : SC1(60 C, 300 sec)+HF(118 sec) → Si 표면의 자연 산화막 제거

- In-situ RF plasma Etch : Thermal Oxide 35 A Etch → Si 표면의 자연 산화막 제거
- Co 90A/TiN 200A Sputter → 21 ohm/sq → TiN은 Co 표면의산화방지
- Silicide Form by RTP : 500 C, 30sec → 48 ohm/sq
- Unreacted Co/TiN Strip : SPM(H_2SO_4 : H_2O_2=6 : 1, 110 C, 600sec)+SC1(55 C, 300sec)+I/D → 97 ohm/sq
- Silicide Anneal by RTP : 870 C, 30 sec → 6.1 ohm/sq

TIP
Leakage current(누설전류)
불필요하거나 원치 않는 곳으로 흐르는 전류

② 특징

- 코발트(Co)가 실리콘(Si) 층으로 이동하여 코발트실리사이드($CoSi_2$)가 형성된다.
- 실리콘(Si) 부위의 폭(width)이 0.25㎛ 이하로 감소할 경우에도 균일한 Silicide가 형성된다.
- 코발트실리사이드($CoSi_2$)는 산소(O)에 민감한 영향을 받으며, O가 Co에 잔류 하면 실리사이트(silicide) 형성을 방해한다.
- 코발트실리사이드($CoSi_2$)의 비저항이 티타늄실리사이드($TiSi_2$)보다 높으나, 동일 선폭에서 코발트실리사이드($CoSi_2$)의 면 저항은 작다.

(4) 티타늄(Ti)과 코발트(Co) 실리사이드의 비교

표 2-2 티타늄 실리사이드 박막과 코발트실리사이 박막의 특성표

구 분	$RiSi_2$	$CoSi_2$
Resistivity(μΩ-cm)	13~16(Ti : ~43)	16~20(Co : ~5.8)
Thermal Stability(℃)	700	1,000
Silicidation Temperature(℃)	750~900	550~900
Moving Species	Si	Co
Si Consumption	227Å	364Å
Advantages	• Well understood • Less Si consumption • Less junction leakage • Redue native oxide	• No narrow linewidth effect • No doping dependence • Little GSD leakage
Challenges	• Narrow linewidth effect • Doping dependent conversion • GSD leakage or bridging	• Consumes more Si • Junction leakage • Very sensitive to interface preparation • Low temperature control at RTP • Sputtering ignition issue

7. 급속 열처리 공정(RTP : Rapid Thermal process)

1) 개요

RTP(Rapid Thermal Process) system은 웨이퍼를 1장씩 낱장 단위로 열처리하는데 사용되며, 1000℃ 정도까지의 고온의 공정을 30sec 이하의 짧은 시간에 처리할 수 있다는 장점을 가지고 있으며, 살리사이드(Salicid)나 이온주입(Implant)의 불순물 확산(dopant diffusion) 등에 사용된다.

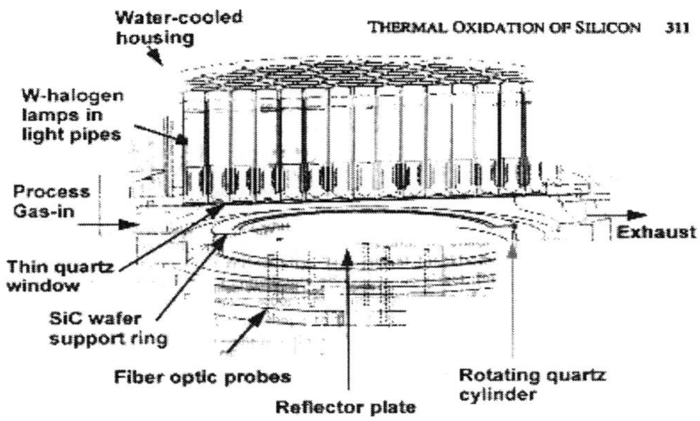

그림 2-29 RTP 장비의 구조도

2) 적용 목적

살리사이드 공정에 확산로(Furnace) 사용 시 불순 입자(particle) 유입, 웨이퍼 적재(loading)시 산소 유입 등의 문제 발생한다. RTP 이용시 상기 문제를 해결할 수 있다. 또한, 짧은 시간에 고온 열처리가 가능하여 열 소모가 방지되고 공정 시간을 획기적으로 단축시키며 정확한 온도 조절이 가능하다.

3) 장비의 구조 및 원리

(1) 장비 주요 구성품

챔버, 램프(Lamp), 웨이퍼 지지부, 광학 섬유 온도 측정기(Fiber optic temp probe)

(2) 장비 구조

챔버는 스텐인레스 강철(Stainless steel)로 제작되고, 급냉을 위한 냉각수 공급 장치가 필요하다. 다수의 텅스텐 할로겐(Halogen) 램프가 챔버의 상부에 위치하며, 이 램프가 웨이퍼에 열을 가한다.

램프는 각기 독립적으로 전원(Power)을 공급할 수 있는 12개의 그룹으로 배치되며, 설정된 온도에 맞출수 있도록 전원이 독립적으로 조정된다. 챔버의 아래쪽에 달려있는 6개의 고온도계(Pyrometer)로 온도를 측정 및 조정한다. 공정 진행 동안 온도는 ±0.5℃ 이내로 관리된다. 진공 펌프를 설치하여 산소나 particle 유입을 방지한다.

(3) 살리사이드(Salicide) 공정에서 RTP의 역할

RTP는 급속 고온 열처리와 정확한 온도 조절이 가능하다. 살리사이드(Salicide) 공정에서는 2회의 열처리를 실시해야 하기 때문에 짧은 공정 시간에 고온 열처리가 가능한 RTP 공정을 이용해야 한다. 실리사이드(Silicide)의 성장 속도는 열처리 온도가 증가할수록 빨라진다. 실리사이드 형성에 영향을 주는 요소로는 시리콘 표면의 자연 산화막, 불순물의 농도와 종류, 금속막 표면의 산화 등이다.

요 약

- 금속배선공정에 적합한 금속배선장비의 선정 능력 이해에 대한 내용이 포함된다.
- 각종 금속배선 장비 운영 기술(Sputtering, Ion plating, Evaporation 등)에 대한 내용이 포함된다.
- 각종 금속배선 공정이 반도체 제조 공정에 대한 응용된 내용이 포함된다.

연습문제

01 금속공정의 목적과 구체적인 역할을 설명하시오.

02 금속 배선의 장비에서 어떠한 것들이 있으며, 구성 각 요소를 설명하시오.

03 SPUTTER의 기본 원리를 플라즈마를 사용하여 설명하시오.

04 금속공정에서의 MONITORING 항목을 열거하고 설명하시오.

05 급속 열처 공정에 대한 장비 및 공정에 대해 장점을 설명하시오.

참고문헌

한국 폴리텍 대학 "반도체 박막 제조공정기술" 2010
AMAT사의 "사용자 장비 설명서", 2010
NOVELLUS 사의 "사용자 장비 설명서", 2010
ULVAC 사의 "사용자 장비 설명서" 2010
"반도체 공정장비 실습" 2010, 김상용 저

PART

02

반도체 확산/ 원자증착장비 기술

(DIFFUSION & ALD Process/ Equipment Technology)

반도체 소자 제조공정에서 diffusion 공정 기술인 실리콘 웨이퍼 내부로 불순물을 주입시켜서 원하는 상태의 전기적 특성을 가지도록 하며, 실리콘 내부에서 이들 불순물들의 움직임을 연구하여 확산 공정을 진행함으로서 공정제어규격(specification)에 의거하여 웨이퍼 상에 같은 furnace공정 기술을 이해하고 적용할 수 있어야 한다.

- 각종 열산화 mechanism 이해할 수 있어야 한다.
- 열확산 분위기와 열확산 시간 결정 하고 적용할 수 있어야 한다.
- 실리콘산화막 제조 및 불순물을 확산시키는 열산화 공정 장비의 종류 및 특성 이해할 수 있어야 한다.
- 열확산 공정에 적합한 열산화 장비 특성 분석 능력을 이해하고 적용할 수 있어야 한다.

3
Chapter

확산 공정

1. 서론

확산(Diffusion) 공정은 크게 산화공정, 확산 공정 및 LP-CVD 공정으로 나누어지는데, 반도체 제조 공정에서 금속 공정이전의 산화 공정, 열처리 공정 및 필름 증착 공정을 주로 담당하고 있다.

2. 산화공정(Oxidation)

고온(800~1200℃)에서 산소나 수증기를 실리콘 웨이퍼표면과 화학반응을 시켜 얇고 균일한 실리콘 산화막(SiO_2)을 형성시키는 공정이다. 산화막 형성은 실리콘 집적회로제작에서 가장 기본적이며 자주 사용된다. 산화막은 웨이퍼 위에 그려질 배선끼리 합선되지 않도록 서로를 구분해 준다. 배선간의 간격이 미세하기 때문에 합선이 될 경우가 많다. 실리콘공정에서는 열산화막이 많이 사용되고, 그 외 실리콘 기판 위에 산화막을 형성하는 방법은 산화막을 형성하는 온도에 따라 다양하다.

1) 산화(Oxidation)

실리콘 웨이퍼의 표면을 산소(또는 수증기)와 반응시켜 실리콘 산화막을 형성하는 것으로 산화막의 두께 조절이 쉽고, 실리콘과 산화막(SiO_2) 사이의 계면 특성이 우수하여 반도체 공정에서 주로 사용하고 있으며, 산화는 사용하는 산화제에 따라 건식 산화(Dry Oxidation) 와 습식 산화(Wet Oxidation)으로 나누어진다.

(1) 건식 산화 (Dry Oxidation)

산소(O_2)를 반응로 내부로 주입하여 산소와 실리콘을 반응시켜 실리콘 산화막(SiO_2)을 형성하는 방법

$$Si(Wafer,\ Solid) + O_2(Gas) \rightarrow SiO_2(Solid)$$

(2) 습식산화(Wet Oxidation)

Pyro 수증기(H_2O)를 반응로 내부로 주입하여 수증기와 실리콘을 반응시켜 실리콘 산화막(SiO_2)을 형성하는 방법. 이때 H_2와 O_2를 6:8 혹은 6:9의 비율로 Torch Chamber에 Flow를 시켜 900도 이상으로 가열하면 순간 폭발이 일어나며 그 폭발로 수증기화 되어 습식산화를 시킨다. 여기서 O_2와 H_2의 비율이 1:1.85 이상이 되면 항상 폭발이 가능함으로 취급할 때 주의해야한다. 습식산화 장치는 반응 후 수분(Moisture)가 Exhaust부위에 남을 수 있어 별도의 수분 포집관이 반드시 있어야 Exhaust Controller가 해를 입지 않는다.

$$Si(Wafer,\ Solid) + 2H_2O(Vapor) \rightarrow SiO_2(Solid) + 2H_2(\uparrow)$$

> **Tip**
> Pyro 수증기
> 불, 열의 뜻

(3) 산화 방법에 따른 산화막 비교

① 건식 산화

- 산화 속도가 느려서 얇은 산화막 형성에 사용(~200Å)
- 패드 산화막(Pad Ox), 게이트 산화막(Gate Ox), STI Liner Ox 등에 사용

② 습식 산화

- 산화 속도가 매우 빨라 두꺼운 산화막 형성에 주로 사용(~수천Å)
- 필드 산화막(Field Ox), 희생산화 등에 사용

2) 산화막의 이용

반도체공정에서 가장 핵심적이며 기본적인 물질이다. 특히 열산화 방식(Thermal oxidation)으로 형성되는 산화막의 형성방법은 산화막을 형성하기 위

한 가장 쉬운 방법이며 실리콘이 반도체 재료로써 가장 각광받는 이유 중의 하나이다. 산화막은 반도체 소자의 내부에 캐리어들의 이동을 막고 전기를 절연시켜주는 절연체의 역할을 한다. MOS소자에서 Gate 절연막으로 사용되는 산화막이 대표적인 예라고 할 수 있다. 전기적으로 절연체의 역할뿐만 아니라 수많은 소자들로 구성되는 집적회로의 제조공정에서 소자와 소자간의 격리를 요구 할 때, 산화막이 사용되기도 한다(LOCOS 혹은 Trench). 그 외에도 산화막의 중요한 역할은 실리콘 기판상에 원하는 불순물을 도핑하는 공정(Diffusion, ion implatation 등)에서 도핑이 되면 안되는 영역의 확산 방지막 역할을 하기도 한다. 또한 산화막은 알칼리용액, 불소가 첨가되지 않은 산성용액 그리고 일부 건식식각용 반응기체 등과 잘 반응하지 않는 안정적인 성질을 띄고 있어서 실리콘 기판 혹은 박막의 건식 식각(Dry etching) 혹은 습식 식각(Wet etching) 시에 식각(Etching) 방지막으로도 사용된다.

(1) 표면 보호

외부의 물리적인 오염(긁힘, 먼지, 오염 등) 으로부터 웨이퍼 표면의 보호

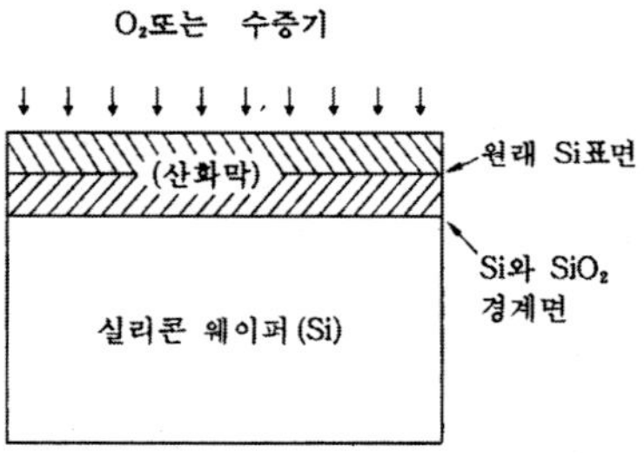

그림 3-1 산화막 공정

(2) 소자간의 절연(Isolation)

소자들을 서로 전기적으로 절연/격리시키는 역할

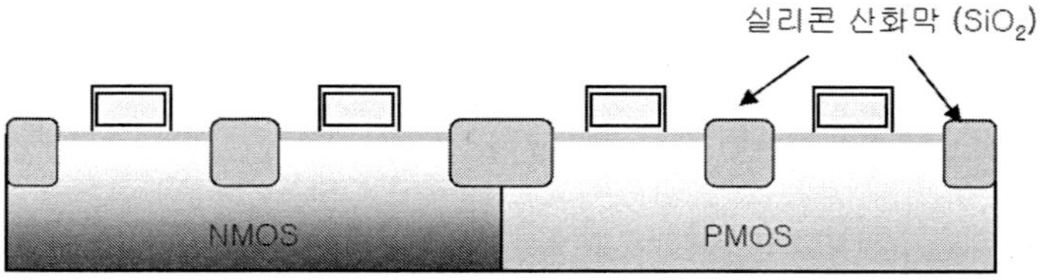

그림 3-2 소자간의 산화막 절연

(3) 이온주입시의 마스크

웨이퍼에 이온주입 시 원하지 않는 부분을 산화막으로 막고, 산화막이 없는 부분에만 이온이 들어가는 마스크 역할을 한다.

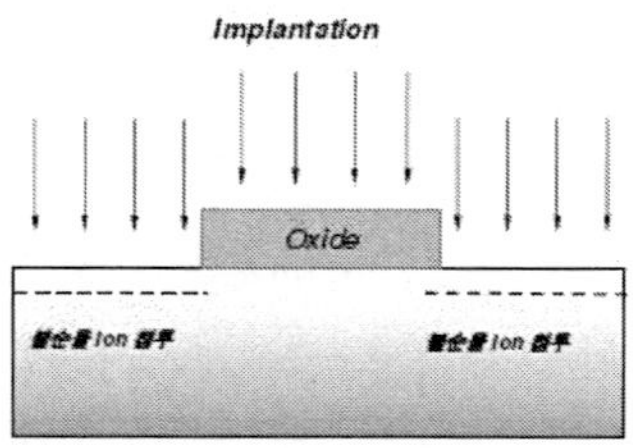

그림 3-3 산화막을 이용한 이온 주입시의 마스크

(4) 유전체

트랜지스터에서의 Gate 유전체 물질, 및 Capacitor에서의 유전체 물질로 사용한다.

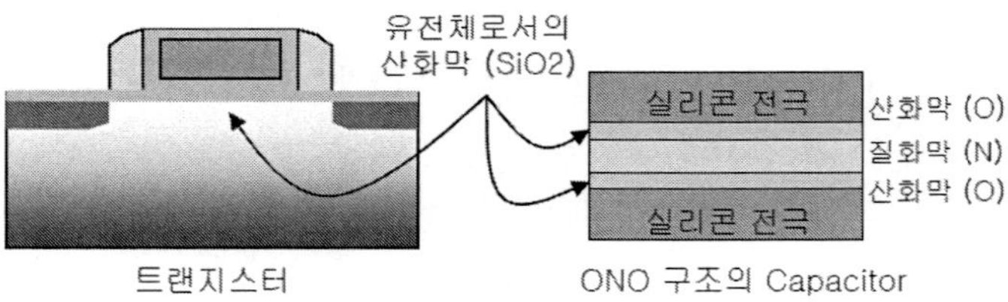

그림 3-4 산화막을 이용한 유전체

3) 산화 속도에 영향을 주는 요소

① 산화 온도 : 고온일수록 산화속도가 빠르다

② 산화제 : Dry Ox(O_2) 보다는 Wet Ox(H_2O)의 산화 속도가 빠르다.

③ 압력 : 압력이 높을수록 산화 속도가 빠르다. 1기압 상승은 온도 30℃ 상승과 동등

④ 실리콘 결정 방위 : 단위면적 당 반응에 참여할 수 있는 Si 원자수가 많을수록 산화 속도가 빠르다(110 > 111 > 100)

⑤ 불순물(도펀트) : 3족이나 5족의 불순물은 산화속도를 증가시킨다.

⑥ Cl : HCl 혹은 Cl을 포함한 유기물질 Vapor에 의해 산화 속도는 증가한다.

4) 반응로(Furnace)의 구조

반응로인 석영관은 분리된 세 개의 저항코일(resistance coil) 내부에 있으며, 코일에 전류를 흘리면 석영관의 온도는 상승한다. 따라서 석영관 내부의 웨이퍼는 고온으로 가열된다. 개별의 저항코일은 석영관 내에 일정한 열적 평형영역(thermal flat zone)을 유지하는데 필요하다. 각각의 저항코일은 개별적인 온도조절기(temperature controller)가 부착되어 있으며 서로 보완관계를 가지도록 접속되어 있다. 중앙에 위치되어 있는 코일에 대하여 양쪽의 두 코일은 온도변화범위가 낮으며 열적 평형 영역을 확장시키는 역할을 한다. 산화막 성장온도는 900℃~1200℃ 범위에서 ±1℃를 유지하여야 한다. 그 밖에 석영부품으로는 가스를 확산시키는 가스확산기(gas diffuser), 보트(boat), 패들(paddle) 및 호울더(holder) 등이 있다.

반응 가스는 가스 유량조절기(MFC)를 통과하면서 지정된 양만큼 공급되게 되며, 이들 반응 가스는 반응로의 상부로부터 주입되어 실리콘 웨이퍼가 탑재되어 있는 영역을 거쳐서 반응로의 하부로 배기된다.

건식 산화일 경우에는 산소(O_2)만 공급되며, 습식 산화일 때에는 산소(O_2)가 같이 공와 수소(H_2) 되는데, Torch에서 산소(O_2)가 반응하여 수증기 상태가 되어서 반응로 내부로와 수소(H_2) 공급된다.

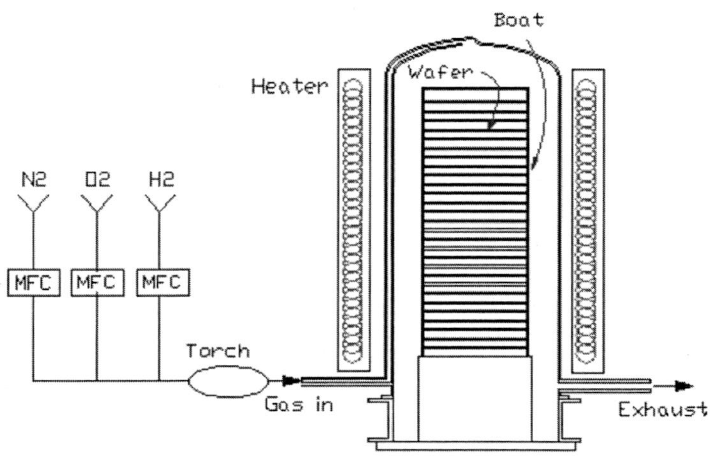

Boat : 실리콘 웨이퍼를 탑재하는 장치
Torch : H_2와 O_2를 반응시켜 수증기를 발생시키는 장치
MFC(Mass Flow Controller) : Gas의 유량을 조절하는 장치

그림 3-5 Furnace 장비의 구조

일반적으로 이러한 산화 공정은 열에 의해 공정이 진행 되는데 웨이퍼에 점진적으로 열을 가하여 생성된다. 그러므로 산화공정에는 점진적으로 열을 조절할 수 있는 heat source 와 웨이퍼에 산화 반응 가스를 주입시킬 수 있는 시스템이 필요하다.

그림 3-6 FURNACE 시스템의 사진

기본적인 산화공정 시스템은 그림 3-6과 같이 구성된다.

① Furnace의 여러 부품들이 배치되는 캐비넷

② Heating 장치

③ 열 측정 및 제어 장치

④ 웨이퍼가 산화반응이 일어나는 프로세스 tube

⑤ 프로세스 tube 내, 외에 산화 가스를 전달하는 장치

⑥ 프로세스 tube에서 웨이퍼를 로딩, 언로딩하는 장치

5) 반응로의 종류

확산을 시켜주기 위해서 고온의 환경을 만들어주는 장비가 반응로(퍼니스, Furnace)이다. 웨이퍼를 넣는 방식에 따라 수평식과 수직식으로 유지 관리, 점유 면적 면에서 유리한 수직식을 하지만 이 두 가지의 생산성은 동일하다.

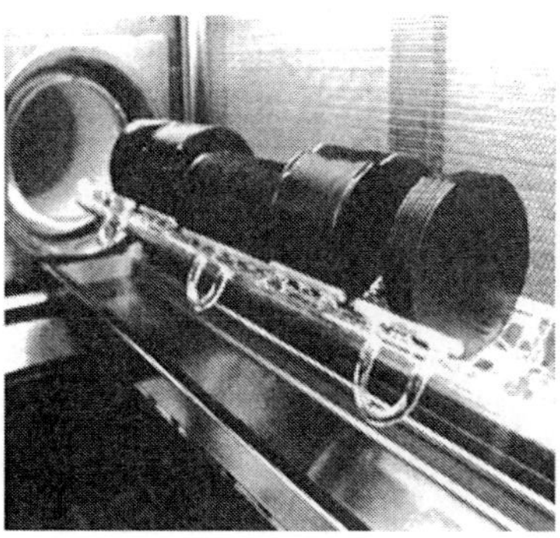

그림 3-7 수평구조(horizontal)형 FURNACE 시스템

그림 3-8 수직구조(vertical)형 FURNACE 시스템

3. 확산공정

1) 확산(diffusion)이란

확산은 매질을 통해 고농도에서 저농도로 물질이 이동하는 물리적인 현상으로 반도체 제조에서의 확산은 고체인 실리콘 웨이퍼에 불순물 원자(도펀트)를 도핑하고, 또 원하는 깊이만큼 불순물 원자(도펀트)를 이동시키는 것을 말한다.

고체에서의 물질 이동 방식으로는, 실리콘 결정격자가 비어 있는 공격자(Vacancy Lattice)로 도펀트 원자(불순물 원자)가 이동하거나(Vacancy Mechanism) 또는 도펀트 원자(불순물 원자)가 격자들 사이를 이동하는 것으로 이해되고 있다(Interstitial Mechanism).

물컵 속에 잉크 방울을 떨어뜨리면, 잉크가 점점 물 속으로 퍼져나가서 시간이 흐르면 잉크가 컵의 전체적으로 섞이게 된다. 이처럼 서로 다른 원소가 섞이는 현상을 확산이라고 하는데, 표면에만 다른 물질로 적은 양을 섞어주기에 아주 적당하다. 반도체 제조공정에서는 섞고 싶은 원소를 실리콘 표면에 발라주고 오랫동안 높은 온도로 유지시킨다.

반도체 웨이퍼에 소자를 형성하기 위해서는 웨이퍼에 특정한 불순물을 주입함으로써 특정한 영역을 형성하여야 한다. 영역은 통상 주입되는 불순물의 종류에 따라 n-type(5가 P, As, Sb) 또는 p-type(3가 B)으로 구분이 된다. 이러한 불순물을 주입하는 방법에는 "확산공정"을 사용하거나 또는 "이온주입공정"을 사용하게 된다. 확산공정의 경우 반도체 웨이퍼의 표면에 마스크로 사용할 막을 형성한 후 (보통 Oxide를 사용), 주입될 불순물을 기체상태로 Furnance 넣어주거나 또는 불순물을 가진 Source 물질을 웨이퍼와 함께 노에 집어넣어서 고온으로 가열함으로써 이루어진다.

확산공정을 하는 동안에는 목적에 따라 질소 가스만을 사용해 노의 분위기를 만들어 주거나 또는 산소가스를 질소가스와 함께 노에 넣어주게 되는데 산소가스를 함께 넣어주는 경우에는 산화공정에서와 마찬가지로 웨이퍼의 표면에 Oxide막이 형성되게 된다.

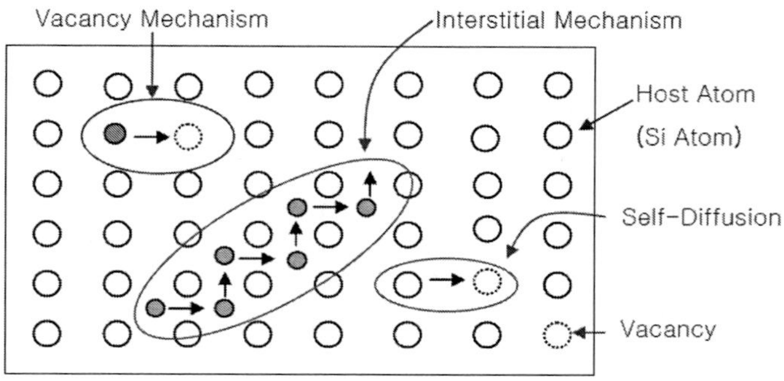

그림 3-9 확산의 원리의 메카니즘

2) 확산의 방법

(1) 열처리에 의한 방법

웨이퍼가 적재되어 있는 반응로에 불순물 원자(도펀트)를 포함하는 가스를 주입하여 실리콘 표면에 불순물 원자(도펀트)를 얇게 증착 한 다음, 반응로에서 1100℃ 이상의 고온 열처리를 하여 불순물 원자(도펀트)를 실리콘 웨이퍼 내부로 원하는 깊이만큼 확산시키는 방법이다.

(2) 이온 주입+열처리

이온주입기를 이용하여 또는 원하는 불순물 원자(Dopant)를 실리콘 웨이퍼에 주입한 다음, 반응로에서 1100℃ 이상의 고온 열처리를 하여 불순물 원자(도펀트)를 실리콘 웨이퍼 내부로 원하는 깊이만큼 확산시키는 방법이다.

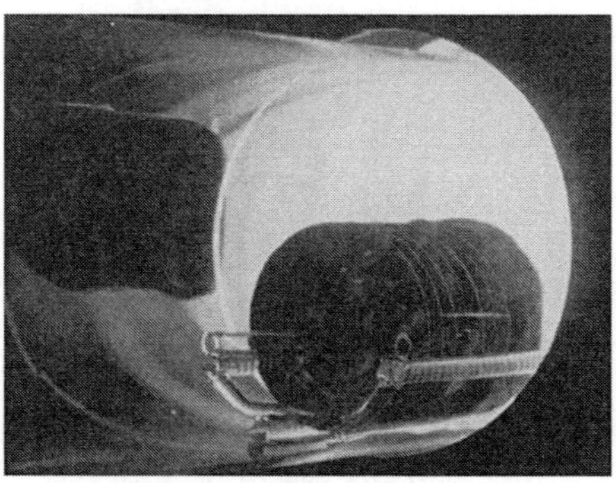

그림 3-10 실리콘 웨이퍼의 확산 공정 모습

4. LP-CVD 공정

1) LP-CVD란

반응 Gas를 반응로 내로 주입하여 650℃~800C℃ 온도의 저압(수백m torr) 상태에서 여러 가지 종류의 막질을 실리콘 웨이퍼 표면에 증착하는 공정이다.

2) LP-CVD 반응로의 구조

TIP
MFC
; Mass Flow Controller

Furnace 반응로와는 달리 LP-CVD 반응로의 배기구는 반응로 내부를 저압 상태로 유지하기 위한 진공펌프가 설치되어 있으며, 또한 펌프와 반응로 사이에는 압력을 조절하기 위한 압력조절장치(APC)가 설치되어 있다. 그리고 Tube는 진공을 유지하기 위한 외부튜브(Outer Tube), 그리고 반응 Gas의 흐름을 구분하기 위한 내부튜브(Inner Tube)로 구성되어 있다. 반응 Gas는 MFC를 거쳐서 반응로의 하부로 주입되어 실리콘 웨이퍼가 탑재되어 있는 영역을 거쳐서 반응로의 상부로 이동한 다음 내부 튜브와 외부 튜브 사이를 거쳐 다시 하부로 이동한 다음 펌프 쪽으로 배기된다.

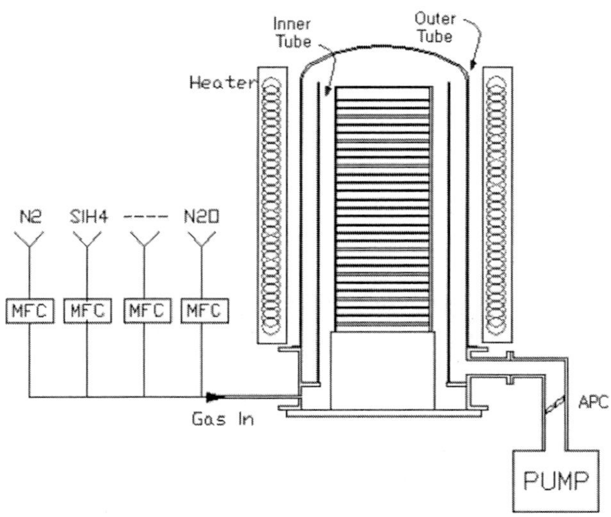

- APC(Auto Pressure Controller) : Tube 내의 압력을 조절하는 장치로, 공정에 따라 Butterfly 방식과 N_2 Ballast 방식, Piston(내부 Bellows) 방식이 있다.
- Inner Tube : 반응 Gas의 흐름을 구분하기 위한 석영관으로 위가 개방(open)되어 있다.
- Outer tube : 반응로 내부의 진공을 유지하고, 또 반응로 내부를 외부 환경과 격리시키기 위한 석영관

그림 3-11 LP-CVD 반응로의 구조

3) LP-CVD 막의 종류 및 특성

LP-CVD 공정은 반응에 사용되는 가스원(Gas Source) 및 증착 조건에 따라 Poly-Si, Amorphous-Si, Nitride, Oxide등을 증착시킬 수가 있다.

(1) 다결정 실리코(poly Si)

① 용도

게이트(Gate)나 캐패시터(Capacitor) 전극, 저항, 그리고 배선(Inter connection) 물질로 사용한다. 특히 다결정 실리콘(Poly Si)은 금속에 비해 저항은 높지만 고온 공정에 적합하고 불순물 원자(도펀트)의 도핑에 의해 저항 조절이 용이하며, 열 산화막과의 계면 특성이 우수하며, 고른 덮힘층(Step Coverage)이 매우 양호하다.

② 결정구조

- Below 580℃ : 비결정 실리콘(Amorphous Si)
- Above 620℃ : 다결정 실리콘(Poly Si)
- 중간 온도 : 이동(Transition)구간으로 HSG(Rugged Si)가 형성됨

③ 반응식

- SiH_4(Gas) → Si(Solid)+$2H_2$(Gas)

④ 다결정 실리콘(Poly Si)의 도핑(Doping) 방법

- 이온주입의 의한 도핑(Doping) 방법
- In-situ 도핑(Doping)방법 : 다결정 실리콘(Poly Si)을 증착하면서 동시에 도펀트 가스(주로 PH_3)를 주입 시켜 다결정 실리콘(Poly Si)을 도핑(Doping)하는 방법이다. 이렇게 성장시킨 다결정 실리콘(Poly Si)을 Doped 다결정 실리콘(Poly Si)이라 한다.
- Diffusion에 의한 도핑(Doping) 방법 : 도핑(Doping)되지 않은 다결정 실리콘(Poly Si)을 먼저 성장시킨 다음, 도핑(Doping) Source가 공급되는 반응로에서 900~1000℃의 고온 열처리를 함으로써 다결정 실리콘(Poly Si)을 도핑(Doping) 시키는 방법이다. 매우 높은 농도의 dopants를 다결정 실리콘(Poly Si) Film에 침투시킬 수 있는 장점이 있는 반면 고온공정이라는 점과 Surface Roughness를 증가시키는 단점이 있다.
  (ex) $POCl_3$에 의한 Phos 도핑(Doping) 징조

(2) 질화막(Nitride, Si_3N_4)

Nitride 막은 전기적 절연성 및 Passivation 기능이 우수하고 유전율이 높아서 다음의 용도로 많이 사용된다.

① 보호막(Passivation)

불순물의 확산을 저지하는 기능이 우수하여, 공정 완료 후 소자의 보호막(Passivation Layer)으로 사용한다.

② 산화막 마스크(Oxidation mask)

산소가 질화막(Nitride) 막을 침투하기 어렵기 때문에, 산화 공정 시 질화막(Nitride)이 있는 부분의 산화를 방지할 수 있다.

(ex) LOCOS 구조에서의 Field Oxide 형성

③ 캐패시터(Capacitor)에서의 유전체로 사용

캐패시터(Capacitor)에서 정전 용량을 높이기 위하여 산화막(Oxide)와 같이 샌드위치 구조로 사용한다(Oxide/Nitride/Oxide).

④ 반응식

$3SiH_2Cl_2+4NH_3 \rightarrow S3N_4+6HCl+6H_2i$

⟨$3SiH_2Cl_2$⟩ : ⟨$4NH_3$⟩의 Gas 비는 1 : 10을 사용한다.

⑤ 반응 온도 : 700~800℃

(3) HTO/MTO(High/Middle Temperature Oxide)

증착 온도 및 반응 가스의 종류에 따라 HTO 및 MTO로 분류되며, 캐패시터(Capacitor) 구조에서의 유전 물질, 그리고 고압(High Voltage)에서 동작하는 MOS 구조에서의 게이트 산화막(Gate Oxide) 물질로 사용된다(Gate Oxide 두께 : 수백~천Å 대역).

① HTO

- 반응식 : $SiH_2Cl_2+2N_2O \rightarrow SiO_2+2N_2+2HCl$
- 반응온도 : 760

② MTO

- 반응식 : $SiH_4+2N_2O \rightarrow SiO_2+2N_2+2H_2$
- 반응온도 : 740

(4) LP-TEOS Oxide

액화원(Liquid Source)인 TEOS [$Si(OC_2H_5)_4$]의 열분해에 의해 산화막이 증착된다. 막질이 HTO나 MTO보다 나쁘기 때문에 게이트(Gate) 산화막나 캐패시터(Capacitor)의 유전물질로 사용하기에는 부적합하다.

- 공정온도 : 640~680C℃

5. 에피 공정 기술(Epitaxial Process Technology)

1) 정의

에피택시(Epitaxy)란 그리스어로 위를 의미하는 에피(Epi)와 정렬하다를 의미하는 택시(Taxy)의 합성어로 일반적으로 기판(substrate)이라고 부르는 단결정(single crystal) 실리콘 웨이퍼 위에 동일한 단결정 층을 형성시키는 것을 말한다. 에피막은 증착 또는 스퍼터링(sputtering)을 통해서 만들어질 수도 있지만 주로 증착 공정을 사용한다. 소자의 전자 성질은 결정내의 불순물의 농도의 차이에 따라 결정되는데 에피막은 성장시 다양한 불순물을 첨가 시킬 수 있으며 그 종류와 농도를 조절함으로써 소자에 따라 그 용도에 맞는 에피막을 다양하게 성장시킬 수 있고 또한 확산에 의해 많이 도핑된 층 위에 적게 도핑된 층을 만드는 유일한 공정이다. 에피막은 전형적으로 0.5~25um 의 두께로 만들며 도핑정도는 0.005~20.cm 정도이다. 전력 소자나 소신호 소자를 포함한 소자에의 응용분야는 트랜지스터, 바이 폴라 기억소자, 선형집적회로, 마이크로파와 영상소자, 그리고 CMOS소자등 다양한 분야에서 사용되어지고 있다. 에피막의 성질을 좌우하는 주요 변수로는 두께와 저항, 자동 도핑과 외확산, 결정 구조의 결함, 매몰층 패턴의 이동 또는 패턴 소멸, 형태적인 결함 등을 들 수 있으며 이들 변수는 반응로 구조, 매몰층 준비 기술, 압력, 성장율, 가열방법, 온도, 기판의 결정 방향성, 가스 등으로 제어된다. 그 동안 끊임없는 연구와 장비 업체들의 장비개발로 최근 들어 에피(Epitaxy) 기술을 이용한 다양한 공정들이 개발되고 있으며 특히 SEG (Selective Epitaxial Growth)와 게르마늄(Ge)을 이용한 공정이 이미 개발되어 많은 관심을 받고 있다.

에피(Epitaxy)의 종류는 아래와 같이 크게 두 가지로 구분할 수 있다.

첫째, 단결정 기판위에 기판과 동일한 물질의 단결정을 성장시키는, 예를 들면 실리콘(Si) 기판위에 실리콘(Si) 단결정을 성장시키는 동종에피(Homogenous Epitaxy)가 있다.

둘째, 단결정 기판위에 기판과 다른 물질의 단결정을 성장시키는, 예를 들면 사파이어(Sapphire) 위에 실리콘(Si) 단결정이나, 실리콘(Si) 기판위에 게르마늄(Ge)이 첨가된 SiGe 단결정을 성장시키는 이종 에피(Heterogeneous Epitaxy)가 있다.

2) Epitaxial System의 종류

에피막(Epitaxial layer)을 얻는 방법에는 그 성장 방식에 따라 대표적으로 세 가지로 나눌 수 있다. 기상증착법이라고 하는 기상 에피(Vapor Phase Epitaxy)와 액상을 이용한 액상 에피(Liquid Phase Epitaxy) 그리고 고체 상태를 이용하는 고체상 에피(Solid Phase Epitaxy)로 나눌 수 있는데 여기에서는 가장 널리 사용되고 있는 기상 증착법, 그중에서도 화학적 기상 증착법(CVD : Chemical Vapor Deposition)을 이용하는 장비에 대해서 알아보고자 한다. 크게 매립식 웨이퍼(Single Wafer Type)와 배치 반응형(Batch Reactor Type) 이 두가지로 나눌 수 가 있는데 조금 더 구체적으로 세 가지 방식의 반응기(Reactor)로 구분하면 다음과 같다.

(1) 팬케이크 또는 수직 반응기(Pancake or Vertical Reactor)

유도 가열되는 수직 팬케이크 반응기(Vertical Pancake Reactor)는 주로 두꺼운 에피막(Epitaxial layer : 1um~100um)을 성장시키는데 가장 적당한 반응기(reactor)이며 서셉터(Susceptor)가 회전하기 때문에 저항에 있어서 놓은 균일성을 보여준다.

그림 3-12에서 보듯이 웨이퍼가 수평 디스크 서셉터(Disk susceptor)에 있는 포켓(Pocket)에 놓여지고 RF(Radio-fre quency) 유도코일(Induction coil)에 의해 가열(Heating)이 되며 가스가 서셉터(Susceptor)의 중앙을 통하여 공급되고 순환하여 다시 아래쪽의 배기관(Exhaust)로 빠져 나가게 된다. 이러한 형태의 반응기(Reactor)에서 문제가 되는 것은 온도차에 의해 발생하는 슬립(Slip)인데 이것을 최소화하기 위해서는 가열코일(Heating coil)을 적당하게 조정하여 증착하는 동안 웨이퍼 내의 온도를 균일하게 유지시켜 주어야 한다. 또한 다른 웨이퍼 크기(Wafer size)를 진행하기 위해서는 서셉터(Susceptor)를 교환해 주고 그 때마다 코일(Coil)을 조정해 주어야 하기 때문에 기계적인 고장이나 코일(Coil)의 수명 그리도 내부에 코팅(Coating)된 막의 깨짐(Crack) 등으로 인해 오염이 될 수 있는 소스(Source)들이 많은 것이 단점이다.

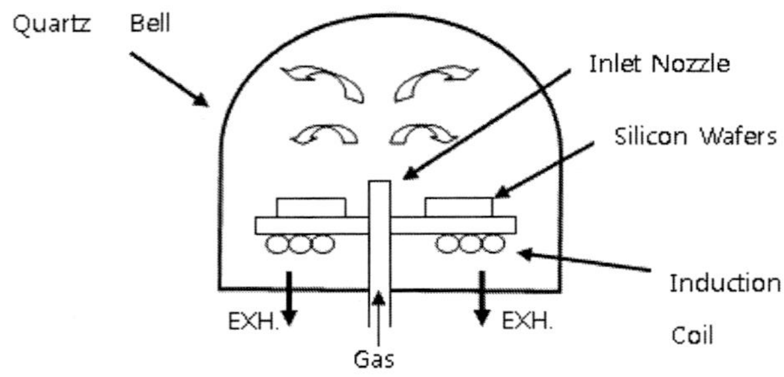

그림 3-12 수직 팬케이크 반응기 구조

(2) 배럴 또는 실린더 반응기(Barrel or Cylindrical Reactor)

위의 판케이크 시스템(Pancake system)과 배럴 시스템(Barrel system)의 가장 큰 차이점은 에피막을 증착(Epi deposition)할 때 웨이퍼의 방향과 가열(heating)시키는 에너지원(energy source)이 다르다는 것이다.

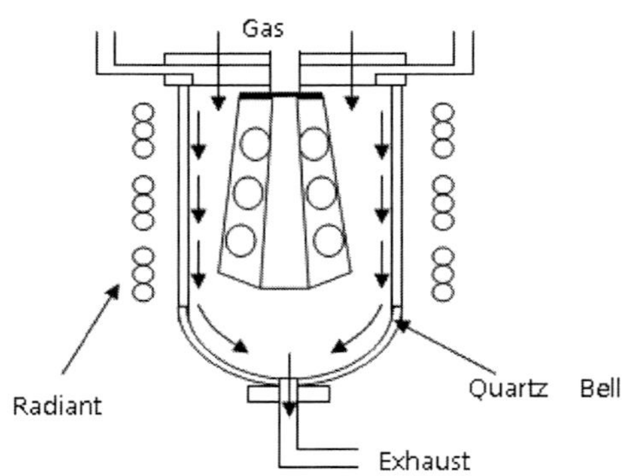

그림 3-13 배럴 시스템(Barrel system) 반응기 구조

그림 3-13에서 보듯 웨이퍼가 수직방향에서 조금 경사되게 놓여지도록 6각형의 원통형 서셉터(susceptor)를 사용하고 있고 적외선 램프(lamp)에 의해 복사에너지(energy)가 바로 웨이퍼에 흡수되도록 되어있다. 이러한 구조 때문에 좋은 표면 상태를 얻을 수 있고 웨이퍼와 서셉터(susceptor)간 온도차가 판케이크(Pancake)에 배해 작기 때문에 슬립(Slip) 문제도 많이 개선된다.

(3) 매엽식 에피 웨이퍼 반응기(Single Wafer Epi Reactor)

웨이퍼 크기가 대구경화 되어가고 두께와 저항의 균일도(uniformity) 등 요구되는 조건들이 까다로워지면서 판케이크(Pancake)이나 배럴형태(Barrel Type)와 같은 배치 반응기(Batch Reactor)에서 공정을 제어하기가 점점 더 어려워졌다. 이 때문에 1990년대 초부터는 매엽식 웨이퍼 시스템(Single Wafer System)의 수요가 계속적으로 증가하고 있고 최근 들어서는 거의 대부분의 에피 반응기(Epi Reactor) 수요가 매엽식 웨이퍼 시스템(Single Wafer System)이 되고 있다. 그림 3-14와 같이 매엽식 웨이퍼 시스템(Single Wafer System)은 할로겐 램프(Hologen Lamps)를 가열 원(Heating Source)으로 사용하고 냉각벽 형태(Cold Wall Type)이기 때문에 급속열처리공정(RTP : Rapid Thermal Processing)을 통하여 공정 시간을 짧게 하여 생산성(Throughput)을 증가 시키는 방식을 채택하고 있다. 매엽식 웨이퍼 시스템(Single Wafer System)의 장점은 각 구역(zone)별로 램프(Lamps)의 전원을 조절하여 온도 균일도(uniformity)를 쉽게 조절할 수 있다.

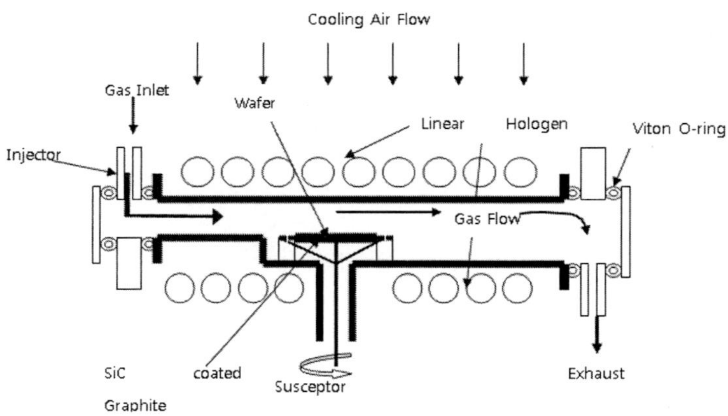

그림 3-14 매엽식 웨이퍼 반응기 구조

또한 주입기(Injector)에서 가스흐름(gas flow)을 조절할 수 있고 수평형 챔버(Horizontal chamber)를 사용하기 때문에 라미너가스 흐름(Laminar gas flow)을 만들어 다른 반응기(reactor)에 비해 훨씬 좋은 균일성을 가진 에피박막(Epi Layer)를 성장시킬 수 있다. 앞으로 여러가지 다양한 기술들이 개발되어지고 웨이퍼 크기(Wafer size)의 대구경화 그리고 에피박막(Epi Layer)에 대한 품질 요구들이 더욱 어려워지게 된다고 볼 때 매엽식 웨이퍼 시스템(Single Wafer System)의 비중이 더욱 높아질 것은 분명하다.

3) 에피 공정

에피막 증착은 SiC(silicon carbide)로 코팅(coating)된 그래파이트(graphite) 위에 웨이퍼가 놓여진 상태에서 주로 수소를 사용하는 캐리어 가스(carrier gas)와 실리콘을 포함한 실리콘 소스 가스(Si source gas) 그리고 불순물 미립자(dopant atoms)을 포함하는 불순물 가스(dopant gas)가 반응기(reactor) 안으로 유입되어 1050C～1200C의 높은 온도에서 대기압(Atmospheric : 760torr) 또는 그이하 압력(〉20torr) 환경에서 진행된다.

(1) 성장 매카니즘(Growth Kinetics and Mechanisms)

기상 반응은 에피 성장(Epitaxial Growth)에서 뿐만 아니라 모든 CVD공정에서 매우 중요하며, 대부분의 CVD공정은 크게 2개의 단계로 나눌 수 있다. 첫째, 벌크가스(Bulk gas)에서 기판 표면으로 반응 물질의 전달, 둘째, 표면에서의 흡착, 확산, 결합 및 탈착을 포함하는 표면 반응으로 나눌 수 있다. 하지만 이러한 단계들을 정량적으로 도식화 한다는 것은 불가능하며 아직 정확하게 그 매카니즘(Mechanism)이 알려져 있지 않아서 그림 3－15와 같은 간략화된 모델을 통하여 설명을 하고 있다.

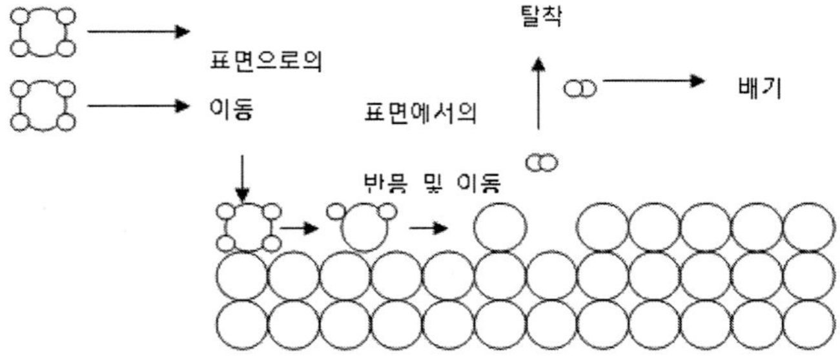

그림 3–15 성장 메카니즘 모델 구조

(2) 전 세정(Pre-cleaning)

높은 양질의 에피막(Epitaxial layer)을 성장시키기 위해서는 무엇보다 중요한 것이 에피박막(Epi layer)이 성장되기 전의 기판(Substrate) 표면 상태이다. 웨이퍼를 적재(Loading) 하기 전에 외부에서 세정(Cleaning)을 한다고 해도 자연 산화막(Native oxide)의 형성을 방지하기란 불가능하다. 아주 얇게 형성된 산화막일지라도 에피박막(Epi layer)이 성장 되는데 에는 큰 영향을 주어 에피박막(Epi layer)의 막질을 저하시키기 때문에 반드시 산화막을 제거한 후 공정을 진행해야 하는데 보통의 에피(Epitaxial) 공정에서는 이 산화막을 아래 반응과 같이 고온에서 캐리어 가스(Carrier gas)로 쓰이는 H_2로 환원시켜 휘발성 실리콘 일산화물(Silicon monoxide)과 수증기(Water vapor)를 형성시킴으로 제거하게 된다.

$$SiO_2(s)+H_2(g) \qquad SiO(g)+H_2O(g)$$

이 반응은 낮은 온도일수록 그리고 H_2O의 부분압이 증가할수록 역반응이 우세하게 일어나기 때문에 공정 챔버(Process chamber) 내 분위기를 잘 유지하는 것이 중요하다. 특히 낮은 온도에서 공정을 진행할 때에는 H_2O의 부분압력이 공정에 미치는 영향이 더욱 커지므로 공정 챔버(Process chamber) 뿐만 아니라 웨이퍼를 취급하는 부분에서도 특별한 관리를 요구한다.

(3) 실리콘 에피 가스(Silicon Epitaxial Gases)

일반적으로 실리콘 에피(Silicon Epitaxy)에서 실리콘 소스(Si source)로 사용되는 가스는 표 3-1과 같이 대표적으로 4가지를 들 수 있는데 소자의 온도한계(thermal budget), 성장온도, Epi 두께, 성장속도 뿐만 아니라 소자에서 요구되는 특성에 맞게 선택되어질 수 있다.

표 3-1 실리콘 에피 성장 가스 원 특성

구 분	SiH_4 (Silane)	SiH_2Cl_2 (Dichlorosilane)	$SiHCl_3$ (Trichlorosilane)	$SiCl_4$(Silicon Tetrachloride)
Reaction Temperature	550C～1,000C	750C～1,100C	1,100C～1,150C	1,125C～1,200C
Chemical Reaction	$SiH_4=Si+2H_2$ Pyrolysis	$SiH_2Cl_2=Si+2HCl$ Pyrolysis	$SiHCl_3+H_2=Si+3HCl$ Reduction	$SiCl_4+2H_2=Si+4HCl$ Reduction

구 분	SiH_4 (Silane)	SiH_2Cl_2 (Dichlorosilane)	$SiHCl_3$ (Trichlorosilane)	$SiCl_4$(Silicon Tetrachloride)
Autodoping	HCl 성분이 없어 표면에서 etching이 일어나지 않기 때문에 auto doping이 작다.	반응하면서 생기는 HCl에 의해 표면이 etching 되면서 auto doping을 유발한다.	반응하면서 생기는 HCl에 의해 표면이 etching 되면서 auto doping을 유발한다.	반응하면서 생기는 HCl에 의해 표면이 etching 되면서 auto doping을 유발한다.
Deposition Rate	0.005~0.3um/min	0.01~1.2um/min	0.5~1.5um /min-batch system <5um/min-single wafer system	~1um/min
Remark	SiH4는 고온과 고진공에서 기상반응이 즉시 일어나기 때문에 particle 측면에서 좋지 않고 defect도 다른 gas에 비해 많지만 실온에서도 gas 상태이기 때문에 flow를 조절하기가 쉽고 auto doping을 줄일 수 있으며 낮은 온도에서의 공정이 용이한 장점이 있다.	SiH_2Cl_2(DCS)는 SiH_4와 $SiCl_4$의 중간적인 성격을 가지고 있어서 $SiCl_4$보다 control하기가 쉽고 SiH_4 보다 성장률이 높고 가격이 싸다. 주로 reduced pressure에서 얇은 Epi를 할 때 사용한다.	실온에서 액체 상태로 존재하기 때문에 bubbling을 시켜서 사용해야 하며 가격이 싸고 성장율이 높기 때문에 두꺼운 Epi를 할 때 주로 사용된다.	성장율이 높고 가격이 싸기 때문에 두꺼운 Epi를 할 때 많이 사용되었지만 Gas flow를 제어하기가 어려워 점차 $SiHCl_3$ (TCS)로 대체되고 있다.

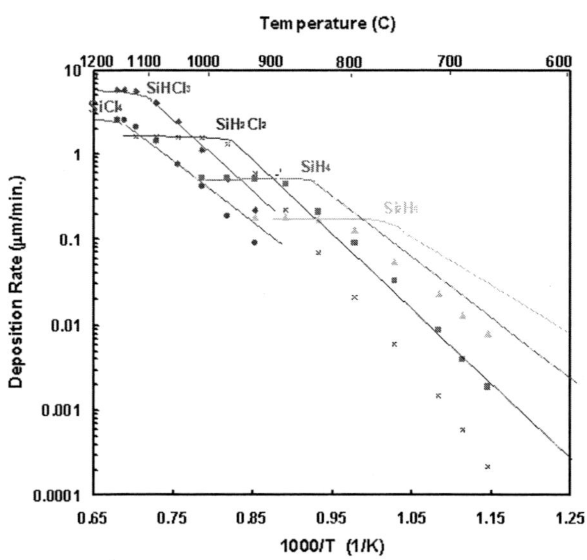

그림 3-16 Si Source Gases Deposition Rate vs Temperature 특성

(4) 불순물 결합(Dopant Incorporation)

실리콘 에피 박막(Epitaxial layer) 내에서 전기적으로 활성화된 불순물(Dopant)들의 농도와 분포를 정확하게 조절하는 것은 반도체 소자의 성능에 있어서 필수적이다. 대개 불순물(Dopant) 원소들은 1013~20atoms/cm^{3}의 농도 범위 내에서 에피실리콘(Epitaxial silicon)에 결합(Incorporation)하게 되는데 첨가시키고자 하는 원소를 가진 가스를 H_2 캐리어 가스(Carrier gas)와 실리콘(Si)을 포함하는 소스 가스(Source gas)와 함께 흘리면 공정 챔버(Process chamber)내에서 증착이 진행되는 중에 도핑가스(Doping gas)들이 열분해 되면서 실리콘(Si) 격자 속으로 들어가게 된다. P-type 불순물 가스(Dopant gas)로는 B_2H_6가 N-type 불순물 가스(Dopant gas)로는 PH_3와 AsH_3가 사용되며, 일반적으로 요구되는 에피 박막(Epi Layer)의 저항을 조절하기 위해서는 아주 적은 양이 필요하기 때문에 대부분 수소에 의해 희석된 ppm단위의 가스를 사용한다. 도핑(Doping)이 되는 정도는 아래의 그림과 같이 온도와 물질에 따라 다른 경향을 보인다. N-type 불순물(Dopant)의 경우 온도가 증가 할수록 결합(Incorporation)이 감소하는 경향을 보이고 P-type 불순물(Dopant)은 반대로 온도가 증가 할수록 결합(Incorporation)이 증가한다. 이것은 고체 실리콘(Si) 내에서 불순물(Dopant) 원소의 고체 용해도(Solid solubility)때문에 생기는 현상이다.

(5) 에피 결함(Epitaxial Defect)

단결정을 흐트러짐이 없이 쌓아 성장을 시키는 기술이 에피택시(Epitaxial)이기 때문에 완벽한 결정구조와 표면을 얻는 것이 당연하지만 여러가지 원인들에 의해서 결정의 완전성에 영향이 미치게 되는데 이러한 결정 결함을 바로 결함(Defect)라 한다. 결함(Defect)은 소자의 전기적인 성능에 중요한 영향을 미치게 되므로 이것을 관리하는 것이야 말로 좋은 에피박막(Epi layer)을 얻는 지름길이 된다. 이러한 결함(Defect)의 종류에는 여러 가지가 있는데 대표적인 것들을 정리하면 다음과 같다.

① 포인트 결함(Point Defects)

아래 그림의 A, B, C, D와 같이 Si 격자 안에서의 부분적인 결함으로 격자의 흐트러짐이 없이 실리콘 원소가 비어 있거나 다른 물질로 대체되어 있는 형태를 말한다. 어느 정도의 포인트 결함(Point defect)들은 열역학적인 이유 때문에 항상 존재하게 된다.

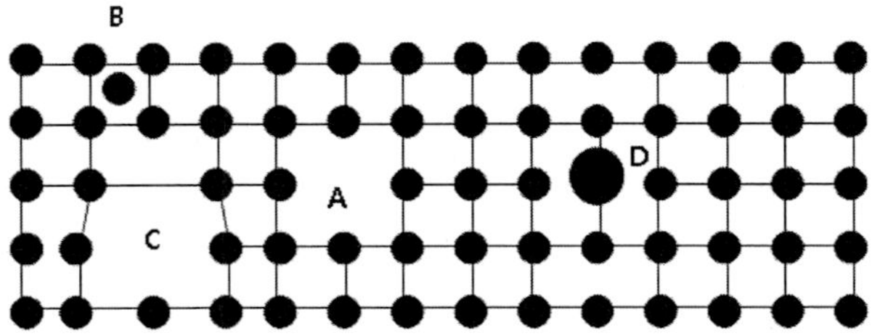

그림 3-17 POINT 결점 구조

② 슬립 탈구(Slip Dislocation)

열적 스트레스(Thermal stress)에 기인된 것으로 웨이퍼 내의 온도가 균일하지 않을 때 발생한다. 주어진 온도에서 열적 스트레스(Thermal stress)가 실리콘의 한계 스트레스를 초과하였을 때 웨이퍼 가장자리나 결함(Defect)들이 있는 곳에서 탈구(Dislocation)가 발생되고 그 스트레스를 완화 할 수 있는 결정면을 따라 이동하면서 슬립(Slip)을 형성한다. 이러한 슬립선(Slip line)은 현미경에서 관찰되며 탈구 밀도(Dislocation density)가 높을 때에는 강한 빛에서도 관찰이 가능하다.

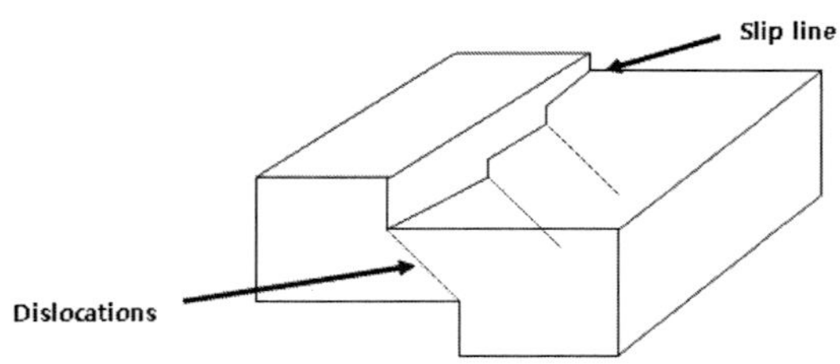

그림 3-18 Slip Dislocation 결점 구조

③ 미스핏 탈구(Misfit Dislocation)

탈구(Dislocation)의 또 다른 원인은 기판과의 계면(Interface)에서 격자상수가 차이가 날 때 발생되는 스트레스(Stress)에 의해서도 발생한다. 예를 들면 진하게 도핑(Heavily doping)된 기판(Substrate) 위에 약하게 도핑(Doping)된 에피층(Epi layer)를 성장시키거나 실리콘 기판(Si substrate) 위에 게르마늄(Ge)이 첨가된 에피층(Epi layer)을 성장시킬 때 격자상수가 일치하지 않아 아래와 같이 A_2와 A1막 사이에 미스핏 탈구(misfit dislocation)가 발생한다.

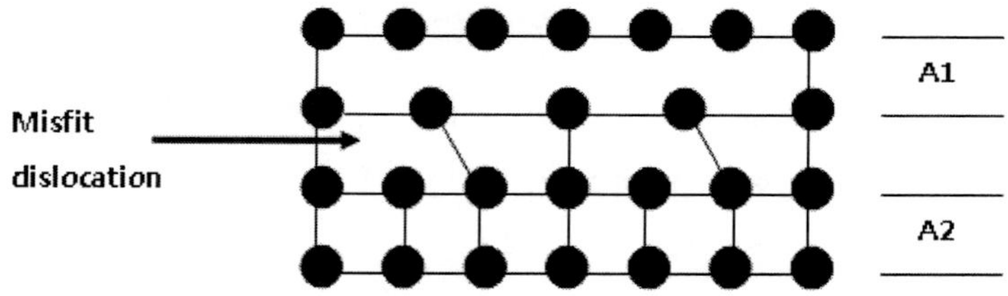

그림 3-19 Misfit Dislocation 결점 구조

④ 스태킹 결점(Stacking Fault)

평면상의 결정학적인 결함(Planar crystallographic defects)으로 원자(Atomic) 층들이 쌓이는 순서가 잘못된 곳에서 나타나는데 기판 표면의 결함이나 불순물, 산화막의 잔존이나 성장온도가 낮을 때 등 여러가지 원인들에 의해서 발생하므로 기판의 표면과 반응기(Reactor)를 깨끗하게 유지하는 것이 중요하다. 이 결함들은 에피층(Epi layer)이 성장되는 동안 계속적으로 전달되어 삼각형, 각, 선등의 형태로 나타나며 소자의 수율에 크게 영향을 미치기 때문에 엄격하게 관리해야 하는 항목 중 하나이다.

⑤ 스파이크(Spike)

스태킹 결점(Stacking fault)과 마찬가지로 기판 표면의 오염이 주원인이며 일반적으로 스파이크(Spike)는 실리콘 입자(Silicon particle)에 의해 발생한다. 표면에 존재하는 실리콘 칩(Silicon chip)은 여러 결정방향을 가지고 있기 때문에 기판의 결정방향에 비해 훨씬 빠른 성장 속도를 가지는 면을 가질 수 있다. 이러한 실리콘 칩(Silicon chip)위에서는 에피막(Epitaxial layer)로 자랄 수도 있지만 많은 경우에 여러 그레인(Grain)들이 뭉쳐서 다결정 실리콘 노즐(Polysilicon nodule)을 만든다. 표면 위로 돌출되어 있는 칩(Chip)영역에서는 더욱 많은 반응 가스들이 공급되기 때문에 그것으로 인해 성장하는 노즐(Nodule)은 기판 위에서 성장하는 에피막(Epitaxial layer)에 비해 2배에서 10배까지 성장할 수 있어 이후의 공정에 문제점을 유발시킨다. 스파이크(Spike)는 여러가지 기계적 기술에 의해서 제거 될 수 있지만 미리 세척을 통해 그 요인을 제거하는 것이 최선의 방법이다.

(6) 에피막(Epitaxial layer) 측정 방법(Measurement Methods)

두께나 저항 및 불순물의 농도를 측정하는 것이 에피막(Epitaxial layer)을 평가하는 기본적이고도 중요한 항목들이다. 아래의 표에서 각 항목과 그 도구(Tool)에 대해 정리를 하였다.

표 3-2 실리콘 에피 측정막 측정 방법

측정장비	측정항목	장 점	비 고
Four-point Probe	Dopant 농도 (면저항)	• 정확도와 정밀도가 높다 • 측정 속도가 빠르다.	• 반드시 pattern이 없는 wafer를 사용해야 한다. • Epi layer와 기판의 도핑된 type이 반대가 되어야 하며 주로 N-type epi layer를 측정할 때 많이 쓰인다. • 얇은 막에는 좋지 않다.
Mercury Probe (Capacitance -Voltage)	Dopant 농도 (비저항)	• 1E17~1E18 정도로 doping 된 layer의 profile을 빠르게 제공한다. • 비파괴적인 검사를 할 수 있다.	• 하나 이상의 층이 존재하면 불가능하다. • 고농도로 doping 된 layer를 측정할 경우 voltage breakdown이 일어날 수 있다.
Fourier Transform Infra Red (FTIR)	두께	• 빠르고 재현성이 높다. • 비파괴적인 검사이다. • On-line 분석을 할 수 있다.	Refractive index차이를 이용하는 방법이기 때문에 기판보다 epi layer의 doping 정도가 작아야 한다(Epi 1E16정도면 기판은 1E18 이상은 되어야 한다.).
Spreading Resistance Profile(SRP)	농도 및 두께 profile	• Epi layer의 type에 상관없이 수직 단면의 profile을 모두 볼 수 있다. • Doping level 이나 layer 수에 무관하게 측정할 수 있다.	• 고도의 조작 기술을 요구한다. Sample을 준비하는데 시간이 많이 걸린다. • P-type과 N-type을 구별할 수는 있지만 원소를 판별할 수는 없다. 단지 전기적으로 활성화된 것들에 의해서만 나타난다.
Secondary Ion Mass Spectrometry (SIMS)	Epi layer 안에 있는 원소와 profile의 분석	• H, C, O를 포함한 모든 원소들과 동위원소들을 구별할 수 있다. • Transition width와 interface의 오염상태를 알 수 있다. • 전기적으로 활성화된 것과 활성화되지 않은 것들 모두 측정할 수 있다.	• 분석하고자 하는 원소에 따라 검출한계가 1E13~18/cm^3 안에 있다. 두께가 두꺼울수록 sputtering이 일정하지 않아서 resolution이 떨어진다. • 수백 옴스트롱 정도의 얇은 두께까지도 측정할 수 있다. • Reference와 비교하여 상대적인 값만을 얻을 수 있다.

4) 기술동향

소자제작에 있어서 디자인 룰(Design Rule)이 계속적으로 작아지고 웨이퍼의 대구경화가 진행되면서 에피(Epitaxy)에서도 다양한 새로운 공정과 까다로운 조건들이 요구된다. 이러한 요구들에 따라 선택적 에피택시(Selective Epitaxy : SEG), 저온 엑피택시(Low Temperature Epitaxy), 분자 빔 엑피택시(Molecular Beam Epitaxy), 급속 열처리 순환 에피택시(Rapid Thermal cycle Epitaxy), SOI(Silicon on insulator), 그리고 이종 에피택시 성장(Hetroepitaxial Growth)등 다양한 에피(Epi) 기술들이 개발되고 있다.

소자의 열적 버짓(Thermal budget)의 허용범위가 점점 더 작아지면서 저온 공정(Low temperature processing)이 많이 요구되어지는데 이렇게 낮은 온도에서 에피막(Epitaxial layer)을 성장시키는 데에는 기판 표면의 세정(Cleaning)과 자연 산화막(native oxide)의 제거가 중요한 문제가 된다. 성장 온도를 내릴 때에는 에피막(Epi layer)의 품질이 성장율(Growth rate)과 불순물 특히 산소(Oxygen)과 카본(Carbon)에 매우 민감하게 되기 때문에 고진공시스템(High vacuum system)이나 열적 버짓(Thermal budget)을 줄일 수 있도록 가열(Heating)과 냉각(Cooling)을 빠르게 할 수 있는 급속열처리 공정 시스템(Rapid Thermal Processing System)이 각광을 받고 있다. 하지만 고진공시스템(High vacuum system) 보다는 이미 상용화가 되어 있고 매엽식 웨이퍼 시스템 형태(Single Wafer System type)의 RTCVD 시스템 수요가 많은 상태이다.

저온 에피택시(Low temperature epitaxy)의 대표적인 공정중의 하나가 선택엑피택시(Selective Epitaxy)인데 선택적 엑피택시(Selective Epitaxy)에서는 엑피택시(Epitaxial) 성장을 하기 전에 기판 표면위에 패턴화된 유전막(Patterning된 dielectric)구조를 가지고 있게 된다. 에피막(Epitaxial layer)을 성장시킬 때 HCl 가스를 첨가시키거나 저압에서 공정을 진행해 과포화(Supersaturation)을 낮게 유지시키면 유전막(Fielectric) 위에서 핵이 형성되는 것을 방지할 수 있고 반면에 실리콘이 드러난 부분에서는 선택적으로 에피막(Epitaxial layer)이 성장한다. 이러한 선택적 엑피택시(Selective Epitaxy) 기술은 차세대 소자의 소스 드레인(Source Drain)이나 격리(Isolation)등 다양한 분야에서 적용될 수 있는 기술로 국내에서도 활발한 연구를 진행하고 있다.

최근에는 실리콘(Si)과 같은 계열의 물질인 게르마늄(Ge)에 대한 연구 개발이 급진전되면서 게르마늄(Ge)과 실리콘(Si)을 이용한 SiGe 이종 엑피택시 공정(Hetero-epitaxy process)가 많은 관심의 대상이 되고 있다. 이 기술은 여러 다양한 분야에 적용될 수 있는데 이미 개발이 되어 양산에 쓰이고 있는 응용분야는 얼마 전 국내업체에 의해서도 개발이 된 SiGe HBT(Heterojunction Bipolar Transistor)기술로서 실리콘(Si)에 비해 훨씬 빠른 소자속도를 가능하게 하기 때문에 차세대 무선 통신용 반도체의 고주파(RF : Radio Frequency)IC에 GaAs와 함께 초고속 통신망 시대를 앞당길 수 있는 중요한 기술로 인정되고 있다.

현재 SiGe 기술을 메모리 분야에 적용시켜 소자의 성능을 향상시키기 위한 활발한 연구가 진행되고 있어 조만간 SiGe 공정이 널리 사용되어질 것을 기대하고 있다.

6. 측정기술

1) 평가방법

공정 완료 후 공정의 이상 유무를 평가하기 위한 방법으로는, 공정 완료 직후 in-line에서 비파괴, 비접촉 방식으로 진행하는 두께 측정, 미립자(Particle) 측정 등이 있고, 웨이퍼 표면에 접촉하거나 또는 파괴하여 측정하는 저항, SRP, SIMS 분석 등이 있으며, 소자를 제작한 후 전기적인 특성으로 평가하는 방법 등이 있다.

2) 두께 측정

(1) 산화막, 질화막 등의 두께 측정

① Color Chart를 이용

막질의 종류 및 두께에 따른 반사도의 차이에 의해 웨이퍼의 색깔이 다르게 나타나게 되는데, 이 색깔의 차이로 두께를 평가한다.

② 계측기를 이용한 두께 평가

공기/SiO_2(또는 기타 막질) 계면과 Si/SiO_2(또는 기타 막질) 계면에서 반사되는 빛들 간의 광간섭을 이용하여 두께를 측정하는 나노메트릭스(Nanometrics)라는 장치와 Si/SiO_2 계면에서 반사되는 빛의 편광 상태의 변화를 이용하여 두께를 측정하는 엘립소메트리(Ellipsometry) 장치를 이용하여 막질의 두께를 측정할 수 있다.

(2) 에피 두께 측정 : FTIR

적외선(Infra Red)은 실리콘내에서 불순물의 농도차이가 10배 정도 이상이 되면 농도 차이에 의해 적외선이 반사되는데, 에피 실리콘(EPI Si)의 두께는 적외선의 이런 특성을 이용하여 측정한다. 실리콘(EPI Si)의 두께를 측정하기 위해서는 실리콘 기판의 농도가 실리콘(EPI Si) 보다 약 10배 이상 높아야 측정 가능하다.

3) 미립자(Particle) 측정

(1) Surfscan, SP1

미립자(Particle) 측정은 광원(Laser)을 실리콘 또는 막질 표면에 입사 시킨 후 미립자(Particle)에 의해 산란되는 광(Laser)을 검출하여 미립자(Particle)를 측정하는데, 웨이퍼 상에 패턴이 없는 상태에서 미립자(Particle)를 측정한다.

(2) KLA, AIT

KLA, AIT는 패턴이 형성되어 있는 웨이퍼에서 미립자(Particle)이나 결함(Defect)을 검출하는 장치이다.

4) 도핑(Doping) 농도 측정

(1) 저항 측정(Sheet Resistance, Rs)

실리콘 또는 박막의 저항을 측정하기 위하여 4탐침(4-point probe)라는 계측기를 이용 하는데, 이 장치는 등간격, 일직선으로 배열된 4개의 탐침(Probe)을 웨이퍼표면에 접촉시켜 면저항(Rs : Sheet Resistance)을 측정한다.

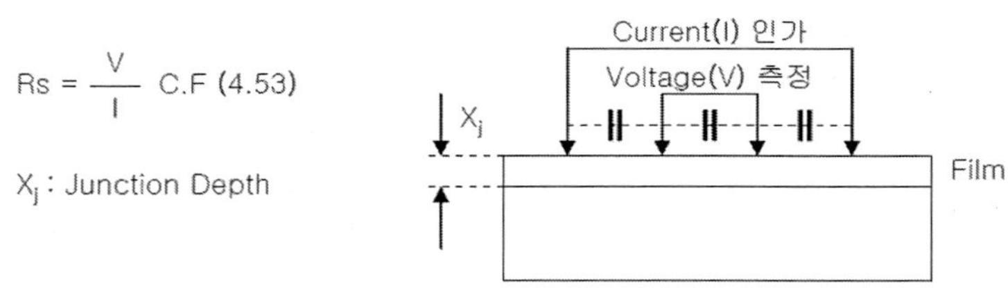

그림 3-20 저항 측정장치(4 POINT PROVE)

C.F는 샘플의 기하학적 모양 및 탐침 사이의 거리(S) 등의 관계에 의해 결정되는데, $C.F=\pi/\ln 2 \fallingdotseq 4.532$ 정도의 값을 갖는다.

위와 같은 방법으로 측정된 면저항(Rs)는 물질의 교유 특성인 비저항(ρ)과 다음과 같은 관계가 있다.

(2) 농도 프로파일(Profile)

① SRP 측정(Spreading Resistance)

웨이퍼 샘플을 일정 각도(5~15°) 로 연마(Bevel)한 후, 연마된(bevel)된 면을 따라 2개의 탐침을 일정 간격으로 이동시키면서, 두 탐침 사이에 전류를 인가하고, 전압을 측정한다.

두 탐침의 이동 거리와 바벨(bevel) 각도 등을 계산하여 깊이방향에 따른 저항 및 농도분포를 평가할 수 있다.

$$R_{SR} = \frac{V}{I} \qquad p = 2R_{SR}a$$

a : Effective electrical contact radius에 의해 결정되는 실험적인 수치

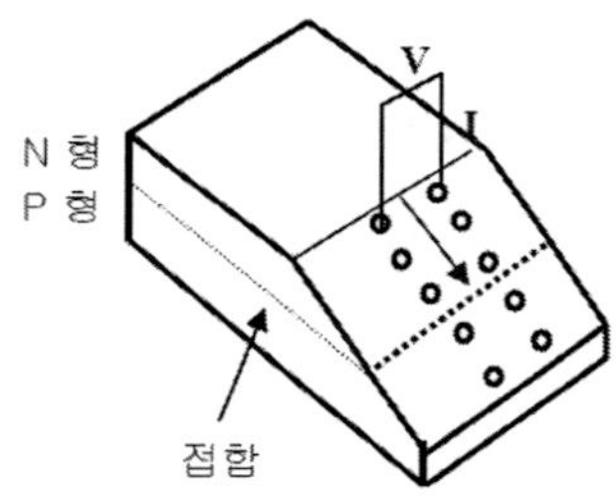

그림 3-21 Spreading Resistance 측정(SRP) 장치

② SIMS(Secondary Ion mass Spectroscopy)

시료(웨이퍼 또는 Film)의 표면에 1차 이온을 샘플에 충돌시키고 이 충돌에 의해 시료로부터 튀어나오는 2차 이온을 검출하여 깊이 방향으로의 불순물 농도 분포를 확인하는 방법이다.

면저항(Sheet Resistance)나 SRP는 전기적으로 활성화 된 불순물만 검출하고, SIMS는 전기적으로 활성화 된 불순물과 비활성화 된 불순물을 모두 검출한다는 차이점이 있다.

(3) 전기적 특성에 의한 공정 평가

① C-V(Capacitance-Voltage) 측정

C-V(Capacitance-Voltage)를 측정하여, 정전 용량, 산화막 두께, 산화막의 품질(Quality), 오염도 등을 평가할 수 있다.

② 산화막 문턱전압(Oxide Breakdown Voltage) 측정

모스 캐패시터(MOS Capacitor) 구조에서 게이트에 전압 또는 전류를 인가하여 산화막의 품질(Quality)을 평가할 수 있다.

요 약

- 불순물을 실리콘 내부로 분포 시키는 공정인 확산 공정 전반에 대한 내용이 포함된다.
- 실리콘산화막 제조 및 불순물을 확산시키는 열산화 공정 특성에 대한 이해에 내용이 포함된다.
- 실리콘산화막 제조 및 불순물을 확산시키는 열산화 공정 장비의 종류 및 특성 이해에 대한 내용이 포함된다.
- 에너지를 이용하여 불순물을 실리콘 내부로 주입하는 이온주입 공정 특성에 대한 이해에 대한 내용이 포함된다.
- 에너지를 이용하여 불순물을 실리콘 내부로 주입하는 이온주입 공정 장비의 종류 및 특성 이해에 대한 내용이 포함된다.
- 소자간 특성 보장을 위한 소자격리 방법에 대한 지식에 대한 내용이 포함된다.

연습문제

01 산화/확산공정의 특징을 2가지 이상을 설명 하시요.

02 LP CVD 막질 종류를 3가지 내용을 요약 정리하여 설명하시오.

03 산화막을 형성시키는 FURNACE(TUBE)의 오염을 평가하는 항목을 정리하여 설명하시오.

04 이온주입 설비는 주입되는 이온의 량에 따라 크게 2가지로 구분하고 설명하시오.

05 공정진행 후 공정의 정상 유무를 판단하기 위해 MONITOR하는 항목 2가지 이상 설명하시오.

ALD 공정장비 기술

4
Chapter

1. 서론

일반적으로, 박막은 반도체 소자의 유전체(Dielectrics), 액정 표시 소자(Liquid-Crystal-Display)의 투명한 도전체, 및 전자 발광 표시 소자의 보호층 등으로 다양하게 사용된다. 이러한 박막은 일반적으로 증기법(Evaporation Method), 화학기상 증착법(Chemical Vapor Deposition, 이하 'CVD법'), ALD (Atomic Layer Deposition)법 등으로 형성한다.

막 형성에 필요한 원소를 한 번에 한 가지씩 증발시켜 ZnS 박막을 형성하는 원자층 적층 성장(Atomic layer epitaxy, ALE) 기술은 1974년에 핀란드 특허가, 1977년에 미국 특허가 등록되었지만 그 당시에는 큰 관심을 끌지 못하였다. 아마도 기존의 박막 형성 방법과 너무 다르고 응용 분야가 특수하게 보였기 때문이었을 것이다. 그러나 이 기술을 사용하여 핀란드의 Lohja사가 ZnS : Mn을 사용하여 미국과 일본의 경쟁사 제품보다 훨씬 뛰어난 대면적의 EL 표시 소자를 1980년대 초에 내놓았고 이것이 1982년에 Society of Information Display 학회가 수여하는 기술상을 받은 이후 ALE 기술은 고품질의 박막을 형성하는 방법으로 주목을 받기 시작했습니다. 적층 성장이 아닌 경우도 포함하기 위해 더 일반적으로 이 기술을 ALE가 아니라 원자층 증착(Atomic layer deposition) 즉, ALD 기술이 라고 부르게 되었다.

다른 실리콘 반도체 기술과 달리 ALD 기술을 실리콘 반도체 소자 제조에 적용하려는 노력은 한국에서 최초로 시작되었다. 1996년부터 국내의 반도체 장비업체와 소자업체가 ALD 기술을 사용하는 장비와 소자 연구를 시작하여 삼성전자가 반도체 소자업체로는 최초로 ALD 기술을 개발하고 1998년에 이 기술을 적용하여 차세대 DRAM을 개발했다고 발표하였다.

CVD법은 생산성이 좋은 반면에, 염소 등을 포함한 소스가스를 이용하여 박막을 형성할 경우, 박막 내에 잔류한 염소 등과같은 불순물을 제거하기 위하여 플라즈마(Plasma) 처리와 같은 추가 공정이 필요한 단점이 있다. 최근에는 박막의 두께균일성, 단차피복성(Step Coverage), 및 초기 상압(Atmospheric Pressure)으로 사용할 때의 오염 등의 문제점을 극복하기위하여 저압 영역에서 CVD 공정을 많이 진행하고 있다.

이와 같이 저압에서 공정을 진행할 경우에는 증착 속도가 감소하게 되어 생산성이 떨어지게 된다. 따라서, 증착 속도를 증가시키기 위해서는 반응기체의 분압을 높이거나 공정 온도를 증가시켜야 한다. 그러나 반응기체의 분압을 높이는 것은 미반응 기체들 상호간의 반응을 유발시켜 원하지 않는 입자에 의한 오염을 발생시키고, 공정 온도를 증가시키는 것은 하지 막의 변형을 초래하여 바람직하지 않다.

반면, ALD법은 CVD법에 비해 생산성이 낮은 단점이 있지만, 낮은 온도에서 우수한 단차 피복성과 균일한 조성을 가지는 박막을 형성시킬 수 있고, 박막 내의 불순물 농도를 감소시 킬 수 있다. 시간 당 막 성장 속도가 느리다는 것이 ALD 기술을 실리콘 반도체 공정에 적용하기 어려운 이유였지만 반도체 소자의 미세화에 따라 얇고 두께를 정밀하게 제어해야 할 메모리용 유전막, 확산 방지막, 게이트 유전막 등의 수요가 많아지기 때문에 ALD 기술은 핵심적인 반도체 제조 기술 중 하나가 되고 있다.

2. ALD 공정

1) 공정 원리

최초의 ALE에서는 순수한 황과 아연의 증기를 번갈아 공급하여 유리 기판에 황화아연을 형성하였다.

$$Zn(g)+S(g) \rightarrow ZnS(s)$$

아연을 증발시켜 반응기에 공급하면 아연이 유리 표면에 흡착한다. 증발한 아연 기체의 공급을 멈추면 유리 표면에 강하게 화학 흡착한 아연의 한 원자층만 남고 나머지 아연은 뜨거운 유리 기판에서 다시 증발하여 반응기에서 제거된다. 여기에 황을 증발시켜 반응기에 공급하면 황이 아연 원자층 위에 흡착한다. 증발한 황 기체의 공급을 멈추면 아연 원자층에 강하게 화학흡착한 황의 한 원자층만 남고 나머지 황은 다시 증발하여 반응기에서 제거된다. 이 과정을 반복하여 한 원료 기체 공급 주기마다 ZnS 막을 원자층 단위로 형성할 수 있다. 곧 증기압이 더 높은 $ZnCl_2$와 H2S 기체를 원료로 사용하는 ALE 기술도 개발되었다.

$$ZnCl_2(g)+H_2S(g) \rightarrow ZnS(s)+2HCl(g)$$

이 경우에는 화학흡착한 $ZnCl_2$의 염소 원자가 나중에 도달하는 H_2S 분자와 반응하여 HCl 기체를 형성하고 ZnS 층을 남긴다. 직접 증발 ALD 기술로는 증발 온도가 매우 높은 원소로 구성된 막을 형성할 수 없었지만 화합물 원료를 사용하는 ALD 기술이 개발됨에 따라 이러한 조성의 막도 ALD 기술로 형성할 수 있게 되었다. 이렇게 화합물 원료를 사용하는 경우 원자층 증착법은 기상 반응을 최대로 억제한 화학증착법의 일종으로 볼 수 있고 이것을 원자층 화학증착법(Atomic layer chemical vapor deposition, ALCVD)이라고 부르기도 한다.

2) ALD 공정 메카니즘

다음의 원료 공급 주기를 반복하여 AB 고체 막을 원자층 증착법으로 형성하고 부산물인 XY 기체를 제거하는 과정은 그림 4-1과 같다.

$$AX(g)+BY(g) \rightarrow AB(s)+XY(g)$$

① AX 기체 원료를 공급

② 기판에 반응 또는 화학 흡착한 것을 제외한 나머지 AX 기체를 반응기에서 제거

③ BY 기체 원료를 공급

④ 기판에 반응 또는 화학 흡착한 것을 제외한 나머지 BY 기체를 반응기에서 제거

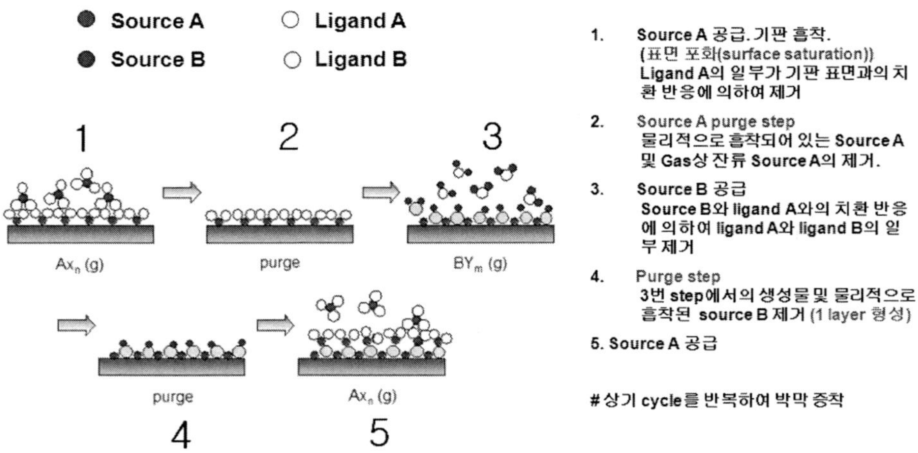

그림 4-1 ALD 기술에서 막 형성 메카니즘

원료들이 기체 상태에서 만나지 않게 하려면 하나의 원료를 반응기에 공급한 후 여분의 원료를 반응기에서 완전히 제거한 후에 다른 원료를 반응기에 공급하여야 한다. 여분의 원료를 제거하는 방법에는 두 가지가 있다.

첫째, 원료 기체를 진공 펌프로 배기하는 것이고 둘째, 아르곤 등의 불활성 기체를 흘려서 여분의 원료 기체를 씻어내는 것이다.

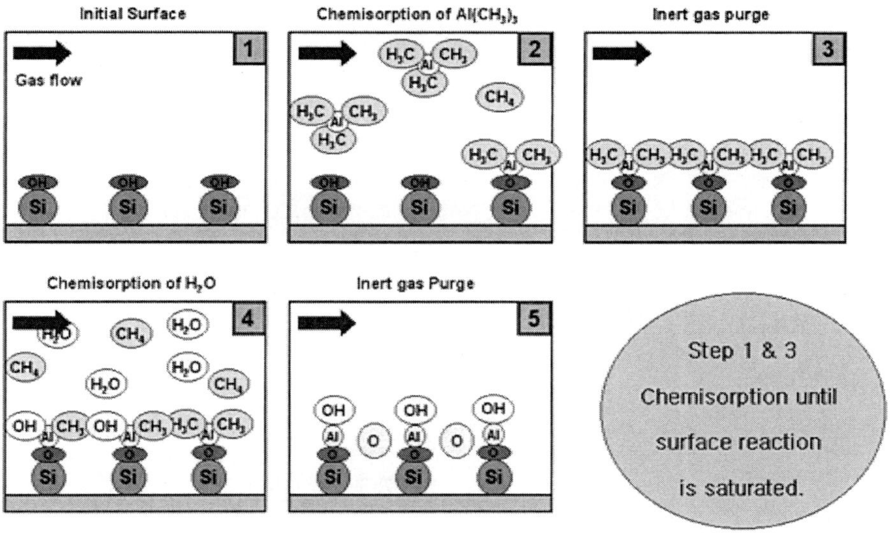

그림 4-2 ALD 공정의 방법

3) ALD 공정 장점

원료 공급 주기 안에서 각 원료의 공급이 충분하면 기판 표면의 형상에 관계없이 매 원료 공급 주기마다 일정한 두께의 막이 형성된다. 막의 성장 속도는 시간이 아니라 원료 공급 주기의 수만에 비례 할 뿐, 원료 공급량, 유량 등의 공정조건에 민감하지 않기 때문에 얇은 막의 두께를 정밀하게 제어할 수 있다. 따라서 ALD 기술에는 다음의 장점이 있다.

① 매우 얇은 막을 형성할 수 있다.
② 기판의 면적이 넓어도 균일한 두께의 막을 형성할 수 있음. 대면적의 표시소자에 적용 되었고 300mm 웨이퍼에도 쉽게 적용할 수 있다.
③ 기판의 요철에 관계없이 일정한 두께의 막이 형성되기 때문에 단차 피복성이 매우 좋다.
④ 형성된 막에 핀홀이 없다.
⑤ 분말이나 다공성 물질에도 균일한 두께의 막을 형성할 수 있다.

표 4-1은 반도체 소자 제조공정에서 사용하는 박막증착 방법을 요약한 것이다.

표 4-1 반도체소자 제조용 박막 증착 방법

Item	ALD	CVD	PVD
증착 방법	원자층 증착	화학기상 증착	물리적 증착
막 증착 두께	<200Å	>200Å	>200Å
균일도 조절	1Å(10E-10m)	10Å	50Å
막 두께 조절	매우 우수	우수	보통
step coverage	매우 우수	우수	나쁨
막 특성	매우 우수	우수	제한적
cleanliness	No Particles due to gas phase reaction	Particles due to gas phase reaction	Particles due to sputtering
base vacuum	Medium(1×10E-3Torr)	Medium(1×10E-3Torr)	High(1×10E-7Torr)
확장성	No Limit	90~65nm	100nm Technology
생산성	Poor	Fair	Good

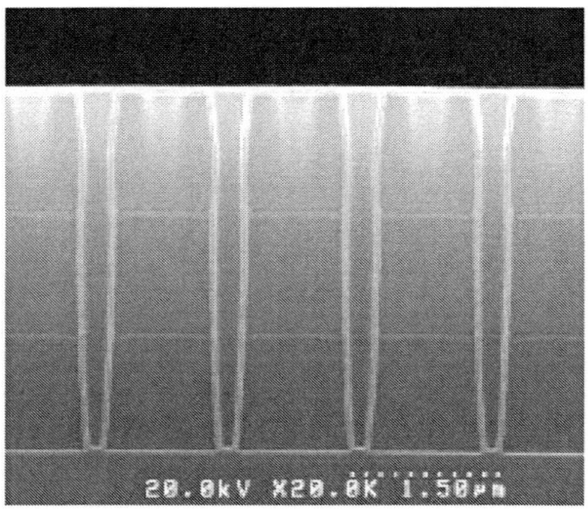

그림 4-3 ALD 기술로 형성한 Ti-Si-N 막

4) ALD 공정의 실리콘 반도체 응용

트리메틸알루미늄(trimethylaluminum, TMA)와 H_2O를 원료로 사용하여 알루미나(Al_2O_3) 막을 형성하는 ALD 공정을 삼성전자에서 실리콘 반도체 소자 제조에 최초로 적용 하였다.

$$2(CH_3)_3Al + 3H_2O \rightarrow Al_2O_3 + 6CH_4$$

TMA와 H_2O는 격렬하게 반응하기 때문에 원료를 동시에 공급하는 일반 CVD로는 단차피복성이 좋은 알루미나 막을 얻을 수 없었다. 그에 비해 TMA와 H_2O를 번갈아 공급하는 ALD로는 단차피복성이 완벽한 알루미나 막을 얻을 수 있다. 삼성전자는 이렇게 형성한 알루미나 막을 DRAM 유전막, 게이트 절연막, 수소 확산 방지막 등에 이용한 반도체 소자를 개발하였다.

초기 ALD 장비에서는 ALD 기술의 일반적인 문제점으로 지적된 장비의 생산성을 높이는 것이 주목표였다. 한 원료 공급 주기 동안 형성되는 막의 두께는 비교적 일정하기 때문에 단위 시간 당 막 형성 속도를 높이려면 원료 공급 시간과 퍼지 시간으로 이루어진 원료 공급 주기의 시간을 줄여야 한다. 퍼지 시간을 줄이려면 반응기의 부피를 줄이고 기체의 흐름을 매끄럽게 해야 한다. 반응기에 원료가 잔류하여 기상 반응이 일어나면 입자 오염 이 발생할 수 있다. 기판과 덮개 사이의 얇은 틈으로 원료 기체를 흘리는 수평형 반응기가 퍼지 시간을 줄이는 데에 더 유리하다. CVD 장치에 흔히 쓰는 샤워 헤드를 사용하는 반응기로도 ALD 장비를 구성할 수 있으나 반응기 내부의 기체 흐름이 복잡해서 퍼지시간을 줄이기 어렵다. 여러 반응기로 하나의 ALD 장비를 구성해서 장비의 생산성을 높이려는 노력도 하고 있다.

TMA와 H_2O는 다음의 성질 때문에 ALD 공정에 쉽게 사용할 수 있다.

- 두 원료는 매우 빨리 그리고 완전히 반응한다.
- 열적으로 안정하기 때문에 ALD 공정이 가능한 온도 범위가 넓다(원료의 열분해 온도 이상에서는 ALD 공정을 진행할 수 없다.).
- 증기압이 매우 높기 때문에(끓는점이 H2O는 100°C, TMA는 126°C) 표면 반응을 완료하기 위해 필요한 원료 공급 시간이 매우 짧다(1초 이하).

그러나 차세대 반도체 소자에 필요한 물질을 ALD 기술로 형성하기 위한 다른 CVD 또는 ALD 원료들의 경우에는 다음과 같은 문제가 있다.

- 번갈아 공급하는 원료들 사이의 반응이 느리거나 완전하지 않을 수 있다. 예를 들어 $Ti(O\text{-}i\text{-}Pr)_4$나 $Ta(OEt)_5$ 등의 MOCVD 원료와 TMA와 H_2O 사이의 반응은 TMA와 H_2O 사이의 반응보다 느리다.
- MOCVD 원료들은 비교적 낮은 온도에서 열분해하기 때문에 원료들 사이의 반응이 활발하지 않은 경우 ALD 공정에 이 원료들을 사용할 수 없다(기판의 온도를 높여 반응을 촉진할 수 없다).

- 대부분의 금속 CVD 원료의 증기압은 TMA보다 훨씬 낮다. 특히 CVD와 ALD에 공통적으로 증기압이 낮은 고체 원료를 재현성 있게 공급하는 기술은 아직 완성되지 않았다.

플라즈마로 여분의 에너지를 공급하면 표면 반응 속도가 높아지고 낮은 온도에서도 반응이 일어나기 때문에 플라즈마를 사용하는 ALD(Plasma-enhanced ALD, PEALD) 기술로 위의 문제 중 처음 두 가지를 해결할 수 있다

구리의 확산을 막기 위해 Ta 막을 형성하는

$$TaCl5(g)+5/2H_2(g) \rightarrow Ta(s)+5HCl(g)$$

반응은 800℃ 이상의 온도에서 일어나기 때문에 실리콘 반도체 공정에 적용하기 어렵다. IBM의 Rossnagel 등은 PEALD 공정으로

$$TaCl5(g)+5H(atomic, g) \rightarrow Ta(s)+5HCl(g)$$

상온에 가까운 온도에서 Ta 막을 형성하였다.

H_2O는 ALD에 이상적인 산소의 원료는 아니다. 어떤 금속의 CVD 원료와는 반응이 느리거나 반응하지 않을 뿐 아니라 진공 시스템에서 쓰기에 불편하다. 쉽게 응축하고 응축한 액체 상태의 H_2O는 매우 느리게 기화하고 반응기에 남은 H_2O는 TMA와 반응하여 입자 오염의 원인이 된다.

따라서 전체 진공 시스템의 온도를 끓는점인 100℃보다 높은 온도로 유지하여야 하고 충분히 오래 퍼지하여야 한다. 그에 비해 산소의 원료로 산소 기체의 플라즈마를 사용하는 PEALD 공정에서는 플라즈마의 반응성이 크기 때문에 금속 원료에 구애받지 않고 다양한 금속 산화물 박막을 PEALD 기술로 쉽게 형성할 수 있다.

그리고 플라즈마가 꺼짐과 동시에 활성 화학종이 사라지기 때문에 퍼지 시간을 줄여서 단위 시간당 원료 공급 주기를 여러 번 되풀이 할 수 있기 때문에 PEALD 기술로는 H_2O를 산소의 원료 로 사용하는 기존의 ALD 기술보다 단위 시간 당 더 빠른 속도로 막을 형성할 수 있게 된다.

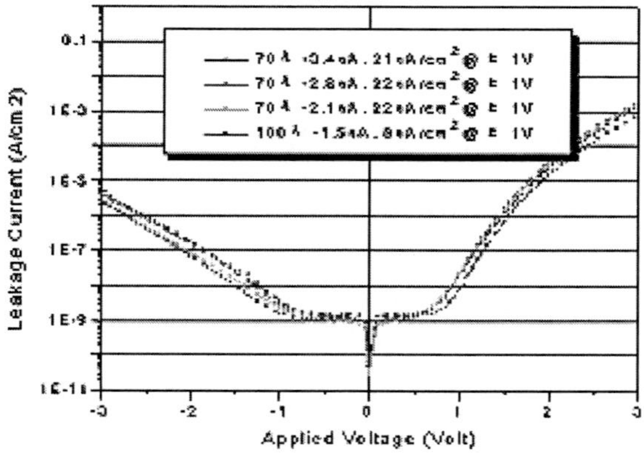

그림 4-4 PEALD 기술로 형성한 Ta2O5 막의 누설전류

TMA와 $Ta(OEt)_5$와 O_2 기체를 각각 Al, Ta, O의 원료로 사용하여 Al_2O_3와 Ta_2O_5 막을 형성하는 PEALD 공정에는 특히 다음의 장점이 있다.

- 원료 공급 주기 당 막 성장 속도가 H_2O를 사용하는 ALD 공정보다 1.5~2배 더 크다. 막 성장 속도가 Al2O3의 경우 1.5Å/cycle, Ta_2O_5의 경우 1.0Å/cycle 이다.
- 원료 공급 주기에서 퍼지 기체 공급 단계를 생략할 수 있어서 원료 공급 주기가 짧고 간단하다. Al_2O_3 PEALD 공정의 경우 TMA 공급 0.2초, O_2 기체 공급 0.2초이다.
- 플라즈마를 발생시키며 O_2 기체 공급 0.6초로 전체 원료 공급 주기를 1초까지 줄일 수 있다. 막에 불순물이 적고 막의 물리적 성질이 좋다.
- PEALD로 형성한 Ta_2O_5 막은 단차피복성이 100%이고 누설 전류는 일반 CVD로 형성한 Ta_2O_5 막의 누설 전류보다 훨씬 작다(그림4-4).

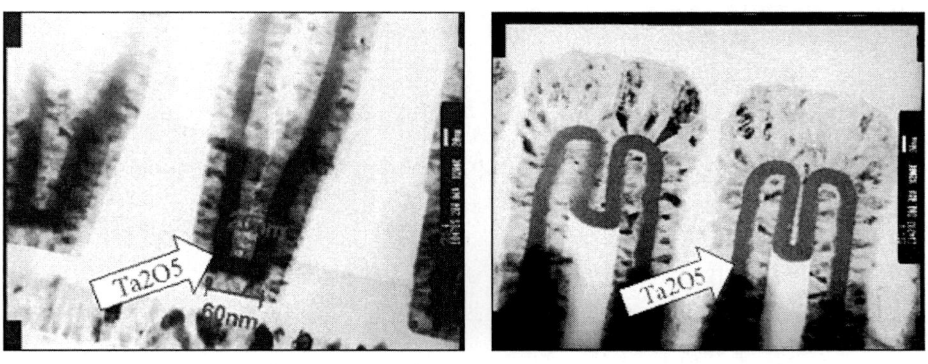

그림 4-5 PEALD로 형성한 Ta2O5 막(A)의 단차피복성(~100%)을 나타내는 단면 TEM 사진

3. ALD 응용

1) 장비 구조

Applied Materials와 Novellus와 같은 일부 업체들은 자체 독특한 프로세스를 이용하여 텅스텐 플러그 애플리케이션용 ALD를 개발했다. plug에 이용되는 CVD WF6 화학처리에서 근본적인 문제는 막의 핵형성(film nucleation)이라고 할 수 있다.

이전부터 핵형성을 촉진시키기 위하여 high-pressure silane exposure 등과 같은 다양한 방식들을 적용해 왔다. 그러나 동일한 프로세스의 화학처리에 ALD 방식을 적용하면 conformal한 텅스텐 박막 핵형성을 구현할 수 있다. ALD 공정을 이용하여 일단 막 두께가 수십 Å로 형성되면 이 프로세스는 via를 완전하게 채우기 위하여 conventional CVD 공정으로 바뀌게 된다. 이러한 ALD/CVD 프로세스 시퀀스 공정은 300mm에서 보편적으로 이용될 것으로 보인다. ALD가 주류가 되려면 디바이스 영역에서 설 자리를 찾아야 할 것으로 판단된다. 전부터 업체의 성장과 이해, 이득이 걸려 있는 배선영역이 대표적이라 할 수 있다. ALD를 디바이스 영역으로 확장한다는 것은 copper 적용을 의미하는데, 현재 130nm 디바이스 노드에서는 이 이슈가 해결이 된 상태다. 100 nm로 이행함에 따라 특히 PVD 기반 프로세스를 벗어나야 할 것으로 보인다. 100nm 이하에서는 CVD나 ALD로 눈을 돌려야 한다. CVD에 있어서는 copper CVD가 가장 큰 장애물로 현재까지 생산적으로 이 프로세스를 구현할 수 있는 해결책은 나와 있지 않다. ALD도 이와 똑같은 문제에 직면해 있다. 100nm에서는 수율 목표치에 좌우되는 conformal requirement으로 인하여 ALD가 요구된다. 물론 CVD에 의해서도 달성할 수 있겠지만 ALD를 적용하면 전혀 다른 수준의 수율 목표치를 얻을 수 있다. TiN barrier를 예로 들 수 있다. TiN은 상당기간 PVD를 의미했었다. MOCVD TiN으로 이행하는 데 시간이 걸리긴 했지만 수율개선효과가 높았고 그 결과 MOCVD TiN가 사실상 업계 표준이 되었다. ALD TiN 프로세스를 동일선상에서 비교해 보자.

이 프로세스는 trench 구조 깊이가 7.25㎛일 때 재료 조성이 균일하고 기판의 단차피복성이 완전하여 사실상 100% conformality를 입증하고 있다. 하드웨어적으로 볼 때 ALD는 거의 알려진 셈이다. CVD에서 ALD로 이행은 점진적이긴 하나 하드웨위적으로 굉장히 중요한 변화라고 할 수 있다. 현행 CVD 프로세스 챔버는 ALD 챔버로 업그레이드가 가능하며 ALD 역시 화학증착 이기 때문에 이행은 비교적 수월할 것으로 보인다. Genus는 이미 개발된 CVD 웨이퍼 핸들링 및 프로세스 모듈 플랫폼/아키텍쳐에 ALD 제품을 도입한 경우이다. ALD 플랫폼은 자사의 CVD 플랫폼을 확장했으며 파트의 대부분은 이미 양산 CVD 프로세스에 이용되고 있는 플랫폼과 흡사하다. ALD를 deposition 개선에 이용한다면 좋은 seed를 사용, plating의 process window를 확장하여 탁월하고 용이한 plating을 구현할 수 있을 것이다. 그러나 현행 barrier는 PVD 기반 탄탈륨, TaN이므로 어려움이 있다. ALD TaN를 하고자 할 경우 Ta 금속유기 precursor를 사용해야 한다. 한편 챔버에 하드웨어적인 문제가 있다. CVD와 마찬가지로 ALD의 경우 막이 웨이퍼 뿐만 아니라 반응챔버 표면에도 코팅이 이루어지므로 원위치(in situ)에서 챔버를 깨끗하게 할 수 있는 방법을 모색해야 한다. 대부분은 어떤 재료를 선택하느냐에 따라 달려 있다 할 것이다.

2) ALD & HAR 구조

ALD는 또한 단차비가 높은(high aspect-ratio) 구조의 경우 탁월한 conformality를 구현할 수 있다. 일부 CVD와 PVD 프로세스에서는 단차비가 높은 구조의 sidewall에서 조성이 다르게 나타난다는 점이 문제이다.

이 문제는 특히 deep trench & highaspect-ratio 구조에서 발생할 것으로 보인다. 이 문제는 표면 과포화 화학처리 recipe와 conformality로 해결할 수 있다. ALD 에서는 웨이퍼상의 균일성과 웨이퍼간 탁월한 균일성 확보가 가능하다는 점이 장점이다. 막의 두께가 미세화됨에 따라 현재 옹스트롱(Å) 레벨에 머물고 있는 막 두께 측정기술에서 디바이스 퍼포먼스를 위한 퍼센티지 두께 제어가 요청되고 있다. 이러한 요구는 closed-loop control optical ellipsometric 방법으로 어느 정도 커버가 가능할 것으로 본다.

3) Barrier 대체재료

반도체 제조업체들은 새로운 재료를 적용하기보다는 기존 재료를 계속적으로 사용하면서 적용범위를 넓히는 쪽을 선호하는 입장이다. 그러나 기존 재료의 쌓아 온 장벽도 바야흐로 무너질 것으로 보인다. 금속질화물을 적용하는 경우에는 저항률 감소와 conformality 확보가 관건이기 때문에 ALD가 새로운 캐패시터, 게이트, 커패시터 전극용 유전재료에 대한 요구에 대응할 것으로 보인다. ALD 기술이 가장 각광받는 영역은 현재 10Å~50Å 역이다. 100Å 이상에서는ALD의 속도가 느려지기 때문에 생산성(throughput) 문제를 야기할 수 있다. 생산성(throughput) 개선방법은 몇 가지가 있다. 병렬 프로세싱 (parallel processing)이 가장 대표적인데 병렬 구조(parallel cluster)장비를 이용하거나 웨이퍼 몇 개를 동시에 노출시키는 방법이다. ALD 기술의 견인차는 다름 아닌 원자층 고품위 저온막(atomic layer conformal low temperature films)이다.

업계에서는 재료보다는 웨이퍼에 대해 의견이 엇갈리고 있다. 업계의 경우 반응성 에칭, 평활막(planar film), 공극채우기(gap fill)이나 다마신(damascene) 기술 등 기성 기술에 의존하는 경향을 보이고 있다. 표면주위 코팅을 할 수 있는 3-D 막 제조가 가능하다면 가까운 미래에 에어 갭(air-gap) 구조나 바닥(bottom)이 없는 3-D 버티칼 구조나 바닥(bottom)이 있더라도 코팅된 3-D 수직구조 등 굉장한 구조(structure)가 등장할 것이다. 이 모든 것을 ALD는 초미세선폭에서 구현하면서 새로운 단차피복의 지평을 세울 것으로 기대된다.

요 약

- 반도체 박막 형성공정에서 ALD 공정 전반에 대한 내용이 포함된다.
- ALD 공정의 특성과 원리 이해에 내용이 포함된다.
- ALD 공정의 응용에 대한 내용을 포함한다.
- ALD 장비 구조를 이해하고 요수기술을 포함한다.

연습문제

01 ALD 장비 구조를 설명하시오.

02 ALD 공정의 원리와 특징을 설명하시오.

03 ALD 공정의 장단점을 나열하시오.

04 ALD 공정 절차를 설명하시오.

참고문헌

한국폴리텍대학 “반도체 박막 제조공정기술” 2010
이춘수 · 강원구 · 이규홍 · 이경수, 대한민국특허 제0273473호(2000).
최신 반도체 공정기술
박막증착의 최근기술동향
김상용 “반도체 공정장비 실습”, 한국폴리텍대학, 2010

PART

03

반도체 이온주입장비 기술

(Ion Implant Process/ Equipment Technology)

반도체 제조 공정 기술에서 이온주입 메카니즘 이해, 주입할 불순물 선택, 불순물 주입량 및 분포 결정, 열처리를 통한 재결정화 조건 선택, 이온주입 장비 이해, 이온 주입 장치의 각 부품 역할, 이온주입 장치의 유지 및 보수 관리 대한 내용을 이해하고 활용할 수 있는 능력을 키워야 한다.

- 이온주입의 원리를 이해해야 한다.
- 이온주입 장치의 구성을 이해해야 한다.
- 이온주입 후의 열처리 원리 및 장치를 이해해야 한다.
- 이온주입 기술을 직접회로의 응용을 이해해야 한다.
- 이온주입장치 운용에 있어서 안전 관리를 숙지해야 한다.
- 이온주입장치의 유지 및 보수에 대한 기술을 습득해야 한다.

5
Chapter

이온주입 공정

1. 이온주입(Ion Implant) 공정의 개요

1) 이온 주입(Ion Implant)의 정의

Ion(불순물, Dopant)을 생성시킨 후 일정한 에너지로 가속시켜 웨이퍼에 균일하게 주입하는 공정을 말한다. 나무판에 공기총을 쏘면, 탄알이 나무판에 박히는데, 탄알이 빠르게 나갈수록 더욱 깊이 뚫고 들어간다. 이처럼 필요한 원소를 실리콘의 표면에 심어주는 기술을 이온 주입법이라 한다.

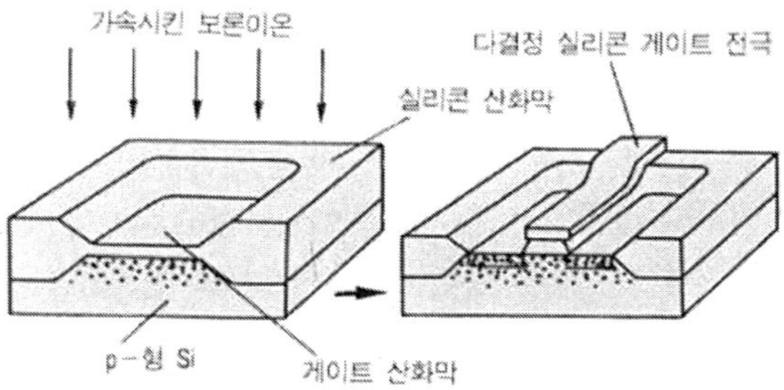

그림 5-1 이온주입법의 개념도

그림 5-1에서 보론의 이온을 빠른 속도로 가속시키고, 이온이 움직이는 경로에 실리콘 기판을 놓으면, 이온이 실리콘의 표면을 뚫고 들어가서 박힌다. 이때 뚫고 들어가는 깊이와 도핑되는 원소(즉, 이온)의 양은 이온의 속도에 비례한다. 반도체 공정에 인을 100,000 볼트로 가속시키면, 약 0.5 마이크론 깊이까

지 파고 들어간다. 전압을 조절하여 약 0.1 마이크론의 깊이까지 정확하게 조절할 수 있다.

반도체 역사 초기에 불순물 주입 기술은 튜브(Tube) 내에 반도체 웨이퍼와 가스를 넣고 튜브(Tube)를 높은 온도로 가열시킴으로써 불순물(dopant)을 빗물이 땅으로 스며드는 것처럼 마스크(Mask) 내 구멍(Hole)을 통해 웨이퍼로 확산되는 방법을 이용하였다. 회로 밀집도가 복잡해지고 커짐에 따라 웨이퍼에 불순물 주입에 있어서 높은 정확도가 요구됨에 따라 최초 영국에서 핵 연구로부터 시작하여 불순물을 이온화시켜 이온 빔(Ion Beam)을 가속하여 웨이퍼에 투입 시키는 이온 주입기술이 개발 된다. 이후 IBM과 Western Electric 같은 IC 제조업체는 초기에 많은 이온 주입 장치를 만들었는데, 대부분 내부용으로만 사용 되었다.

이온주입(Ion Implantation) 은 물질의 이온을 다른 고체 물질에 주입하는 재료 공학적 공정이다. 이온 주입을 함으로써 고체의 물리적 특성을 바꾸는 것이다. 이온 주입은 반도체 디바이스 제조 공정에 두루 쓰일 뿐 아니라 재료과학의 다양한 방면에 쓰이고 있다.

타겟 물질에 이온을 주입하면 화학적 특성이 바뀌거나 다른 물질이 될 수도 있으며 타겟의 결정 구조가 바뀌거나 결정구조에 데미지를 입거나 파괴 될 수도 있다. 근래 들어 이온 주입 기술은 물질을 도핑하는 열확산(Thermal diffusion)공정 보다 많은 장점이 있어 지속적으로 대체하고 있다. 확산(Diffusion)보다 가장 큰 잇점은 기판에 도핑되는 불순물(dopant) 원자들을 좀 더 정확하게 제어할 수 있다는 것이다.

2) FAB 공정에서의 이온주입공정(Implant Process)의 역할

① 반도체 소자인 트랜지스터의 전기적 특성을 조절하는 공정
② 열확산 기술과 더불어 실리콘 기판내로 불순물을 주입하는 공정
③ LSI의 고직접화, 고밀도화에 대응하여 점점 더 정밀한 불순물 제어가 요구된다.

Tip

FAB
(Fabrication Facility)
반도체 회사가 자체적으로 보유하고 있는 실리콘 웨이퍼 생산시설

Fabless(팹리스)
외주생산을 통해 반도체를 제작. 주로 설계만 담당하는 회사

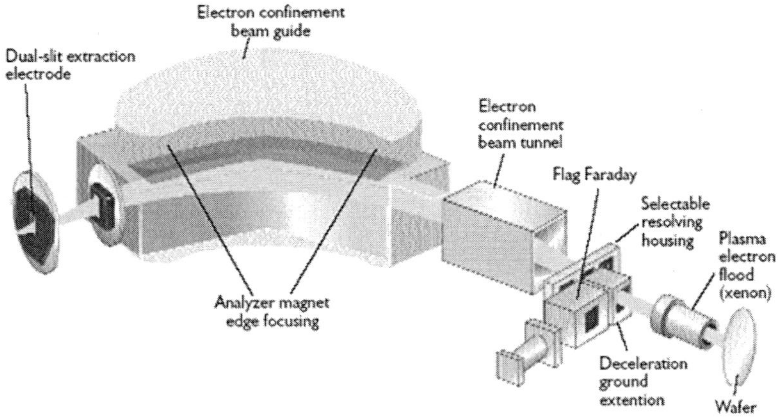

그림 5-2 이온주입 장치 개략도

3) 이온 주입 공정(Implant Process)의 특징

(1) 이온주입공정(Implant Process)의 장점

① 단위 이온 주입량의 조절이 용이하다. 필요한 양 만큼 정확하게 주입이 가능하다.

② 수평 확산이 적다. 이온의 직진성 때문에 불필요한 부분까지 이온이 확산되어 퍼지는 현상을 막는다.

③ 저온 공정이다. 상온에서 공정진행이 가능하여 석영로(Furnace) 공정처럼 고온으로 공정이 진행 될 경우 확산현상에 의한 문제 그리고 열에 의한 웨이퍼가 받은 스트레스(stress)로 인한 웨이퍼의 손실을 없앤다.

④ 불순물(Dopant) 의 정밀도, 제어능력, 재현성이 우수

⑤ 특정한 불순물의 추출이 매우 용이하여 생산성(Throughput) 매우 우수하다.

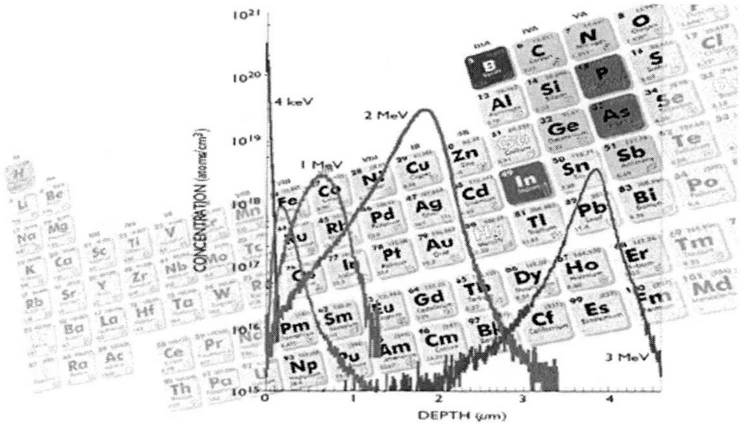

그림 5-3 반도체에 사용되는 불순물

(2) 이온주입공정(Implant Process)의 단점

① 이온주입 장비는 반도체 장비 중 가장 복잡하며 고가이다. 고전압, 고전류, 고진공을 사용한다.

② 실리콘 격자에 손상을 준다. 강제로 웨이퍼 표면에 높은 에너지로 주입을 하기 때문에 반드시 열처리(RTP : Rapid Thermal process)가 필요하다.

2. 어닐링 공정(Annealing Process) 개요

1) 어닐링(Annealing)의 정의

이온주입(Ion implanting)이 된 실리콘 결정에 손상(Damage)이 발생하고 이로 인하여 전기적으로 목적했던 활성화가 일어나지 않는다. 이것을 전기적으로 활성화시키기 위해 고온(500℃~1100℃)에서 열처리를 하는 것을 말한다.

(1) 어닐링(Annealing)의 종류

① 전기로 어닐링(Furnace Anneal)

가장 기본적인 어닐링(Anneal) 방법이며 수직전기로(Vertical furnace)를 사용하며 균일도(Uniformity)가 우수하며 시간은 5~6시간 정도 소요되며 조건에 따라 조금씩 달라진다.

② RTP 어닐(Anneal : Rapid Thermal Process ; 급속열처리 공정)

최근에 개발된 기술이며 급속 열처리라 하며 할로겐 램프를 사용하여 공정 시간이 수초에서 수십 초 사이에서 진행이 완료된다. 이온주입 후 어닐은 RTP로 이루어지는 추세이다.

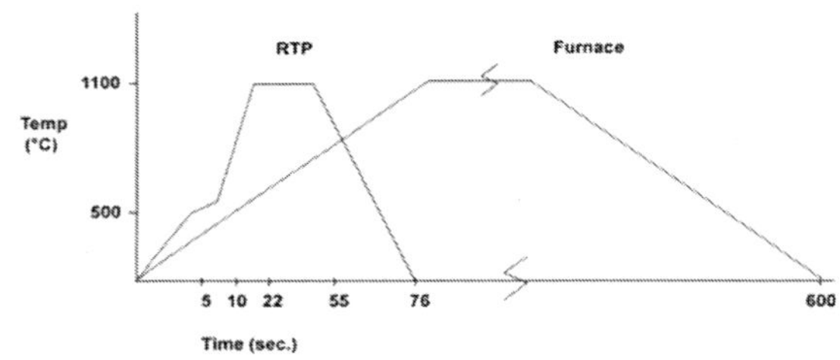

그림 5-4 RTP와 전기로 공정의 온도 메카니즘

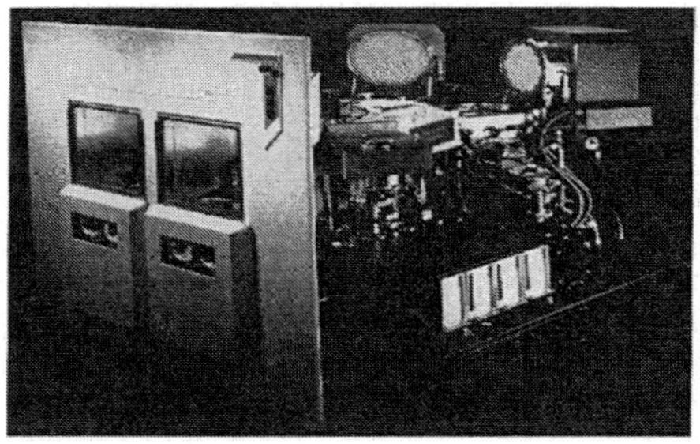

그림 5-5 이온주입 후 열처리하는 RTP 장치

3. 안전(Safety)

이온주입 장비는 고전압, 고전류, 유독가스(Toxic gas), 자기장, 방사능 등의 위험 요소가 각 부분에 산재해 있어 인체에 치명적인 영향을 줄 수 있음으로 안전수칙의 숙지 및 준수 하여 위험요소에서 자신을 보호 할 수 있어야 한다.

Safety Labels

DANGER

The improper performance of maintenance and service procedures or the improper use of an implanter <u>will result in serious injury or death</u>. Before performing any maintenance or service on this system, maintenance personnel must become thoroughly familiar with the contents of this manual and other documentation for this implanter.

WARNING

The improper performance of maintenance and service procedures or the improper use of an implanter <u>can result in serious injury or death</u>. Before performing any maintenance or service on this system, maintenance personnel must become thoroughly familiar with the contents of this manual and other documentation for this implanter.

CAUTION

The improper performance of maintenance and service procedures or the improper use of an implanter <u>can result in serious damage to the system</u>. Before performing any maintenance or service on this system, maintenance personnel must become thoroughly familiar with the contents of this manual and other documentation for this implanter.

그림 5-6 안전 수준

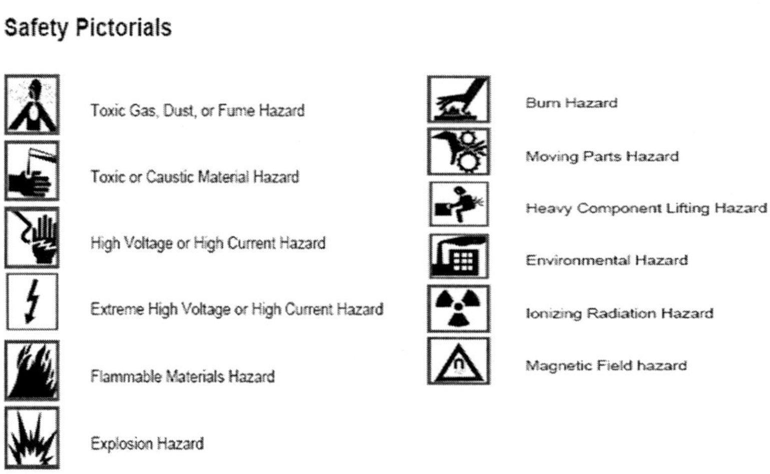

그림 5-7 안전 표지표

1) 고전압(Hi-Voltage)

고전압(약 5KeV~2Mev)을 사용함에 따라 감전 사고를 예방하기 위하여 전원 차단 스위치(EMO) 및 접지봉 (Ground bar)을 안전수칙에 의거하여 적절히 사용하여야 한다.

(1) 보호장치(Interlock)

장비 도어(door)를 열었을 때 전기 공급 장치, 기계동작 장치 등이 safety system에 의하여 차단됨으로써 초고압에 의한 감전, X-ray 피폭, 기계적, 화학적으로 위험한 부분으로 부터보호 받을 수 있는 장치이다.

① 전압 보호장치(Electrical Interlock)

고전압 지역(High voltage area) 중 다음 부위를 조작 작동된다.

- Linac door
- High voltage enclose
- Extraction door
- Endstation door

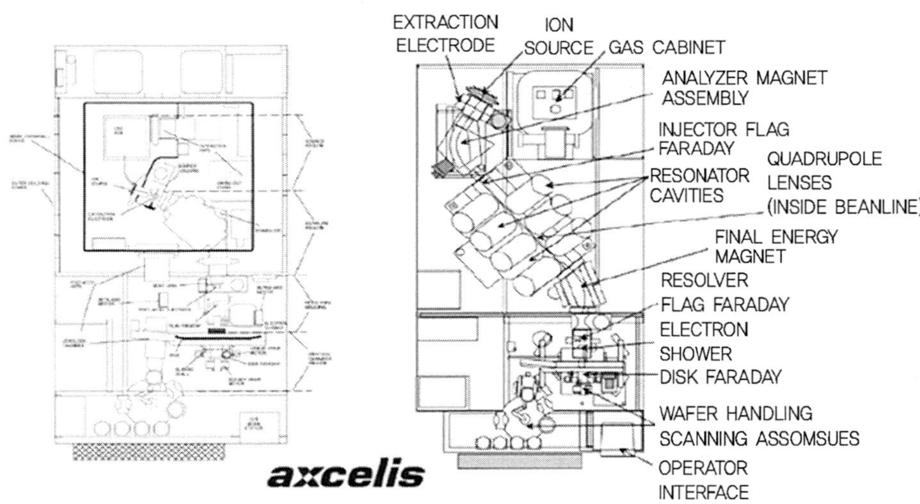

그림 5-8 이온 주입 장치의 전압 모듈

② 기계적 보호장치(Mechanical Interlock)

접지봉(Ground bar)을 사용하여 M/C 구동 후 남아 있던 잔류전류 및 전압을 접지시켜 감전 사고를 막을 수 있는 것이다.

그림 5-9 전압 INTERLOCK 장치

2) 기계적 위험(Mechanical Hazard)

모터나 로봇이 빠른 속도로 움직여서 사람이 접촉 시 심각한 상처를 줄 수 있는 부분(End station : Robot area)이다.

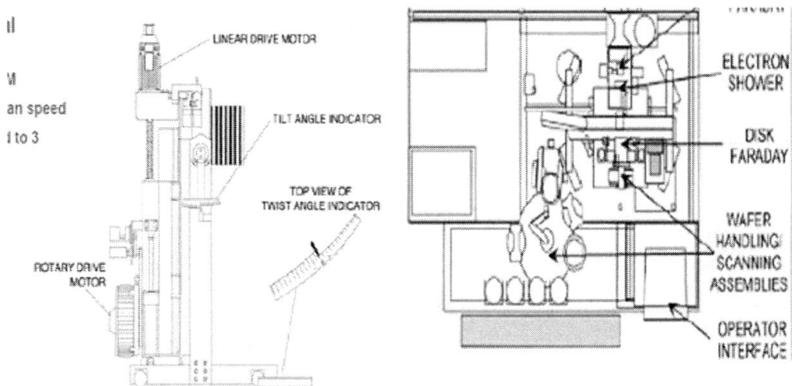

그림 5-10 기계적인 위험 모듈

3) 화학적/가스 위험(Chemical/Gas Hazard)

이온주입 장비에서 '인' 성분이 포함된 경우 장비 내부에서 잔여물(Flake)이 남게 되는데 이로 인하여 금속물체에 접촉하거나 산화수소수와 접촉 하게 되면 급속히 반응하여 열과 빛을 발산하여 화재 및 화상에 의한 위험이 있다. 또한 발생 Gas에 의한 노출 및 공정가스 와 접촉시 인체에 극심한 영향을 주기 때문에 노출에 주의 하여야 한다.

표 5-1은 이온주입에 사용되는 불순물들의 특성을 나타낸 것이다.

표 5-1 이온 주입에 사용되는 불순물의 특성

구 분	인화성	독 성	악 취	부식성	허용농도	인체작용	냄새(색)	비 중	가연성(%)
PH3	○	○	○	×	0.3ppm	두 통	무 색	1.15	1.3~98
					0.4mg/m^2	구 토	마 늘		
ASH3	○	○	○	×	0.05ppm	두 통	무 색	2.695	
					0.2mg/m^2	구 토	마 늘		
BF3	×	○	○	○	0.3ppm	자극성	무 색	2.88	
					0.9mg/m^2		무 취		

4) X-ray 피폭

가스 분자가 이온화 되는 소스(Source) 부분과 장비 내의 이온 빔(Ion beam)이 충돌하는 부분에서 X-ray가 발생하게 되는데 이로 인한 노출에 주의 하여야 한다(납에 의한 차폐가 되어 있어 거의 대기 중의 방사능 노출 수준과 동일).

5) 자기장에 의한 노출

이온주입 장치에서 이온 빔(ion Beam)을 여과(Filtering) 하거나 이온(Ion)의 운동방향을 바꿀 경우 100 가우스(gauss) 이상의 전원을 걸기 때문에 상당한 량의 자기장에 노출되게 된다. 특히 심장병환자나 심보호 장치를 한 환자는 접근을 엄금해야한다.

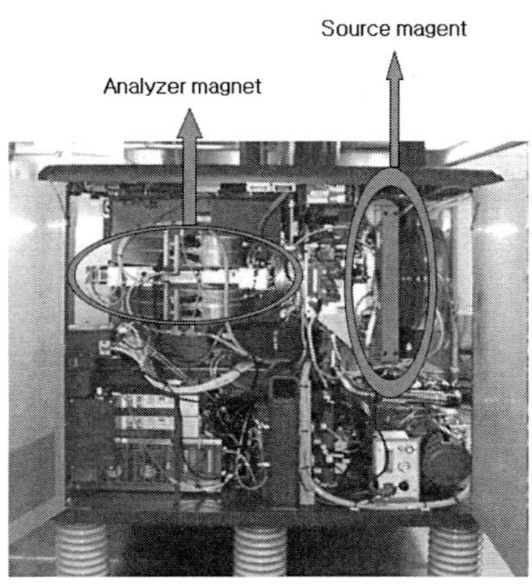

그림 5-11 자기장 모듈

4. 이온주입 장비

1) 이온주입장치(Ion Implant System)의 이해

(1) 이온주입(Ion Implant) 장비의 분류

이온주입(Ion Implant) 장비는 이온주입공정의 주요 변수(Parameter)인 Dose와 빔전류(Beam current)에 따라 두 종류(High Current Implant와 Medium Current Implant)로 분류되며, 사용하는 에너지에 따라 고에너지(High Energy, 500kev~1.5Mev)까지 세 가지로 분류된다.

① 중간전류 이온주입(Medium current Implant) 시스템

빔 전류(Beam current)가 1mA 이내 수십~수백 ㎂로 사용하고 면적당 주입되는 이온의 갯수(Dose) 량이 보통~1014ion/cm^2 이하에서 사용하게 된다.

(ex) NV-8200P(Axcelis사) EHP500(Varian사)

② 고전류 이온주입(High Current Implant) 시스템

빔 전류(Beam Current)가 1mA~수mA 정도에서 사용하고 면적당 주입되는 이온의 갯수(Dose)량이~1015ion/cm^2 이상에서 사용하게 된다.

(ex) NV-GSD200(Axcelis사) VIIStan 80(Varian사)

③ 고 에너지 이온주입(High Energy Implant) 시스템

빔 전류(Beam Current)가 1mA 이내 수십~수백 ㎂로 사용하고 면적당 주입되는 이온의 갯수(Dose)량이 보통~1014ion/cm^2 이하에서 사용하지만 에너지 대역이 500kev~1.5Mev 정도를 사용하게 된다.

(ex) NV-GSD HE(Axcelis사) Genus-1510,1520(Varian사)

(2) 시스템 구성

표 5-2 이온 주입 장치의 구성도

구 분	역 할	Component
Source Module	Beam Extraction	Source head extraction electron
Beam Line Module	Mass analyzer Beam focusiog Beam current leading	Analyer magnet Quardrupole lens Flag faraday

구 분	역 할	Component
Beam Line Module	Beam acceleration Electron neutralization Beam blow up & down stream 방지	Accel column E-Shower/PFG Bias aperture
Endstation Module	Dose & uniformity control Wafer handling	Target cup Wafer transfer robot

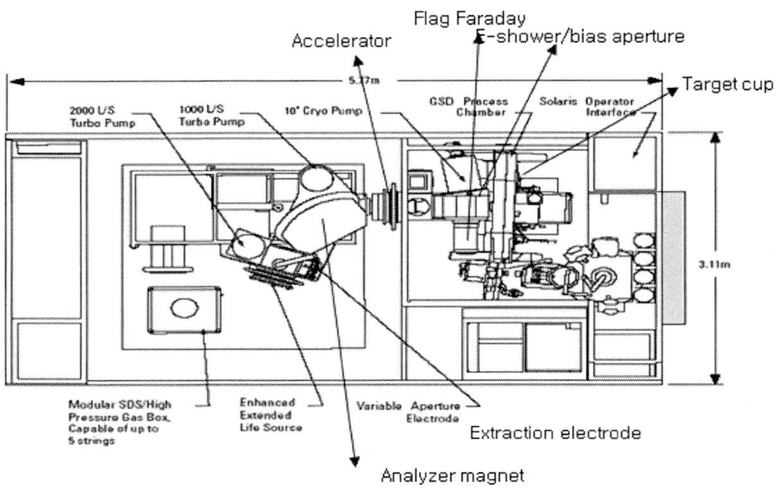

Axcelis社 GSD-200

그림 5-12 Axcellis 사 GSD-200 시스템

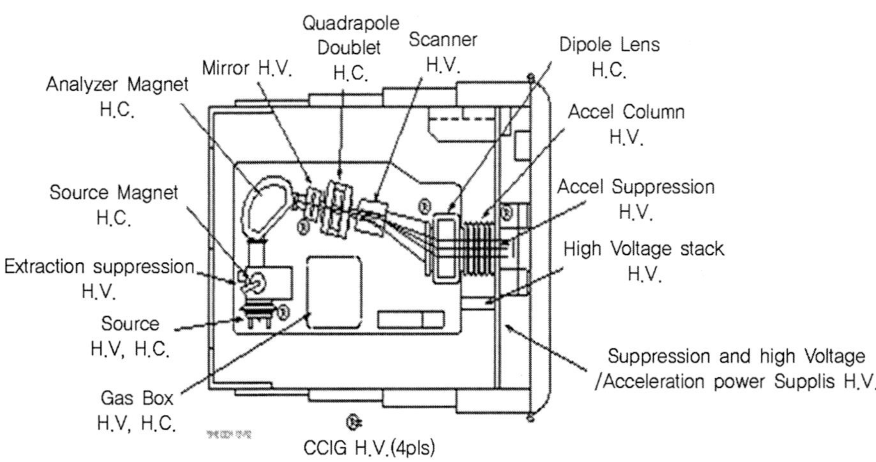

그림 5-13 Varian 사의 EHP500 시스템

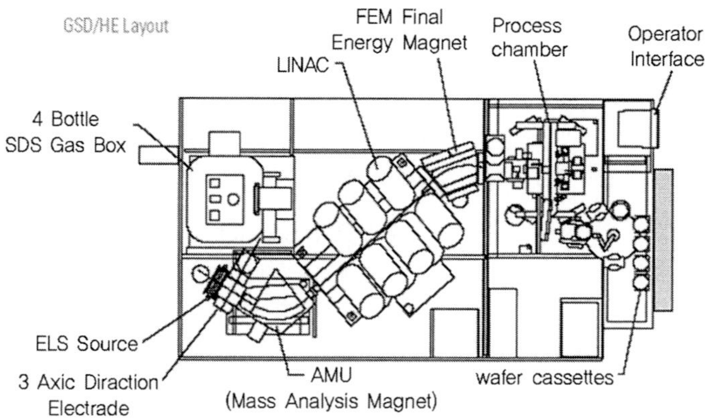

그림 5-14 Axcelis 사의 GSD HE 시스템

(3) 소스 모듈(Source Module)

① 소스 헤드(Source Head)

실리콘에 주입되는 불순물(dopant)은 확산용 B, P, As 등과 같으며 일반적으로 가스(BF3/PH3/AsH3)로부터 추출된다. 즉, 불순물 가스를 아크 챔버(Arc chamber)내부로 넣어 양이온을 생성시키는 역할을 하는 곳이다.

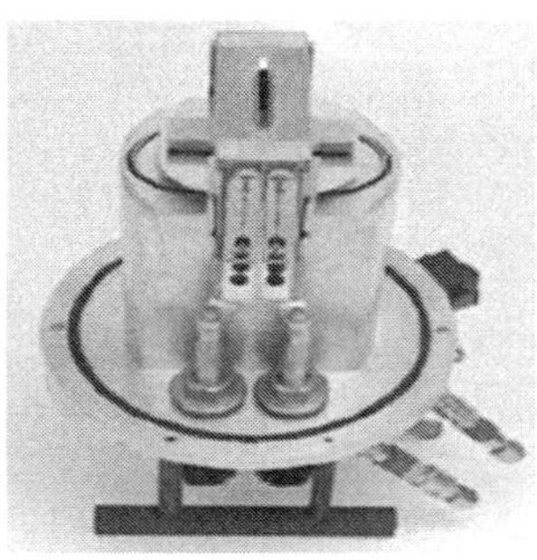

그림 5-15 Axcelis 사의 Extanded Life Time Source

그림 5-16 Varian 사의 Burnas Source

- 소스 헤드(Source Head)의 종류
  - Frerman Source : Varian 사 300XP.160XP.120XP
  - Burnace Source : Varian 사 EHP500/Axcelis 사 NV-6200
  - ELS Source : Axcelis 사 GSD200. GSDHE
  - Micro Wave Source : Hitach 사 IP-825A

• 이온화의 원리 : 0V~7.5V의 전압을 필라멘트(Filament)에 걸어 주게 되면 여기에는 0A~300A의 전류가 흐르게 되고 이것에 의해 필라멘트(Filament)가 가열되면서 열전자(Emission)를 형성하게 된다. 이것들이 캐소드(Cathode)에 충돌하게 되면 다량의 전자들이 방출되게 된다. 이때 전자들은 +전압이 가해진 아크 챔버(Arc chamber) 내벽으로 튀어 나가게 되는데 이때 Gas 분자와 충돌이 시작된다.

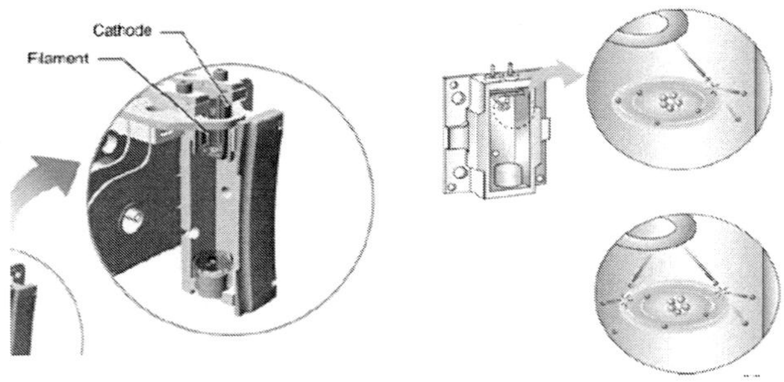

그림 5-17 Axcelis 사의 ELS Source 내부도

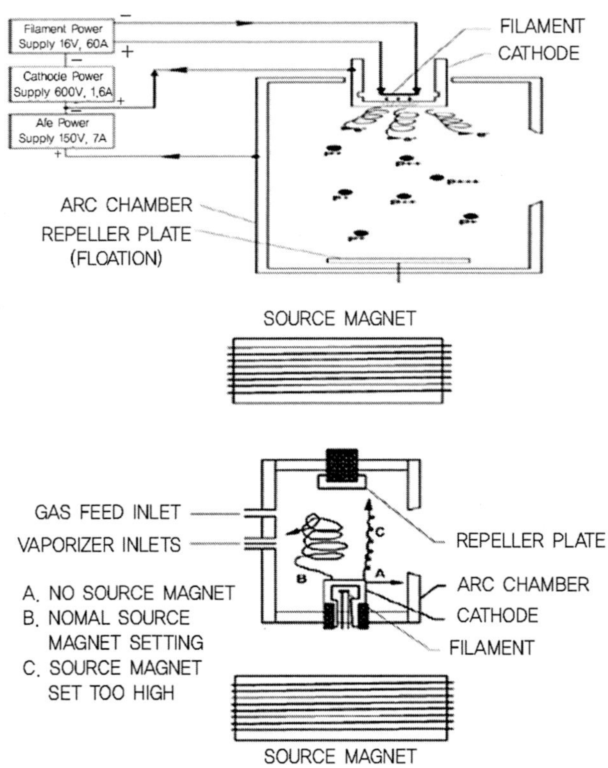

그림 5-18 Axcelis 사의 ELS Source의 아크 챔버 내부 이온화

가스 분자와의 충돌을 원활이 해주기 위해서 아크 챔버(Arc chamber)의 상 하단에 위치한 자석(Magnet : 0A~20A)에 의하여 전자들은 회전운동을 하게 되고 가스 분자들과 충돌하여 더 많은 양의 충돌을 일으킬 수 있도록 도와주게 된다. 필라멘트(Filament)의 맞은편에 자리하고 있는 Repeller는 회전운동을 하는 전자들 중 가스 분자와 충돌하지 못한 전자를 다시 되돌려 가스 분자와 충돌할 수 있도록 효율을 극대화 시키는 역할을 하게 된다.

- 소스 자기(Source Magnet)의 역할 : 그림 5-18은 전자의 3가지 경로(A.B.C)를 나타낸 것이다. A는 소스 자기에 전류가 없을 때 B는 소스 자기에 전류가 너무 강할 때 C는 소스 자기에 전류의 양이 적절할 때를 나타낸 그림이다. 이것에서 볼 수 있듯이 자장은 전자들이 나선운동을 하면서 repeller 근처로 향하게 하며 효율을 증대시킨다.

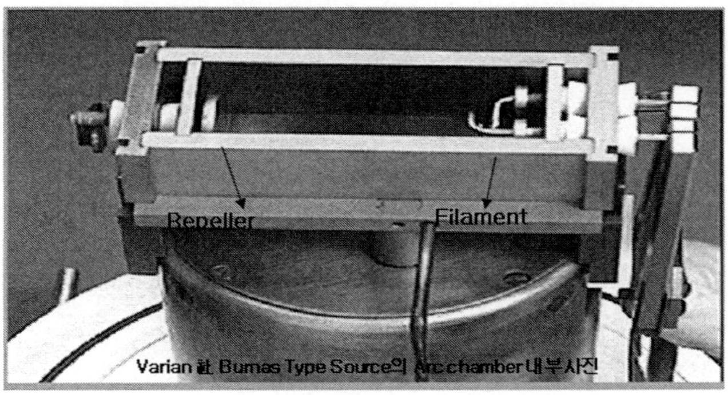

그림 5-19 Varian사의 ELS Source의 아크 챔버 내부 이온화

- ELS와 Burnas type의 차이점은 그림에서 볼 수 있듯이 캐소드(Cathode, 음극)의 유무로 판별될 수 있으며 캐소드를 사용함으로써 장점을 다음과 같다.
  - 필라멘트(Filament)가 가스 분자들에 의해 오염되는 것을 방지
  - I이온에 의한 필라멘트의 식각현상을 막아 수명(life time) 증가

이것에서 볼 수 있듯이 ELS type이 Burnas 방식보다 진보된 형식이라고 볼 수 있다.

② 추출전극(Extraction Electrode)

전극은 Extraction 구조물과 Manipulator 구조물로 구성되어 있으며 소스헤드(Source Head)와 함께 소스 모듈(Source module)에 위치하게 된다.

Manipulator 구조물은 아크챔버(Arc chamber)를 고려하여, 전극을 조절함으로써 Beam을 최적화 시킬 수 있다. 전극은 3가지 방향으로 움직일 수 있으며 좌/우 아크챔버(Arc chamber) 쪽으로의 기울기와 전/후 거리(X, Y, Z 축)이다. 이러한 방향적 전환을 통해서 빔의 추출과 X-ray 억제 그 포커싱(Focusing)을 수행하게 된다. 기계적인 움직임으로 X 축/Z축을 조절과 Suppression #1, #2 전극을 조절하여 기울기와 빔의 크기를 변화시킬 수 있는 포커싱(focusing) 기능을 수행 할 수 있다.

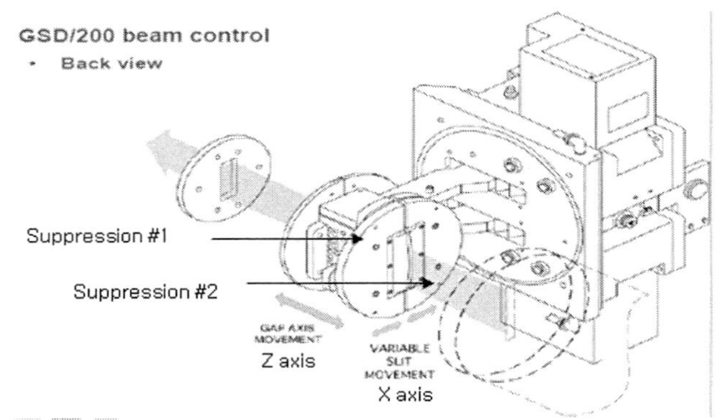

그림 5-20 GDS/200 Beam Control 시스템

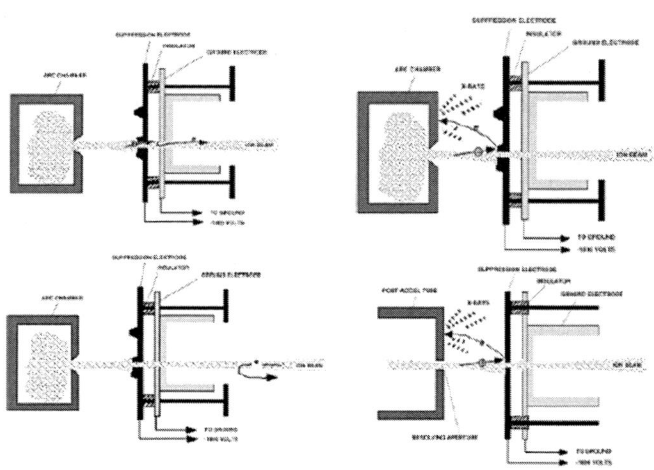

그림 5-21 GDS/200 아크챔버(Arc chamber) 시스템 내부도

그림 5−21은 아크챔버(Arc chamber)에서 활성화된 이온이 전극에 걸려있는 suppression에 의하여 빔이 유도되는 상태를 나타내고 있으며 Suppression 전류는 빔의 유도 이외에도 전극의 틈(slit)사이로 통과 하지 못하고 표면과 충돌하는 이온이 다시 아크챔버쪽으로 되돌아가 빔의 진행을 방해하거나 벽(well) 부분에 충돌하여 X-ray를 발생하지 않도록 이온을 잡아두는 기능을 하게 된다.

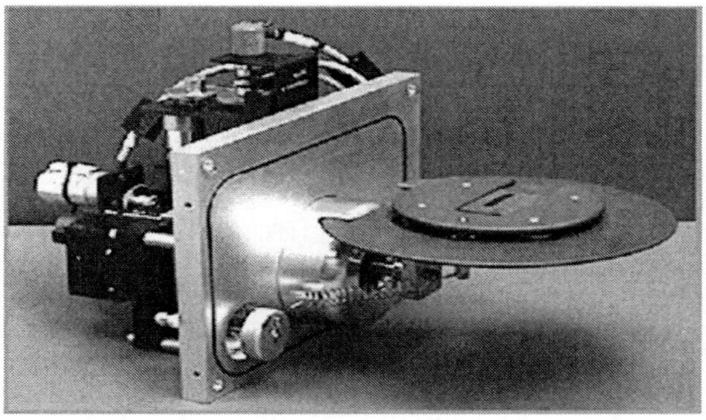

그림 5−22 Varian사 EHP500 Extraction Electrode

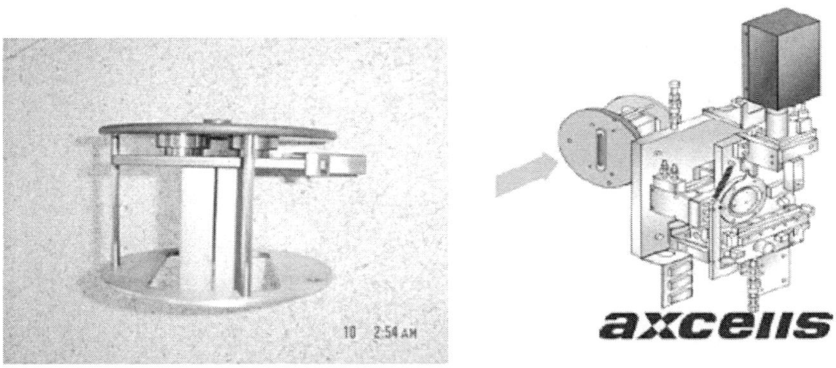

그림 5−23 Axcelis사 GSD HE Extraction Electrode

(4) 빔 라인 모듈(Beam line Module)

빔라인(Beam Line)은 소스에서 생성된 이온(Ion)을 추출해내고, 포커싱(Focusing)하여 가속시켜서 주사(Scanning)를 하는 장치이다.

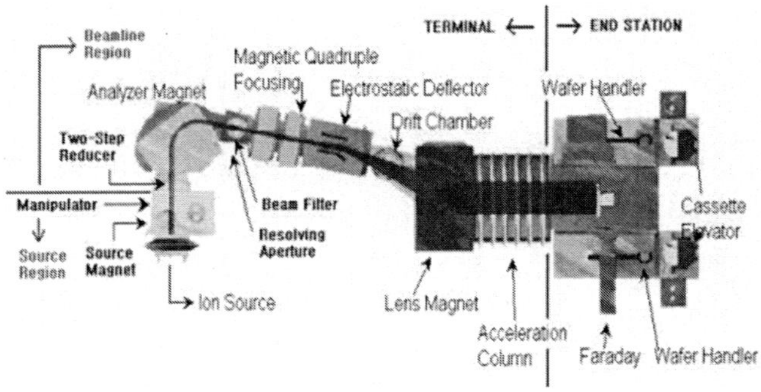

그림 5-24 Implant Beam Line Module

① 매스 분석기(Mass Analyzer)

추출된 빔(Beam)에서 원하는 불순물(Dopant)만을 선택하여 웨이퍼에 이온 주입하기 위한 Mass Resolution이 이루어지는 100 Degree Analyzer magnet과 빔을 X축과 Y축의 방향으로 정확하게 포커싱(Focusing)하고 정확한 모양으로 만들기 위한 Quadruple Magnet, 1KHz의 Frequency로 전자 주사(Electrical Scan) 이루어지는 Electrostatic Deflector, 주사(Scannig)된 빔을 웨이퍼 면에 90도로 주입하기 위하여 각도 보정(Angle correction)이 이루어지는 쌍극렌즈 자기(Dipole Lens Magnet), 그리고 엑셀 축(Accel Column)으로 이루어진다.

- 매스 분석기(Mass Analyzer) 원리 : 소스 지역에서 형성되는 이온의 종류는 매우 다양하다. 예를 들어 보론 도핑(boron doping)을 위해 소스 가스(source gas)로 BF3을 사용 할 경우 14종의 주요 이온이 발생된다.

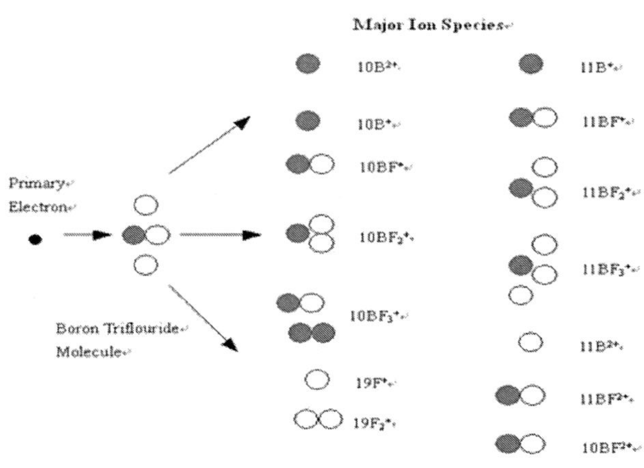

그림 5-25 Mass Analyzer 원리

이렇게 다양한 이온들 중에서 우리가 원하는 불순물(11B+ or 11BF2+)만을 웨이퍼에 주입하기 위해 수많은 이온들로부터 원하는 이온을 가려내는 과정이 필요하다. 이러한 역할을 수행하는 요소(component)가 바로 분석기(analyzer)이다. 분석기의 원리는 다음과 같다. 전하량 q, 질량 M을 갖는 이온이 전계(electric field) 내에서 전압 V로 가속되어 속도 v를 갖게 될 때, 에너지 보존의 법칙에 의해 E field potential energy와 kinetic energy는 동일하다. 즉 다음과 같은 방정식이 성립한다.

$$qV = \frac{1}{2}Mv^2 \qquad \cdots\cdots \ (1)$$

그리고 이러한 이온이 전계(electric field)(B) 내로 수직하게 들어갈 때 자기력(magnetic force)의 영향으로 플레밍의 왼손법칙에 따라 꺾이게 되며, 이에 따라 이온은 반경 r을 갖는 원운동을 하게 된다. 따라서 다음과 같은 방정식이 성립하게 된다.

$$vB\sin\theta = \frac{Mv^2}{r}$$

이온주입기(implanter)의 분석자계(analyzer magnet field)의 수직한 방향으로 이온빔이 들어가므로($\sin 90^\circ = 1$)

$$vB = \frac{Mv^2}{r} \qquad \cdots\cdots \ (2)$$

식(1)과 식(2)에서 v(속도)를 소거하고 r에 대하여 정리하면 다음과 같다.

$$r = \frac{\sqrt{2}}{B}\sqrt{\frac{MV}{q}}$$

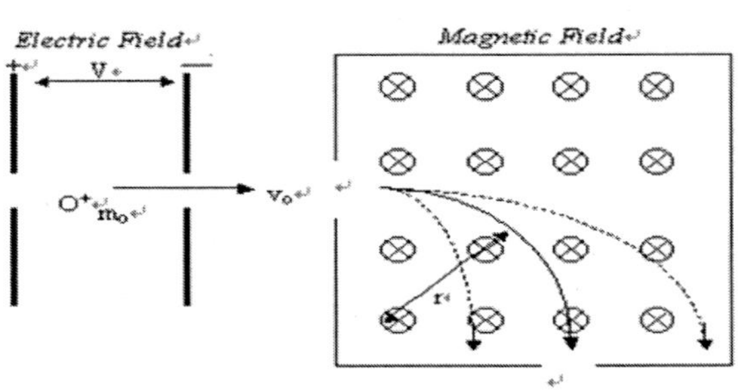

그림 5-26 Mass Analyzer 도식도

수식에서 동일한 에너지로(V) 추출(extract)된 이온들은 전하(q)와 질량(M)에 따라 꺽이는 반경이 달라짐을 알 수 있다. 즉 질량이 크고, 작은 전하를 띄는 이온은 큰 원호를 그리며(large r), 작은 질량과 큰 전하량을 갖는 이온은 급속하게 꺾이게 된다(small r). 이러한 이론을 바탕으로 분석기(analyzer)에서 우리가 원하는 이온을 조리개(aperture)를 통해 이끌어 낼 수 있다

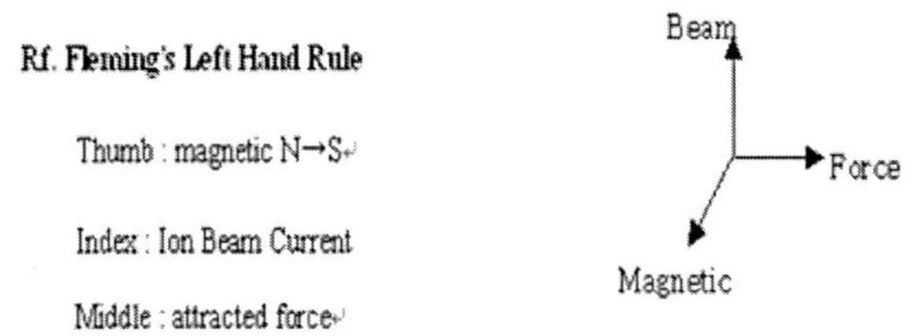

그림 5-27 플레밍의 왼손법칙

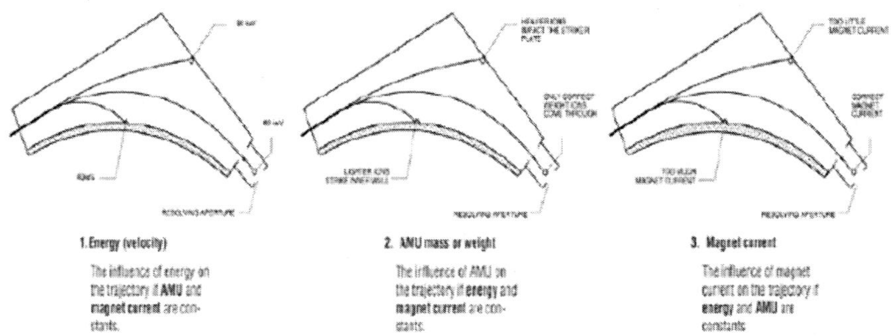

그림 5-28 이온의 궤도

표 5-3 bending radius formula

Ion	Mass	Charge	Magnet Setting
P^{31+}	31	1	31
P^{31++}	31	2	15.5
As^{75+}	75	1	75
$(As_3)^+$	225	1	225
As^{75++}	75	2	37.5
BF_2^{++}	49	2	24.5

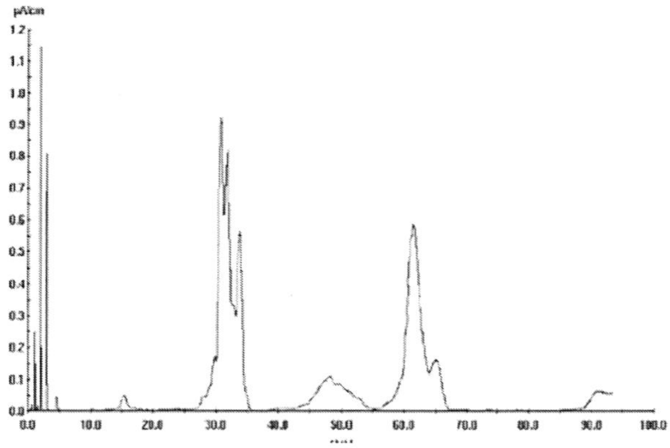

그림 5-29 AMU 스텍트럼

(a) Varian EHP500　　　(b) Axcelis GSD200

그림 5-30 Analyzer Magnet module

② 빔 포커싱(Beam Focusing)

빔라인(Beam line)을 통과 하여 타겟(target)인 웨이퍼까지 도달 할 때 까지 빔 폭발(Beam blow-up)이 일어나 손실이 되지 않도록 모아주는 역할하게 된다.

- 포커싱(Focusing) 원리 : Q1으로 들어가는 빔은 LHR에 의해 X축 방향으로 압축되어 나오고 다시 Q2로 들어가 Y축 방향으로 압축되어 최종적으로 입사 빔보다 집적화된 빔이 형성되게 된다. Q2로 들어간 빔이 Y축 방향으로 압축되지만 X축 방향으로는 분산되게 되는데 실제 Q1에서 X축으로 압축된 대해 Q2에서 X축 방향으로 분산시키는 힘이 크게 미치지 못하게 된다. 따라서 빔은 중심 쪽으로 포커싱(focusing)된다.

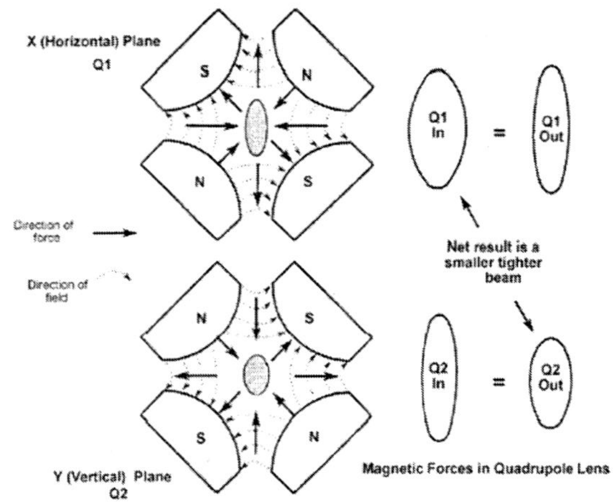

그림 5-31 Beam Focusing 원리

그림 5-32 Varian EHP 500 Quardrpole Lens

- Quadrupole doublet lens (as used in Medium Current machines)
  - Beam optics
    1. Electrostatic scanning
    2. Focus
    3. Suppression

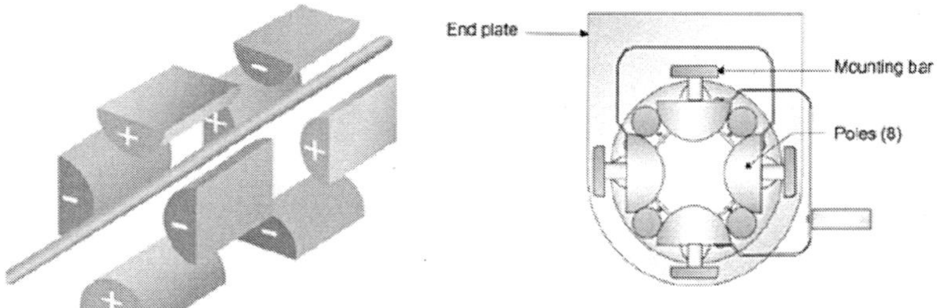

그림 5-33 Axcelis GSD HE Quardrpole Lens

③ 에너지 여과기(Mirror : Energy Filter)

이중 전하(Double charge) 사용 시에 빔 순도(Beam purity)를 위해서 이용되는 것으로 전극전압(Extraction voltage)의 70% 정도의 +voltage를 인가하여 분석기 챔버(Analyzer chamber)를 통과한 단전하(Single charge)를 통과하지 못하도록 밀어내는 역할을 한다. 예를 들어 전극전압(Extraction voltage)가 40kv면 28kv를 인가하고 전극전압(Extraction voltage)가 70kv면 49kv의 미러 전압(mirror voltage)을 인가하게 된다.

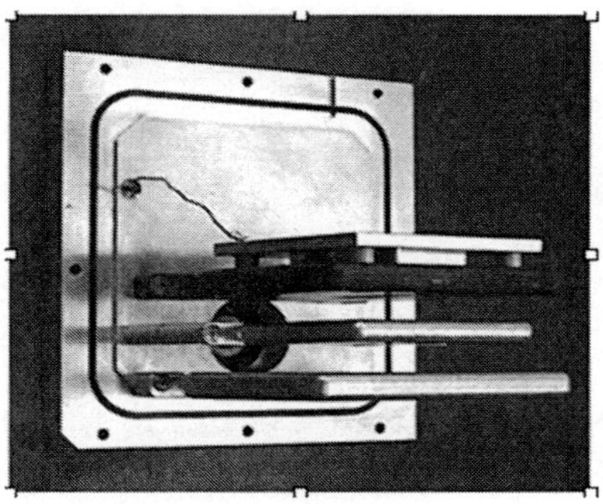

그림 5-34 Mirror(Energy Filter)

④ 빔변류기(Beam Deflection)

변류기(Deflector)를 다른 말로 단극 스캔(Unipolar scanning)이라 하며, 웨이퍼 표면에 원하고자 하는 이온주입량(Dose)을 일정하게 주입하기 위하여 전압을 0~−30kev까지 변환 시켜주는 역할을 한다.

- 전기변류기(Electric deflection)의 원리 : 변류판(deflection plate)의 목적은 빔이 웨이퍼 전면에 걸쳐 균일하게 도달하도록 빔을 sweep하는 것이다. 변류판(deflection plate) 중의 하나는 접지전위(ground potential)이며, 다른 하나는 electrostatic scanning을 위해 0~−30kV까지 변화시킬 수 있다. 이 electrode에 가해지는 전압은 일반적으로 초당 1000번의 cycle을 갖는 직류 DC 전압이다.

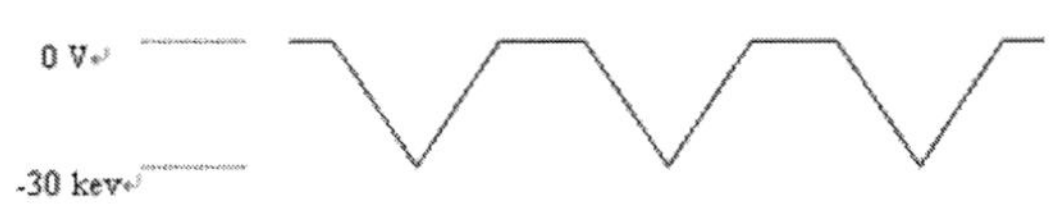

그림 5-35 Beam Deflection I

이러한 전압 파형은 웨이퍼에 도달되는 dose의 uniformity를 위해 target cup에서 측정되는 전류를 바탕으로 변형되게 된다.

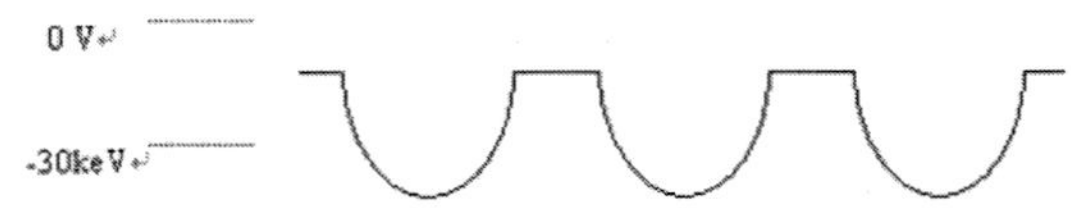

그림 5-36 Beam Deflection II

즉 저전위 음전압(Low negative voltage)에 의해 Low angle로 편향(Deflection)된 빔은 일반적으로 고전위 음전압(High negative voltage)에 의해 High angle로 Deflection된 빔보다 짧은 경로를 갖게 되고 빔이 퍼지지 않기 때문에 빔의 크기도 작아지게 되어 전류 밀도가 커진다. 따라서 웨이퍼 위의 균일한 Dose를 위해 low voltage에서는 빠르게, High voltage에서는 느리게 Sweep된다.

Deflection plate의 또 다른 역할은, Neutral atom 혹은 Particle이 빔 이 스윕(Sweep)할 때 Deflection 되지 않으므로, 직진하여 Beam dump에 충돌하게 되는데 이러한 현상으로 Neutral beam contaminant를 제거하여 Dose error를 막을 수 있다. 또한 고정된 전압(Spot mode)에서 빔을 Focus cup에 정지시켜 실제 웨이퍼에 도달하는 빔의 전류를 측정 할 수 있다.

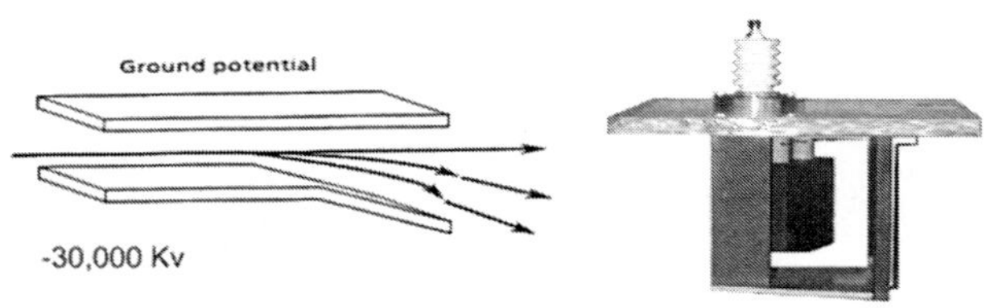

그림 5-37 Varian EHP500 Deflector

⑤ Faraday(Beam current reading)

Setup cup은 Analyzer magnet을 지나 Resolving aperture 바로 뒤에 위치한다. Source 에서 나와 Analyzer된 Beam을 측정하고 최대화하기 위해 사용된다. Setup cup은 필요에 따라 Beam line in/out으로 Air cylinder에 의해 움직여진다. 또한 cylinder가 Hi-vac region과 ATM region을 동시에 움직이는 부분이므로 추가적으로 Differential pumping line이 연결되어 있고 발생하는 열을 Cooling하기 위한 Cooling line이 연결되어 있다.

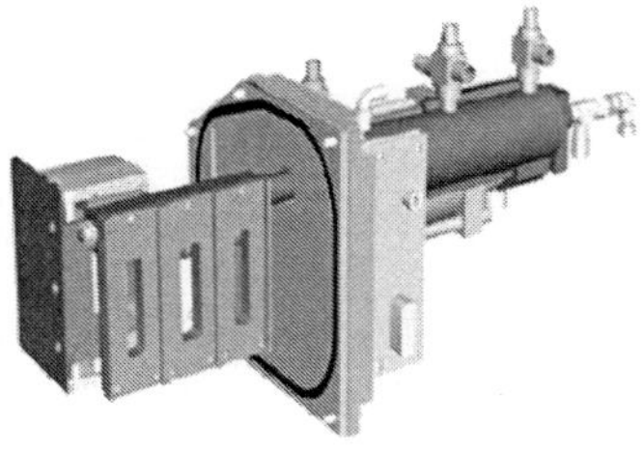

(a) Axcelis GSD200 Reserving Faraday

(b) Varian EHP500 set-up Cup Faraday

그림 5-38 Faraday system

- Faraday의 Current leading 원리 : 이온화 과정에서 아크챔버 벽에 수집된 전자는 Arc power supply를 거쳐 접지로 빠지게 되는데 이것은 Implanter의 접지루프 내에 과잉의 전자들이 존재하게 됨을 의미한다. 이러한 과잉 전자들은 Positive ion beam에 의한 웨이퍼 Charging을 막기 위해 중성화(Neutalize)시키기 위해 사용된다. 만약 이러한 과정이 없다면 웨이퍼에 축적되는 Positive charge에 의해 설계된 Device가 Failure되는 현상이 발생한다. 이온빔 전류를 측정하는 Faraday cup도 이와 비슷한 원리이다. Faraday cup으로 들어오는 Positive 이온빔 전류에 해당하는 만큼 접지로부터 이를 중성화시키기 위해 전류계를 통해 전자가 공급된다.

Tip

패러데이(M. Faraday)
직류전류가 흐르는 도체의 자기장에 대해 연구하고 이에 기초를 세운 영국의 물리학자

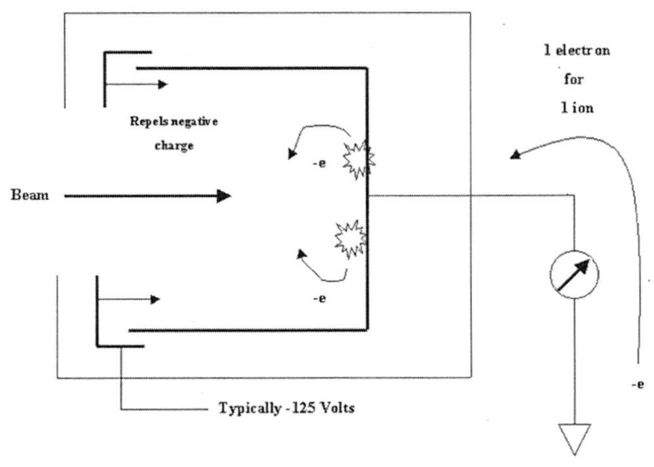

그림 5-39 Faraday의 current Leading 원리

따라서 이온빔 전류는 전류계를 통과하는 Electron current와 동일하게 된다. 만약 전류계를 통해 공급된 전자가 On beam과 Combine하지 못하고 Faraday cup 밖으로 빠져나갈 경우 Excess positive ion에 의해 또 다른 전자가 전류계를 통해 공급되게 된다. 결국 x 양의 Positive ion beam을 Current meter는 x+a 의 양으로 인식하게 되어 Wafer에 Implant되는 양은 x−a가 되어 under dose를 유발한다.

높은 에너지를 갖는 이온빔이 Faraday cup과 충돌할 때 2차전자가 표면으로부터 유출되고 표면은 양전하를 띄게 된다. 만약 2차전자가 Faraday cup 밖으로 빠져 나갈 경우, Ion beam이 아닌 Faraday cup의 Positive charge에 의해 부가적인 전자가 전류계를 통해 공급 되게 된다.

이차전자의 a만큼의 양이 Faraday cup 밖으로 유출될 경우 실제 x 양의 이온빔에 대해 전류계는 x+a의 양으로 인식하게 된다. 따라서 Uniformity Control computer는 x−a의 Dose, 즉 Under dose implant를 하게 된다. 이와는 반대로 외부에서 Electron이 faraday cup 안으로 유입될 경우(드문 경우이긴 하나) 접지로 부터 b양 만큼 Electron이 적게 공급될 것이고 따라서 전류를 통과하는 Electron의 양은 x−b가 될 것이다. 결국 UCC는 x+b의 dose, 즉 Over dose implant를 하게 된다. 이러한 Electron의 유입이나 유출에 의한 Dose error를 막기 위해 Faraday cup 앞에 negative voltage(−125V)를 띄는 Bias plate가 위치한다. 또한 Ion beam이 Bias plate와 충돌하는 것을 막기 위해 Ground mask가 씌워진다.

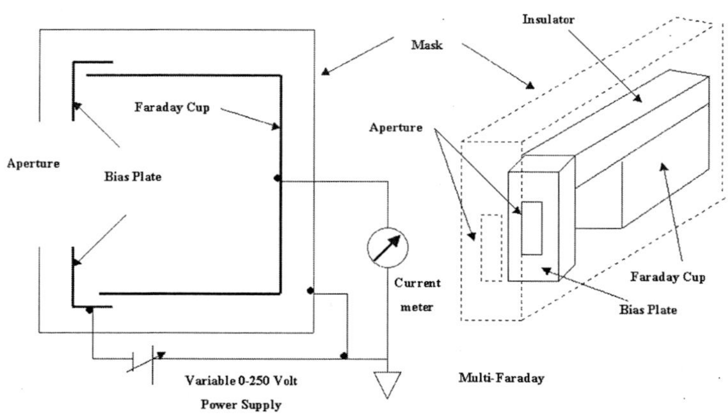

그림 5-40 Faraday Cup 구조

• Faraday의 종류

－Varian EHP500

‣ Set-up cup : 분석기자기(Analyzer magnet)까지의 빔전류(Beam current)

‣ Focus cup : 웨이퍼에 strike 되는 빔전류(Beam current)를 측정, 빔주사(Beam scanning) 횟수를 결정

‣ Traveling Faraday : 웨이퍼 표면의 가로 방향으로 100개의 위치에서 전류 측정 Uniformity 측정 후 Ucc(Uniformity controller)에 Data를 전달하여 Beam uniformity를 적절하게 조절 할 수 있도록 한다.

－Axcelis GSD 200/HE

‣ Flag Faraday : Analyzer magnet까지의 Beam 전류

‣ Disk Faraday : 웨이퍼에 Strike 되는 빔전류(Beam current)를 측정, 빔주사(Beam scanning) 횟수를 결정

‣ Inject Faraday : GSD HE 장비의 Analyzer magnet까지의 Beam 전류 측정

■ GSD200/80 keV Flag Faraday setup and implant positions

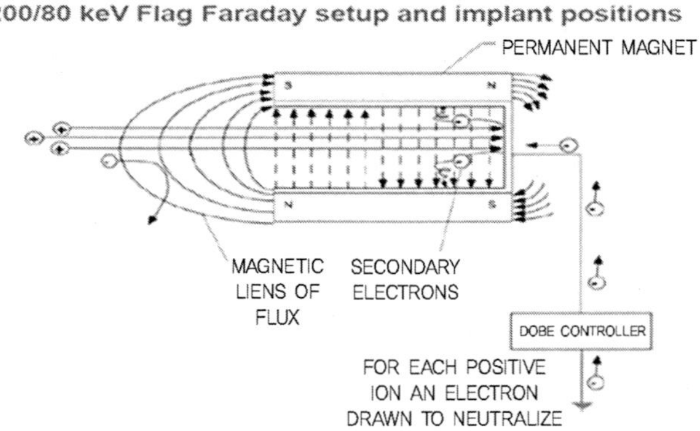

그림 5-41 Faraday Cup과 implant position

⑥ Beam Parallelism(Dipole Lens magent)

• 편향판(Deflection plate)에서 다양한 각도로 편향(Deflection)된 빔을 웨이퍼에 수직으로 입사시키기 위해서는 각기 다른 각도로 들어오는 빔을 각기 다른 각도로 편향(Deflection)시켜 최종적으로 평행한 빔을 만들어야 한다. 이를 가능하게 하는 것이 불균일한 자기계(Magnetic field)이다. 그림에서 볼 수 있듯이 Core에 의해 좁혀진 곳의 Magnet flux는 더 밀집하게 되므로 상대

적으로 넓은 곳보다 자기력(Magnetic force)이 크게 된다.

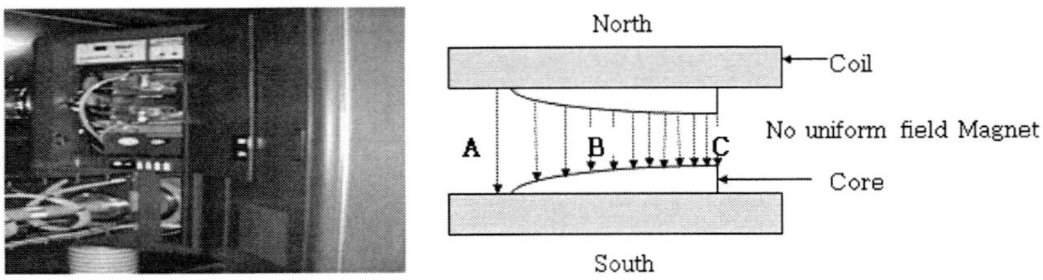

그림 5-42 Beam Parallelism

즉, 자기력은 C 지역이 가장 크고 그 다음 B, 그리고 A 지역이 가장 작은 자기력을 받게 된다. 따라서 A지역으로 입사 되는 Beam은 가장 작은 Angle로 Deflect 되며 C 지역으로 입사되는 빔은 가장 큰 힘을 받아 Large angle로 Deflection되게 된다. 따라서 최종적으로 Dipole lens magnet을 통과하는 빔은 항상 평행하게 90o의 각도로 웨이퍼에 도달하게 된다. 여기서 빔을 구성하고 있는 이온 Species와 Energy에 따라 전체적인 자기장은 Coil 전류에 의해 조절되어 Mass가 큰 빔일 경우는 상대적으로 Mass가 작은 빔의 경우보다 Magnet coil에 흐르는 전류는 자동적으로 많이 흐르게 된다.

⑦ 가속기(Acceleration)

가속기는 빔이 최종적으로 요구되는 에너지를 갖도록 가속시키는 역할을 한다. 만약 빔이 Extraction 될 때 갖는 에너지가 최종 에너지일 경우 Accel column에서는 더 이상 가속되지 않으며(Drift mode), Extraction energy에 부가적인 에너지를 가할 경우는 보다 더 가속시키며(Accel mode), 최종 에너지가 Extraction 에너지 보다 작을 경우 Accel column에서 감속 시킨(Decel mode) Accel column은 6개의 분리된 Ring으로 구성되어 있으며, Accel mode에서 ring #1과 Ring #6의 Potential 차이에 의해 빔은 가속된다. Decel mode에서 ring #1과 2는 Terminal ground에 접속되며 Ring #3는 Manipulator suppression electrode와 같은 역할을 수행하기 위해 −1.2kV의 Suppression power가 공급되며 Ring #6에 최종 Energy를 위한 Decel power가 공급된다.

(a) Varian EHP500 Accel column　　(b) Axcelis GSD200 Accel column

그림 5-43 Accel column

⑧ Electron Neutralization(E-Shower/Bias apertrue)

고전류의 이온 주입 공정에서 +이온이 웨이퍼 표면에 계속 주입되게 되면 Positive charge 성분이 축척이 되고 웨이퍼의 절연막 아래 Negative 성분이 집중되게 되면 절연이 파괴되는 현상이 발생한다. 이를 방지하기 위하여 Electron shower를 사용하여 이런 현상을 방지한다.

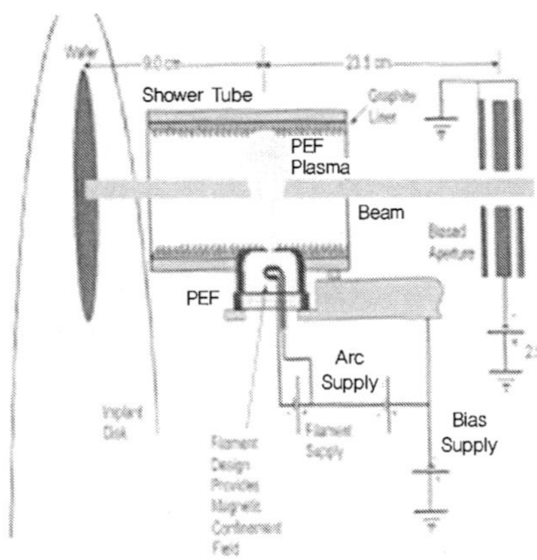

그림 5-44 E-Shower/Bias apertrue 구조

- 동작원리 : 이온빔(Ion Beam)이 그림에서 보는 것과 같이 왼쪽으로 지나가면 필라멘트(Filament)에서 발생된 열전자들이+이온(Ion)의 인력에 의해 끌려 나오게 되거나 바이어스(Bias)로 대전 되어진 샤워튜브(Shower tube)에 충돌하게 되면 이차전자(Secondary electron)가 생성시키고 이것들이 빔(Beam)에 포함되어 같이 웨이퍼로 진행이 되어 진다. 이때 +이온의 반반력

이 줄어들어 빔 점화(Beam blow-up)이 감소하고 -이온들에 의해서+이온의 집중현상을 해소하게 된다. 이때 바이어스 조리개(Bias aperture)는 빔(Beam)이 E-Shower 내부로 진행할 수 있도록 빔 점화(Beam blow-up)와 E-shower에서 생성된 －전자들이 E-shower 내부에서 머무를 수 있도록 척력을 작용한다.

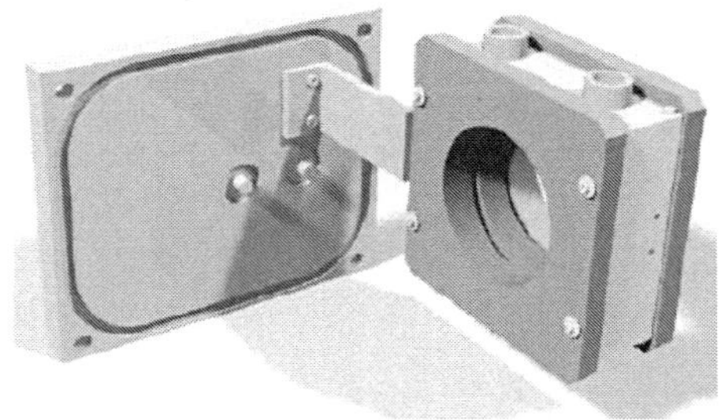

그림 5-45 Bias apertrue 구조

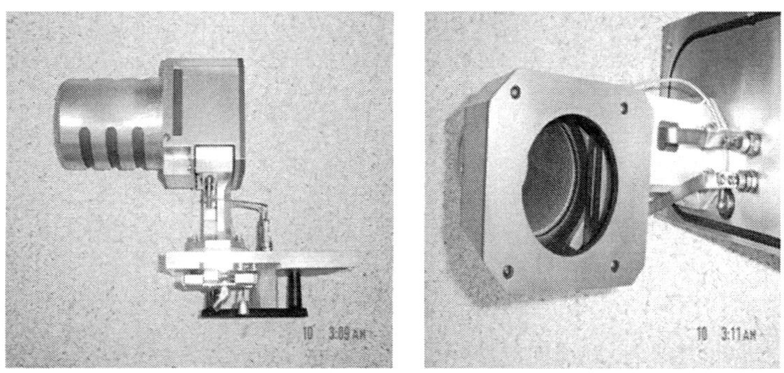

그림 5-46 E-Shower 구조

⑨ Linac Acceleration

이온주입기의 중요 파라메터(Parameter)는 에너지(Energy) 이다. 대부분의 에너지(Energy)는 DC로 증폭하여 100kev 내에서 사용한다. 그러나 그 이의 에너지(Energy)를 요구 할 때는 DC로 조절하는 방법에 한계가 있다. 이것을 복하기 위해서 GSD HE에서는 AC를 사용하여 에너지를 2Mev까지 증폭하여 사한다.

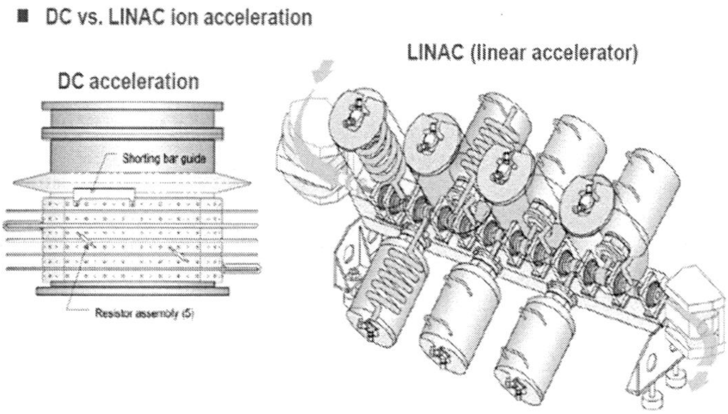

그림 5-47 DC Vs LINAC ion acceleration 구조도

소스(Source)에서 생성된 이온 빔이 Linac을 거치면서 에너지가 급상승하게 된다. Linac에는 이온빔을 포커싱하는 Qurdrupole Leans가 12개 이온 빔을 가속하는 공진기(Resonator)가 10개를 사용하게 된다. 장비의 에너지 대역은 이 두 가지의 개수로 정해지게 된다.

- 가속기 원리 : 이온 빔이 +극성을 가지고 있어 첫 번째 Qurdrupole lens를 통하여 공진기(Resonator)로 들어가게 되면 공진기가 −로 되어 있어 Ion이 빨려 들어가게 된다. 이때 주파수의 주기는 −V 주기로 되어 있기 때문이다.

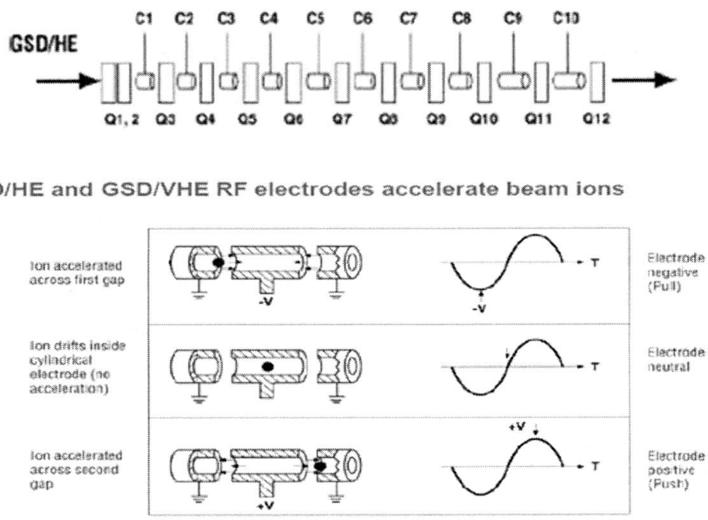

그림 5-48 GSD/HE와 GSD/VHE RF 구조도

그림과 같이 이온 빔이 공진기 침(Probe)의 중간에 오면 주파수는 0이 된다. 이때 다음 파형이 +V가 위치가 되면 Ion은 그림 1−48과 같이 오른쪽 다음으로 Quadruple로 밀려들어 가 이온번치(Ion Bunch)를 형성하게 된다. 만약 80kev가 입력이 되었다면 +80kev~−80kev를 거치면서 최종 160Kev가 형성되게 된다. 이것이 10개를 거치면 1.6Mev를 가지게 된다.

■ GSD/HE and GSD/VHE bunching

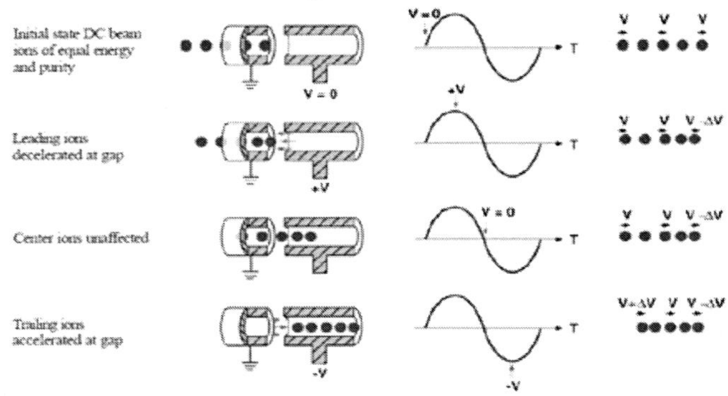

그림 5-49 GSD/HE와 GSD/VHE BUNCHING 구조도

■ Electrostatic (as used in GSD/HE and VHE machines)

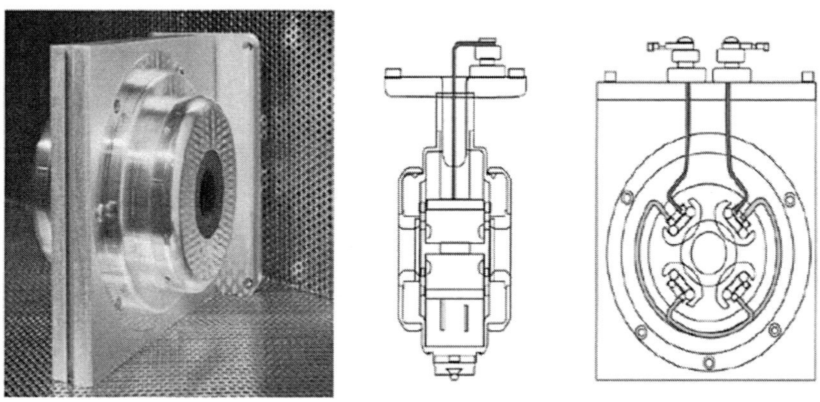

그림 5-50 GSD/HE와 GSD/VHE Electrostatic 구조도

- GSD/HE and GSD/VHE rf Cavity electrodes: operation
  - RLC circuit resonates at 13.56 MHz

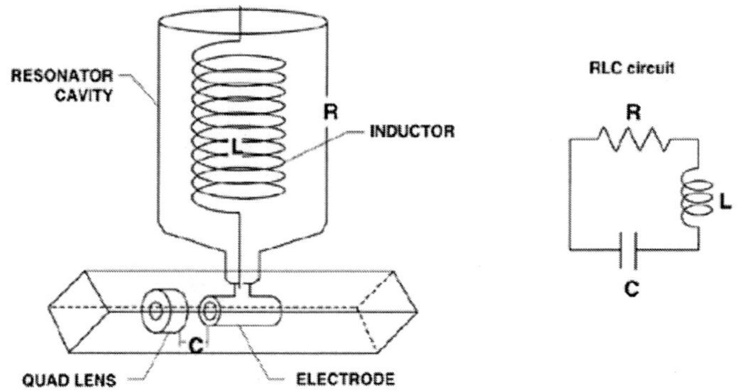

그림 5-51 GSD/HE와 GSD/VHE electrodes 구조도

(5) 종단국(End station : Wafer Handling & Wafer scanning)

최종적으로 웨이퍼에 이온주입이 진행되고 웨이퍼를 취급(Handling)하는 부분이다.

① Varian EHP500

웨이퍼를 Hi-Vac 영역으로 적재(Loading)하기 위한 2개 적재함(Left, Right Load Lock)과 전체 어셈블리(Tilter ass'y)가 있고 이온주입이 진행되는 타겟챔버(Target Chamber), 그리고 웨이퍼를 적재함(Load Lock)에서 타겟챔버(Target Chamber)로 취급(Handling)을 진행하는 핸들러 어셈블리(Handler Ass'y) 등 여러 가지 파라메터(Parameter)들로 구성되어있다.

② Axcelis GSD 200/HE

웨이퍼 카셋트(Wafer cassette)를 올려놓을 수 있는 4개의테이블과 웨이퍼를 순서대로 대기하는 로더 버퍼(Load buffer) 2개 웨이퍼의 각도 조절용 플랫 얼라인너(Flat aligner), 대기 상태 이송용 In-Air robot 고진공 지역(Hi-Vac Area)이송용 진공 카셋트(Vacuum cassette)와 암로봇(Arm robot), 웨이퍼 핸들러(Wafer Holder), 웨이퍼의 안착 지점인 디스크(Disk)로 구성되어진다.

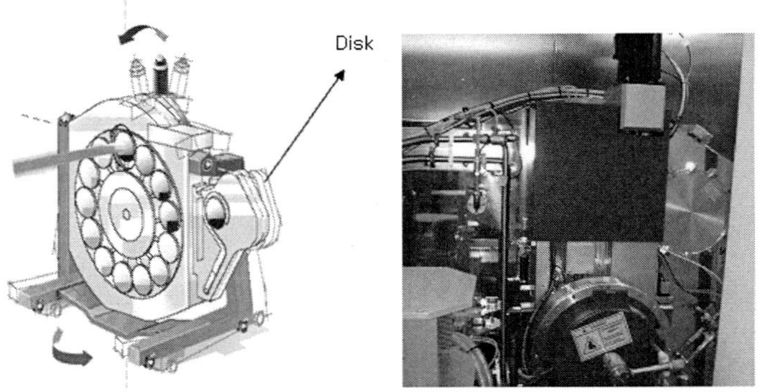

그림 5-52 End station 구조

그림 5-53 Wafer Handling 구조

그림 5-54 Wafer holder

그림 5-55 IN-VAC ARM 어셈블리

그림 5-56 EHP500 Right Handler 구조

그림 5-57 EHP500 Roplat 어셈블리 구조

③ Electrical Scanning

빔 주사(Beam scanning)은 이온빔을 웨이퍼 표면에 골고루 분배하여 균일도를 좋게 하기 위한 방법이다. EHP500 시스템은 전기적인 방법으로 선형주사(linear scan)과 기계적인 방법으로 수직 주사(Vertical scanning)를 실시하게 된다.

- 선형주사(Linear scanning) : 빔이 가지고 있는 빔 편향(Beam deflection)을 이용한 방법으로 그림 5-58은 보론가스(Boron gas)를 분사(Spray)했을 때처럼 쌍극자 렌즈(Dipole lens)를 통과한 후 90도 각도로 웨이퍼에 전체적인 면에 맞는 것을 볼 수 있다. 이렇게 할 경우 이온주입량이(Dose)가 초과되어 웨이퍼를 사용하지 못하게 된다.

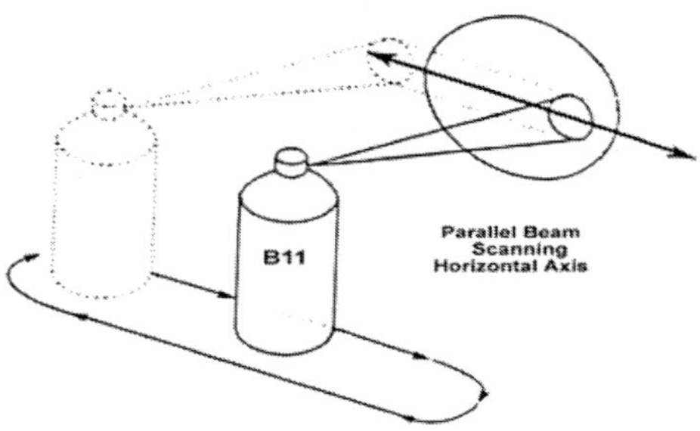

그림 5-58 Linear scanning 구조

그러나 그림 5-58이 정확한 위치에서 1초에 앞뒤로 1회 움직이는 것을 '1 주사(Scan)'이라고 한다면 이것이 주기적으로 반복을 하게 되면 한 줄을 그은 것과 같은 역할을 하게 된다. EHP500 장비의 변류기(Deflector)는 1KHz 로 편향(Deflection)시켜주는 것이 바로 이 역할 이라고 할 수 있다.

• 수직 주사(Vertical scanning) : 선형주사(Linear scan)가 정확하게 진행된다면 수직방향으로 적절히 동시에 움직이게 되면 전체적으로 일정하게 한 결과를 얻을 수 있다.

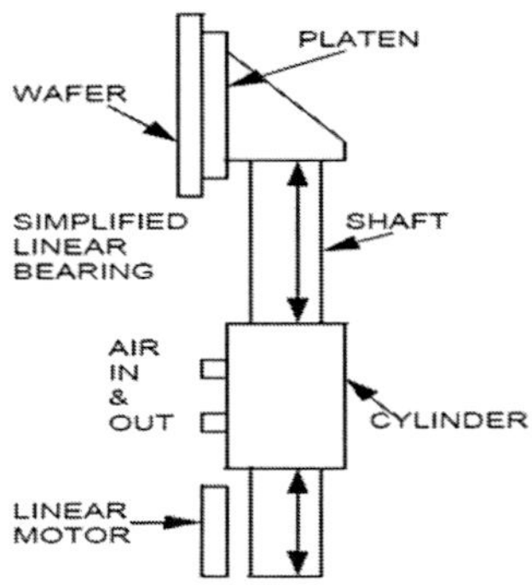

그림 5-59 Vertical scanning 구조

그림 5-59는 선형주사(Linear bearing)가 에어 실린더(Air cylinder)를 타고 움직이는 것을 표현한 것이다. 축(Shaft) 아래쪽은 대기상태이며 축(Shaft) 위쪽은 진공상태라고 한다면 이 축(Shaft)을 정밀하게 제어하는 모터를 이용하여 Up/Down을 실시한다면 완벽한 주사(Scanning)를 완성할 수 있다. 이때 가장 중요한 것이 Beam parallelism으로 웨이퍼에 Strick 되는 빔들이 정확히 90도를 이루어야 완벽 주사(Scanning) 제어 기술이 되겠다.

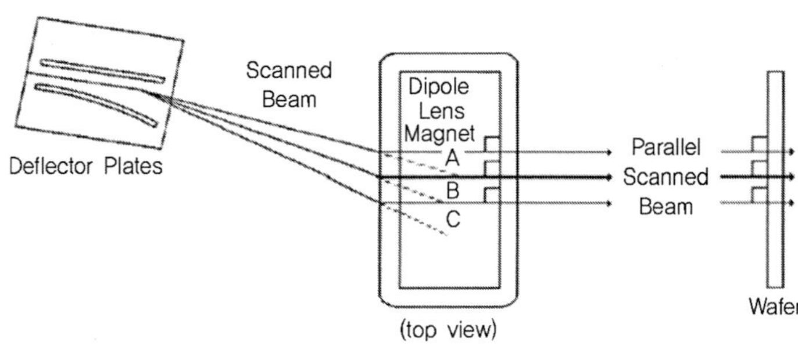

그림 5-60 Vertical scanning 보정

그림 5-60에서 볼 수 있듯이 웨이퍼가 90도로 섰을 때 이온이 정확히 90 각도로 때 릴 수 있도록 Dipole lens 에서 보정을 하는 것을 볼 수 있다.

■ GSD two axis tilt

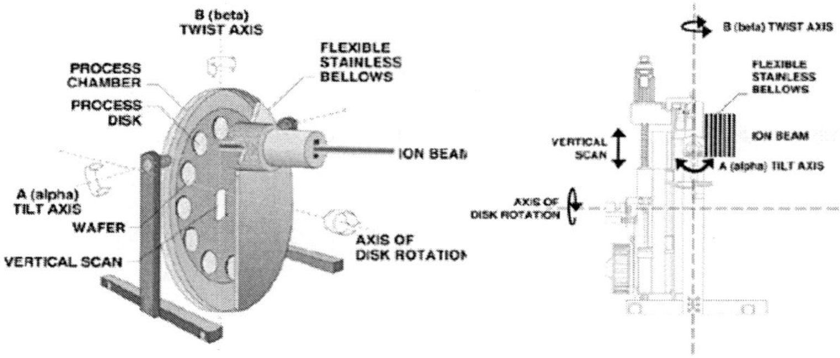

그림 5-61 AXCELIS GSD Vertical/Linear scanning 구조

그림 5-61에서 보는 것과 같이 Axcelis GSD의 경우는 수직/선형 주사((Vertical/ Linear scanning)를 모두 기계적으로 사용한다. 수직(Vertical)은 선형드라이브(Linear drive)가 상하로 움직이며 선형(Linear)은 디스크가 1200rpm으로 회전하면서 그 역할을 하게 된다.

5. 열처리 공정

1) RTP(Rapid Thermal Process)의 개요

RTP의 응용 범위는 매우 광범위하며 여기에는 티타늄(Titanium), 니켈(Nickel), 코발트(Cobalt) 같은 실리사이드(Silicide)공정, 이온주입 후 어닐(Post Implant anneal), 베리어 금속 어닐(Barrier metal anneal), 실리콘 에피(Silicon Epitaxy)등등 여러 가지 영역을 포함한다.

(1) RTP 원리

RTP는 매우 빠른 속도로 원하는 공정온도로 가열 되고 급속도로 식혀지게 된다. 이것은 RTP는 램프(Lamp)로 부터 방사성 히터 열(Radiative heat flow)를 이용하여 웨이퍼를 가열하게 된다 온도 측정은 고온계(Pyrometer)를 이용하여 온도를 측정하게 된다.

(2) RTP 시스템

① 적재 챔버(Loadlock Chamber)

대기 중에 포함된 불순물이 RTP 챔버 내부로 유입 되지 못하게 하기 위하여 적재 챔버(Loadlock chamber)가 요구된다. 특히 공정중 높은 온도를 유지하기 문에 대기중의 불순물이 유입 될 경우 반응할 확률이 매우 높다. O_2나 습가 유입 될 경우 웨이퍼 특성에 매우 좋지 않은 영향을 끼칠 수 있다.

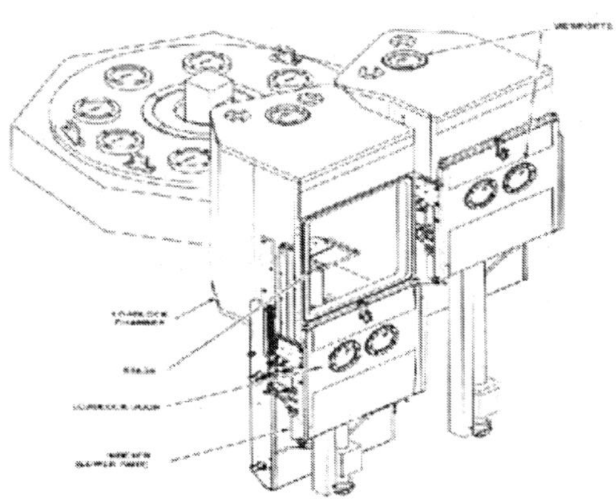

그림 5-62 RTP 시스템 구조

② 이송 챔버(Transfer chamber)

웨이퍼의 이송을 담당하며 상하 로봇(Upper/lower Robot)이 가운데 자리 잡고 있다. 위아래에 위치하고 있는 자기 로봇(Magnetic robot)은 정확성과 내구성이 매우 뛰어난 편이다.

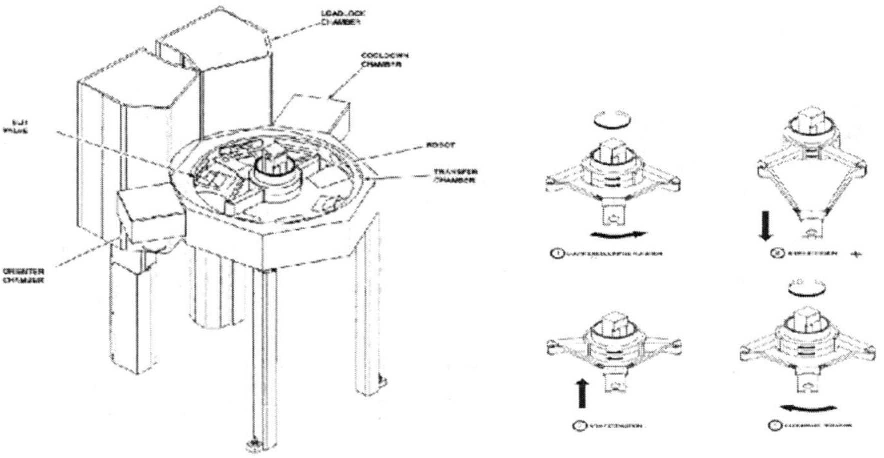

그림 5-63 RTP 시스템의 ROBOT 구동 구조

③ 챔버 모듈(Chamber module)

- 회전 어셈블리(Rotation Ass'y) : 회전 어셈블리(Rotation Ass’y)는 웨이퍼를 90rpm 으로 회전시키는 부분으로 챔버 외부에서 기어(gear)가 물려있는 모터(Motor)가 회전하면 자기체(Magnetic housing)를 회전시키고 자력에 의해 챔버 내부의 베어링(Bearing) 위에 올려져 있는 업버 레이스(Upper race)를 회전시키고 레이스(Race) 상단에 놓여있는 공정 도구(Process kit : Edge ring/support cylinder)를 회전시켜 웨이퍼를 회전시키게 된다.

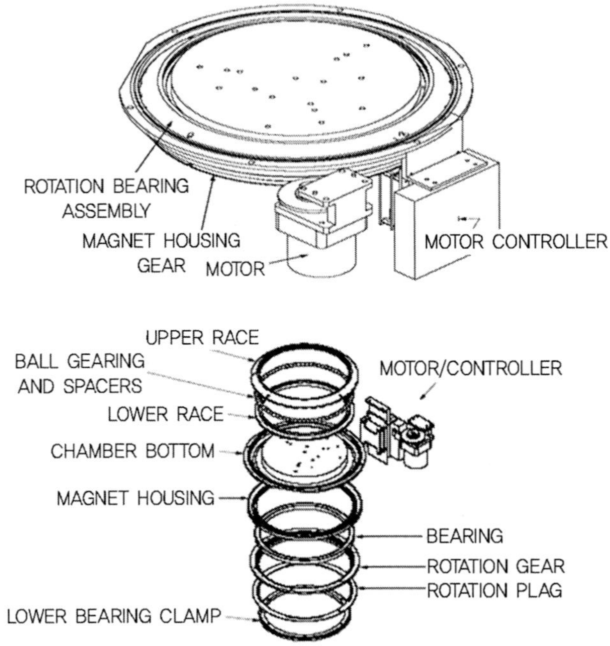

그림 5-64 RTP Rotation 에셈블리 구조

• 램프모듈(Lamp Module) : 램프모듈(Lamp Module)에는 187개의 할로겐 램프(Halogen lamp)로 구성되어 있으며 램프는 각각 750W의 용량을 가지고 있다. 램프계(Lamp Housing)의 앞쪽에는 고순도의 금도금(Gold coating)이 되어 있어 램프가 켜지게 되면 램프에서 나오는 빛을 웨이퍼에 집중하게 되어 있다. 또한 하우징(Housing) 앞쪽에는 4mm 석영창(Quartz window)가 보호하고 있어 챔버와 외기 사이를 격리시키고 있다. 벌집 모양의 하우징(Housing) 내부에는 냉각수(Cooling)가 돌아 고열의 램프를 식혀 준다.

그림 5-65 RTP Lamp Module 에셈블리 구조

• SCR(Silicon conrollde rectifier lamp driver) : 리모트 프레임(Remote frame)의 내부에 위치하고 있으며 12개의 램프죤(Lamp zone)에 전원을 공급하는 역할을 수행하며 최대 250A 이다.

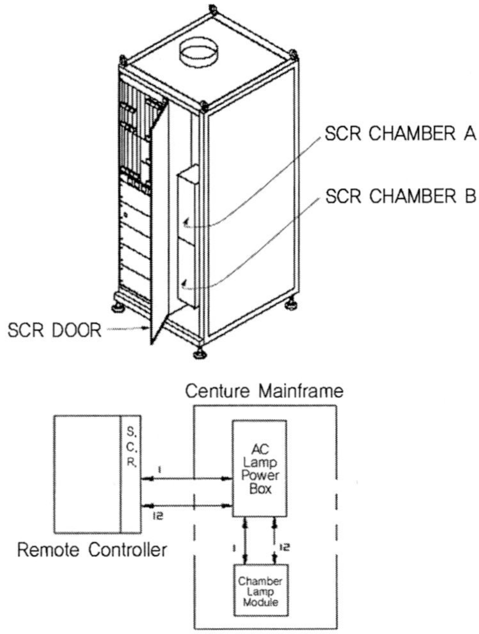

그림 5-66 RTP Silicon conrollde rectifier lamp driver

• Chamber cooling : 챔버의 냉각은 램프 하우징(Lamp housing), 바닥(Bottom), Rp 어뎁터판(Adapt plate), 챔버축링(Chamber base ring) 이렇게 4군데에서 흐르게 되며 각각 플로워 센서(Flow sensor)가 있어 적재함(Interlock)이 동작한다.

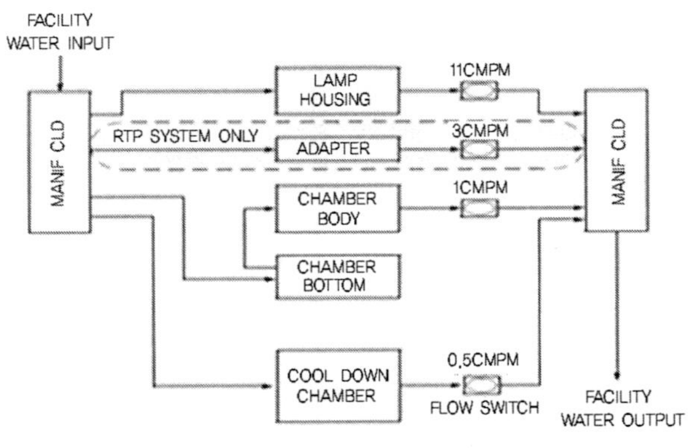

그림 5-67 RTP SYSTEM WAFER Chamber cooling 구조

• 온도 조절 시스템(Temperature control system) : RTP에서 온도측정에 사용되고 있는 방식은 가시광선 고온계(Optical pyrometer)를 사용하고 있으며 가시광선 고온계(Optical pyrometer)는 직접 접촉하지 않고 정확한 온도를 읽어 낼 수 있다. 이것은 웨이퍼에서 방사한 정해진 파장의 세기(Intensity)를 검출하여 환산하기 때문이다. 그러나 웨이퍼의 방사율(Emissivity)의 변화에 따라 온도 측정이 달라지기 때문에 방사율 온도측정기(Emissivity radiation thermometry)의 가장 중요한 요소이며 이는 특정한 온도와 파장영역에서 흑체(Blackbody : Emissivity=1)에 대한 어떤 물질의 광휘(Radiance)로 정의된다.

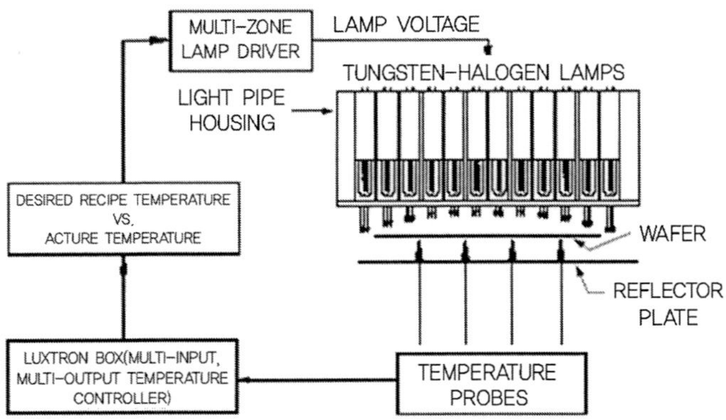

그림 5-68 RTP SYSTEM FUNCTION BLOCK DIAGRAM

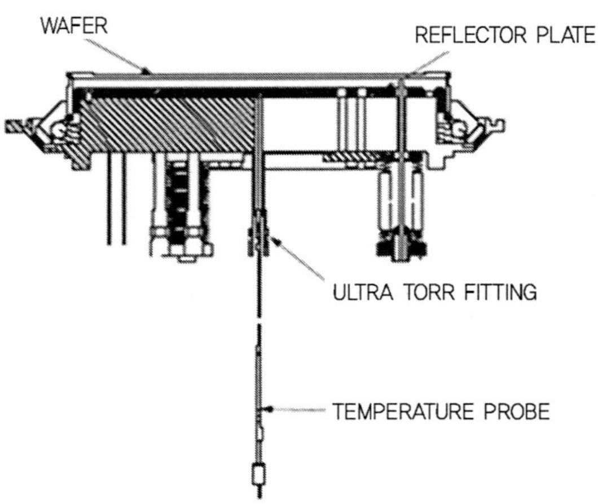

그림 5-69 RTP SYSTEM TEMPERATURE PROBE 구조

6. 이온주입공정(Implant Process) 응용

CMOS 트랜지스터(Transistor)에서 이온 주입 공정 중 대표적인 공정을 아래에 세 개의 공정으로 구분하여 간단하게 설명 하였다.

1) 이온주입공정(Implant process) I

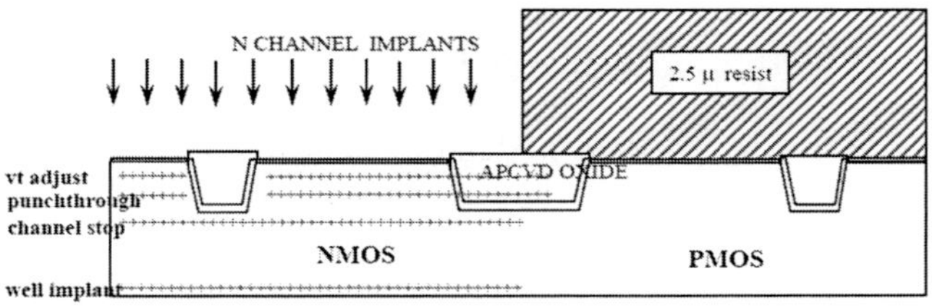

그림 5-70 N MOS VT, P/T, C/S, WELL이온 주입 공정

(1) 문턱전압 이온주입(VT Implant)

Mos 트랜지스터의 NMOS 게이트 전극에 양 전압(Positive Voltage)를 인가하면 정공들이 기판 속으로 밀려나서 채널(Channel)이 N-type 영역으로 바뀌는데 이와 같이 채널(Channel) 영역이 반대 형태의 반도체로 변하는데 필요한 최소의 게이트 전압을 문턱전압(Threshold Voltage)이라 하고, 이 전압을 조절하는 역할을 수행하는 것이 VT 이온주입 공정이다.

(2) 펀치스룻 이온주입((Punchthrough Implant)

드레인(Drain)의 결핍(Depletion) 영역의 확대를 방지하기 위하여 '펀치스룻(Puntchthrough) -도핑정지층(Stop doping layer)'을 형성시키는 이온 주입 공정이다.

(3) 채널정지 이온주입(Channel stop Implant)

모트와 모트간(Moat-to-Moat) 그리고 모트와 웰간(Moat-to-Well)의 격리을 위하여 필드산화막층(Field oxide layer)의 아래에 이온주입(Implanting)을 하여 채널정지 도핀층(Channel-stop doping layer)을 형성시키는 이온주입 공정이다.

(4) 웰 이온주입(Well Implant)

웰(Well) 형성을 위한 이온주입 공정이다.

2) 이온 주입 공정(Implant process) Ⅱ

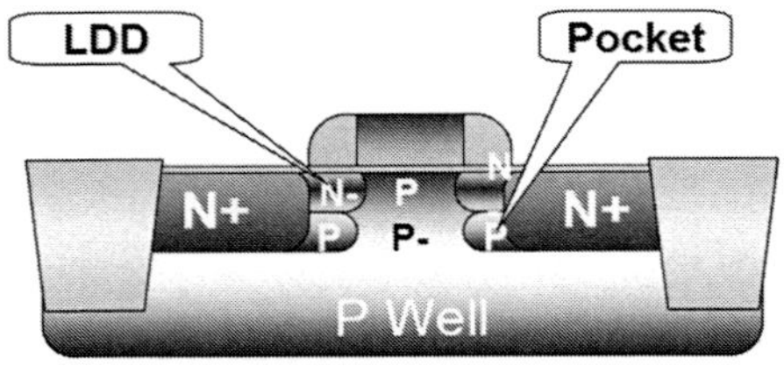

그림 5-71 LDD와 POCKET 이온 주입 공정

(1) LDD 이온주입(Implant)

숏 채널(Short channel)에 의해 발생되는 전계(Electric Field)로 인해 가속된 캐리어(Carrier)들의 연쇄적인 충돌로 발생된 보다 높은 에너지를 가진 핫 캐리어(Hot Carrier)들의 발생을 방지하기 위해 사용하는 이온주입 공정이다.

(2) 포켓 이온주입(Pocket Implant)

소스와 드레인(Source and drain) 영역의 펀치스룻 정지(Punchthrough Stop) 역할을 수행해 주는 이온 주입 공정이다.

3) 이온 주입 공정(Implant process) Ⅲ

S/D 이온 주입은 소스와 드레인(Source and drain) 전극을 형성 시켜 주는 이온주입 공정이다.

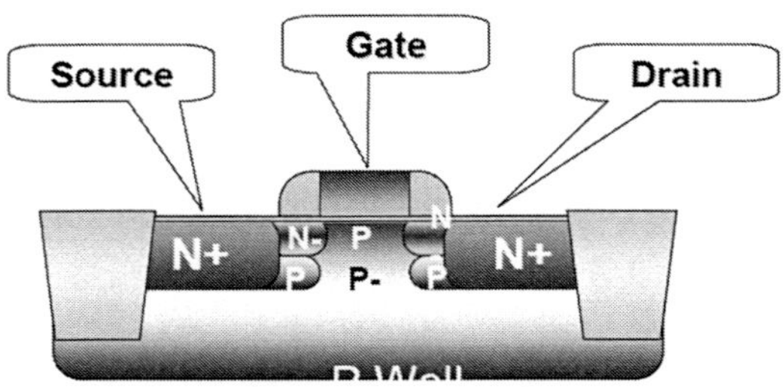

그림 5-72 Source와 Drain 이온 주입 공정

7. RTA 공정(Rapid Thermal Annealing) 응용

1) RTA 공정의 정의 및 역할

RTA란 Rapid Thermal Annealing의 줄임 말이다. 그 역할은 그림 5-73에서와 같이 실리콘 웨이퍼(Silicon wafer)에 이온 주입을 실시하게 되면 이온 주입된 Si 결정에 손상(Damage)이 발생하고, 이로 인하여 전기적으로 불활성이 되는데 이를 전기적으로 활성화시키기 위해 800~1100℃에서 행해지는 열처리를 RTA 공정이라 한다.

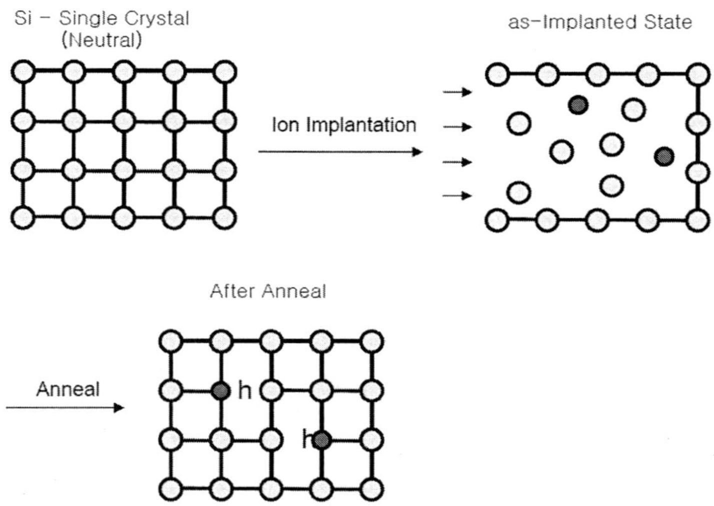

그림 5-73 RTP 열처리 공정의 격자 구조

2) Annealing의 종류

(1) 석영로 어닐(Furnace Anneal)

가장 표준 방법이며 수직형 석영로(Vertical furnace)의 튜브(Tube)를 사용한다. 일정하게 골고루 열처리가 우수하며 어닐(Anneal) 시간이 보통 4~5 시간 소요된다.

(2) RTA

최근에 개발된 기술이며 급속(Rapid) 열처리라 한다. 할로겐 램프(Halogen lamp)를 사용하고 고른 열처리율(Uniformity)이 석영로(Furnace)와 거의 유사하며 공정시간은 수십 초 이내이다. 이온주입 후 어닐(Anneal)은 RTA를 대부분 사용하고 있다.

3) RTA의 장단점

(1) 장점

① 열적 침투(Thermal budget)를 최소한 줄일 수 있다.

② 일련형(Serial type : 웨이퍼 1장씩 진행)이며 환경의 여러 변수(예를 들면 가공 챔버속의 여러 가스들의 압력, 온도의 급변 등)들을 제어하기 쉽기 때문에 티타늄 질화(Titanium nitride)나 실리사이드(Silicide)형성, BPSG 리플루워(Reflow), CMOS 전극 게이트 형성 등을 위한 열처리 효과가 석영로(Furnace)에 비해서 우수하다.

③ 다중 챔버(Multi-chamber)를 사용함으로써 한 시스템 내에서 여러 단위 공정을 수행할 수 있다.

(2) 단점

급속 열처리로서 온도가 상승될 때 온도 불균형이 발생하면 웨이퍼에 전달되는 스트레스가 강하여 웨이퍼 깨짐(Wafer broken) 현상 등이 일어날 수 있다.

요 약

- 에너지를 이용하여 불순물을 실리콘 내부로 주입하는 이온주입 공정 및 장비특성에 대한 이해에 대한 내용이 포함된다.
- 에너지를 이용하여 불순물을 실리콘 내부로 주입하는 이온주입 공정 장비의 종류 및 특성 이해에 대한 내용이 포함된다.
- 이온 주입기에 대한 각 장비 요소들의 역할과 원리에 대한 지식에 대한 내용이 포함된다.
- 급속열처리(RTP) 공정의 장단점과 응용 및 장비요소 기술을 포함한다.

연습문제

01 이온주입 설비는 주입되는 이온의 량에 따라 크게 2가지로 구분하고 설명하시오.

02 이온 주입의 장단점을 논하고 어닐링과 채널링에 대해 설명하시오.

03 공정 진행 후 공정의 정상 유무를 판단하기 위해 MONITOR하는 항목 2가지 이상 설명하시오.

04 이온 주입 설비 운영시 안전에 관한 내용을 아는 대로 나열하고 설명하시오.

05 이온주입 장치의 주요 3가지 모듈을 나열하고 각 역할과 원리에 대해 설명하시오.

참고문헌

한국 폴리텍 대학 "반도체 박막 제조공정기술" 2010
이춘수 · 강원구 · 이규홍 · 이경수, 대한민국특허 제0273473호(2000).
VARIAN 사용자 설명서, E220/E500Series, 2011
AXCELIS 사용자 설명서, GSD-200Series, 2011

PART

04

반도체 세정장비 기술

(Cleaning Process/ Equipment Technology)

반도체 소자 제조공정에서 여러 가지 공정 방법 중 절적한 방법을 선택하여 웨이퍼 표면에 형성된 박막들을 원하는 패턴을 가지는 형태로 제작하는 과정의 전후에 세정기술을 이해하고 적용할 수 있도록 하고, 적합한 세정 조건 및 방법을 개발할 수 있는 개발 능력을 향상함으로서 공정제어규격(specification)에 의거하여 웨이퍼 상에 세정공정 기술을 이해하고 적용할 수 있어야 한다.

- 각종 식각 공정에 대한 전반적인 이해할 수 있어야 한다.
- 세정공정 시 세정 조건 및 방법에 대해 적용할 수 있어야 한다.
- 세정공정에 사용되는 세정공정 장비 운영 기술을 이해하고 적용 할 수 있어야 한다.
- 적합한 세정 조건 및 방법을 개발할 수 있는 개발 능력할 수 있어야 한다.
- 세정공정에 사용되는 D.I water 관리 및 취급 기술할 수 있어야 한다.

6
Chapter

세정 공정장비 기술

1. 세정 기술의 개요

집적회로의 성능과 신뢰성 및 생산 수율은 제작 시 사용된 웨이퍼나 제작 후 소자표면에 존재하는 물리적, 화학적 불필요한 불순물들에 의하여 많은 영향을 받는다. 소자의 최소 선 폭이 점점 작아져 서브마이크론 영역에 이르게 되면, 이들 중 산화(Oxidation)와 모형 형성(Patterning) 전에 웨이퍼 표면을 청결하게 세정하는 기술에 대한 중요성은 더욱 커진다. 반도체 웨이퍼 표면을 세정하는 기술은 크게 습식 화학 방법, 건식 방법, 증기(기상, Vapor phase) 방법 등으로 나눌 수 있다. 전통적인 웨이퍼 세정 방법은 대부분 과산화수소(H_2O_2) 용액을 사용한 화학적 습식 방법이었으나, 많은 화학 물질의 소모와 사용된 이들 물질의 폐기, 발전되는 제작 공정과의 비호환성 등으로 인하여 점차 건식이나 기상 쪽으로 세정방법의 변화를 가져오게 되었다.

집적회로의 세밀화는 급격한 속도로 진행되어지고 있고, 이와 같이 집적회로의 밀도, 모형 형성과 성능도 함께 증가하고, 이에 따라 불순물이 수율과 품질과 신뢰성에 미치는 영향이 커져 오고 있다. 이와 같은 이유로 세정기술은 VLSI 공정에서 중요 시 되어지고 있다.

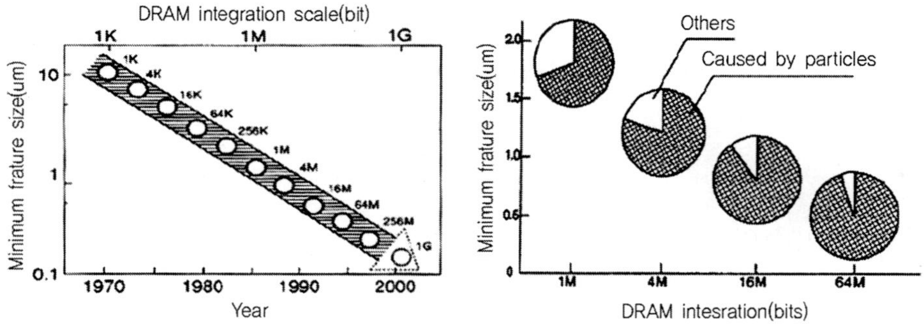

그림 6-1 DRAM 집적도와 최소크기와 년도와의 상관관계

1) 기판 세정의 중요성

반도체 디바이스의 제조공정은 먼저 세정에서부터 시작된다. 세정공정은 반도체 프로세스에 있어서 각 공정 전 혹은 후 반드시 거쳐야 하는 과정이며 수십회 반복되는 경우도 있다. 최근 새로운 재료나 프로세스가 많이 개발되고 있는데 신재료, 신프로세스가 등장하면 세정 기술도 함께 혁신되어야 한다.

ULSI 제조 기술의 집적도가 증가하여 가고 있고, 이에 따라 DRAM의 저장용량은 이미 기가 비트(Giga-bit)의 시대에 돌입하였으며 향후 나노급 소자 개발을 위한 연구가 폭넓게 진행되고 있다. 이와 같은 고집적화는 설계 기술의 선폭 감소에 따른 이차원적 감소뿐만이 아니라, 게이트 절연막이나 다층 절연막과 구리를 포함한 배선재료와 캐패이시터 등으로 대표되는 소자를 구성하는 여러 박막의 신 재료개발과 극미세 박막의 구현으로 발전되어 왔다.

한 예로, 반도체 집적화의 대표적인 예라 할 수 있는 게이트 절연막의 경우는 수Å의 박막 두께에 이르렀고, 이에 따른 터널링 전류의 증가로 인해 새로운 고유전체 박막으로의 전환이 시도되고 있다. 이렇게 반도체 소자가 초고집적화 되면서 제조 공정 수는 증가되며, 각 공정 후에는 많은 잔류물 또는 오염물이 표면에 남게 되어 이것들을 제거하는 세정공정(cleaning process)의 중요성은 더욱 부각되고 있는 추세다.

현재 반도체 소자 제조 공정은 약 400 단계의 제조 공정을 가지고 있으며 이들 중 적어도 20% 이상의 공정이 웨이퍼의 오염을 막기 위한 세정공정과 표면 처리 공정으로 이루어져 있다. 반도체 소자 제조 공정 중 발생하는 오염물은 소자의

Tip

ULSI
(Ultra Large Scale Integration)
하나의 칩에 백만개 이상의 소자가 들어있는 집적회로 VLSI, LSI, 무어의 법칙

구조적 형상의 왜곡과 전기적 특성(electrical characteristics)을 저하시킴으로써 그 소자의 성능, 신뢰성 및 수율 등에 특히 큰 영향을 미치기 때문에, 반드시 제거되어야 한다.

2) 세정기술의 유래

반도체세정은 1970년에 RCA사가 발표한 세정을 기본으로 하고 있다. 30년이 지난 오늘날에도 이른바 'RCA 세정'은 여전히 업계에서 널리 이용되고 있다. 최근에 몇 가지 다른 세정 방법들이 선보였지만 각각 심각한 한계가 있어 실질적으로 기존의 RCA 타입 세정에 비해 실익이 크지 않는 것으로 알려지고 있다. 기본적인 기술은 같지만 약품의 혼합비와 세정욕조(bath)의 모양에 이르기까지 많은 노하우가 있으며 이는 역으로 표준화가 어려운 공정임을 의미한다.

반도체 세정기술은 1950년대에서 1970년대까지는 느리게 발전되었으나 소자의 집적도 증가와 분석 장비의 발전이 세정기술 발전에 큰 역할을 하였다. 1970년대에 제안된 RCA세정은 세정기술의 괄목할만한 성장을 이룩하였으며 현재에는 전기화학이론 등의 발전으로 반도체 세정기술을 학문적으로 설명하는데 많은 도움을 주었다

3) 세정액의 종류와 세정 방법

TIP

RCA
(Radio Corporation of America)
1919년에 설립된 무선통신기기 전문회사.
1970년대에는 반도체 분야에도 많은 공적을 남김. 현재 프랑스의 톰슨(Thomson)에 인수 됨

(1) RCA 세정(Cleaning)

집적회로의 반도체 웨이퍼 표면을 세정하기 위한 화학적 습식 클리닝 방법의 대표적인 이름이 'RCA세정'이다. 현재 반도체 공정에서 사용되는 세정방법에 서는 크게 건식 세정과 습식 세정으로 나누어진다. 여기서 습식 세정 방법의 대명사인 RCA세정 방법은 1970년대 미국 RCA사의 W. Kern 등에 의해 제안 되었으며, 현재까지 반도체 세정 공정으로 널리 사용되고 있다. RCA 세정은 공통적으로 과산화 수소(H_2O_2)를 근간으로 사용된다.

① SC1(Standard Cleaning-1)

암모니아(NH4OH), 과산화수소(H_2O_2) 그리고 물(H_2O)을 일정한 비율로 혼합하여 75~90℃ 정도의 온도에서 Particle과 유기 오염물을 제거하기 위한 세

정 방법이다. SC1은 구성 화학 용액의 이름을 통칭해 APM(Ammonium Peroxide Mixture)이라고 부른다. SC1 세정용액은 과산화수소에 의한 산화 반응과 암모니아에 의한 에칭(Etching) 반응이 동시에 일어나기 때문에 두 용액의 농도비가 매우 중요하다. 암모니아는 Si 웨이퍼를 비등방성(Anisotropic) 에칭을 시키고 에칭 속도 또한 매우 빠르다 따라서 과산화수소에 의한 표면산화가 실리콘 웨이퍼 표면의 거칠기(Roughness)를 감소시키는 역할을 한다.

② SC2(Standard Cleaning-2)

염산(HCl), 과산화수소(H_2O_2), 그리고 물을 일정한 비율로 혼합하여 75~90℃ 정도의 온도에서 천이성 금속 오염물을 제거하기 위해 사용된다. SC2는 구성 화학 용액의 이름을 통칭해 HPM(Hydrochloric Peroxide Mixture)이라고도 부른다.

SC1용액에서 금속 오염물은 Si보다 전기 음성도가 높아, 실리콘으로 전자를 빼앗아 전기화학적으로 반응하여 표면을 오염시킨다. 이런 금속 불순물을 제거 하기 위해 금속보다 전기 음성도가 큰 SC2 용액이 사용되어야 한다. 대부분의 금속 오염물들은 희석시킨 염산만으로도 제거가 가능하다 하지만 전기음성도가 큰 귀금속(noble metal : Cu, Al)은 희석시킨 염산만으로 제거하기 어렵기 때문에 염산과 과산화수소가 혼합된 세정용액으로 제거가 가능하다.

(2) 황산 세정(Piranha Cleaning)

Piranha 세정 용액은 황산(H_2SO_4)과 과산화수소(H_2O_2)를 일정한 비율로 섞고, 온도가 90~130℃ 정도에서, 웨이퍼 표면의 유기 오염물을 제거하기 위해 사용된다. Piranha 세정은 구성 화학 용액의 이름을 통칭해 SPM(Sulfuric Peroxide Mixture)이라고도 부른다.

반도체 공정에서 유기 오염물과 감광제 잔유물(PR Residue)을 제거하기 위 해 사용되고 있는 Piranha용액은 고온세정 과정 중 과산화수소가 분해되어 물 을 형성함으로써 세정액의 농도를 희석시킨다. 세정 효율을 유지하기 위해 과산화수소가 새로이 첨가되지만 첨가된 과산화수소에 의해 세정액의 농도는 더욱 희석되어, 사용 후 8~12시간 정도가 지나면 더 이상 사용할 수 없게 된다. 이러한 문제점을 해결하기 위해 희석 시킨 황산 내 오존을 주입하여 사용하거나, 아예 강산인 황산의 사용 없이 초순수에 오존을 주입하여 유기물과 PR제 거를 목적으로 초순수/오존 클리닝 기술에 대한 연구 개발이 활발히 진행되고 있다.

(3) 인산(H3PO4) 세정

인산은 질화막(Si3N4)을 식각하는데 사용하는 용액이며, 주로 80~85%의 용액이 사용된다. 150℃ 이상의 고온에서 공정이 진행된다. 인산 용액 내에 수분이 감소하면, 인산 용액의 농도가 올라가고, 그렇게 되면 질화막의 식각율이 점점 낮아진다. 하지만, 인산 용액의 농도가 올라가면, 이와 반대로 산화막의 식각율은 증가한다. 아래 그림의 인산의 온도에 따른 산화막과 질화막의 식각율의 변화를 나타낸다.

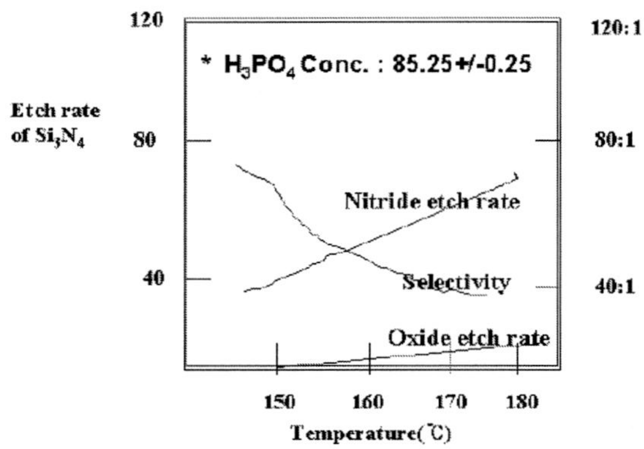

그림 6-2 인산의 온도에 따른 막질의 식각 선택도

(4) 불산(HF) 세정

불산은 산화막 식각에 사용되는 대표적인 세정액이다. 주로 물에 희석시켜서 사용되고 있으며, 공정 온도는 상온(25℃)에서 사용된다. 산화막에 대한 식각율이 온도에 민감하여, 온도가 상승함에 따라 비례하여 그 식각율도 상승한다. 불산은 수소(H)와 할로겐족 원소인 불소(F)가 결합하여 만들어진 할로겐산 중의 하나이다. 그런데 다른 할로겐산에 비해 잘 해리가 되지 않아, 분자상태 로 있을 때가 가장 안정적이다. 그래서 무수불산은 산화막을 식각시키지 못 한다.

BHF는 buffered HF로써, 흔히 BOE(Buffered Oxide Etchant)라고 부르기 도 한다. 이는 HF용액에 일정비율로 NH4F를 혼합시켜 사용하는 세정액으로써 NH4+가 있어 파티클 제거에도 용이하고, 불산에 비해 식각율도 높다.

(5) 유기용제 세정

금속 식각(Metal Etch)나 비아식각(Via Etch) 후에 사용되는 세정용액으로써, 유기용제에 특별한 기능을 가진 첨가물을 사용하여, 식각 후에 발생되는 폴리머(Polymer)를 제거하는데 사용되는 용액이다. 기능성을 가진 첨가물은 제조사에 따라 그리고 용도에 따라, 그 종류와 조성이 다양하다. 주로 부식(Corrosion) 방지제, 폴리머(Polymer) 용해제 등이 첨가된다. 아래 표 6−1은 금속 식각(Metal Etch) 후에 사용되는 유기용제의 구성성분과 그 조성 표이다. 아래 그림은 유기용제 세정 전후 비아홀(Via Hole) 모양이다.

표 6-1 유기용제(ACT-970)의 구성성분과 조성

Component	Percent(%)	Purpose
NMEA	77.80%	Dissolution of the Polymer
Water	20%	Dissolution of the Salt in the etch byproduct and polymer
Benzotriazole	1.15%	Corrosion Inhibitor
Gallic Acid	1.05%	Corrosion Inhibitor

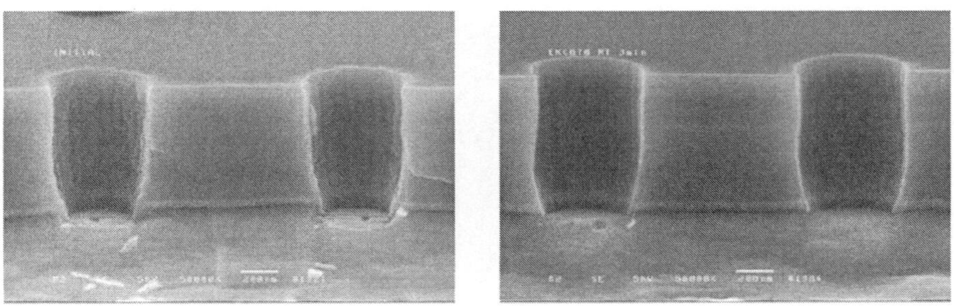

그림 6-3 유기용제 세정 전후 Via Hole 모양

(6) 초음파 세정

초음파(Ultrasonic wave)란 주파수가 가청 주파수 이상, 즉 20kHz 이상의 귀로 들리지 않는 음파를 말한다. 이런 고주파의 초음파를 이용하여 물이나 용제를 진동시켜, 복잡한 형상물의 세정이나 깨지기 쉬운 물체에 손상 없이 세정 하는 방법을 초음파 세정이라 한다. 또한 주파수가 약 1,000kHz대의 매우 높은 고주파를 사용하는 경우를 '메가소닉 세정(Megasonic cleaning)'이라고도 불리운다.

일반적으로 초음파 에너지는 세정조(Cleaning bath) 하단부에 장착되어 있는 압전 변환기(Piezoelectric transducer)에서 공급된다.

반도체에서는 주로 이런 비접촉 음파 에너지를 SC1이나 순수에 사용하여 에칭 공정 후에 발생하는 파티클을 제거하거나, CMP 공정 후 웨이퍼 표면에 잔류 하는 오염 물질을 제거하거나, 오염된 반도체 장비 부품을 세척하는데 널리 사 용된다

아래 그림 6−4(a)는 세정조에 Sonic을 가하는 일반적인 방법이고, 그림 6−4(b)는 음파(Sonic)가 지나치게 가해져서 웨이퍼에 불량을 발생시킨 모습이다.

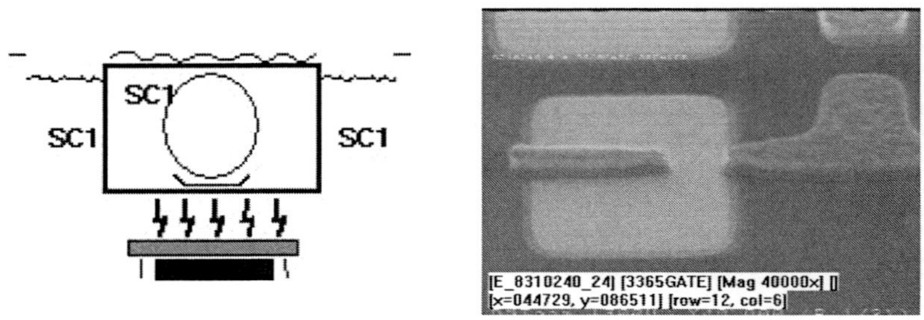

(a) Sonic 전달방법 (b) Sonic에 의한 불량 발생

그림 6−4 세정조의 Sonic 전달 방법과 Sonic에 의한 불량 모양

2. 건조 공정 기술

1) 건조기(Dryer)의 종류와 건조 방법

(1) 스핀 건조기(Spin Dryer)

스핀 건조기(Spin dryer)는 처리하는 웨이퍼의 매수에 따라, 욕조형(Batch Type)과 매엽식(Single Type : 낱장처리방식)으로 분류되어지고, 욕조형(Batch Type)은 회전축에 따라 다시 수 평형 스핀 건조기(Spin dryer)와 수직형 Spin dryer로 크게 두 가지로 나눌 수 있다. 수평형 스핀 건조기(Spin dryer)는 아래 그림 6-5(a)와 같이 주로 Cassette 방식의 Dryer에서 사용되어져 왔으며, Cassette 에 웨이퍼가 담겨진 채로 회전하기 때문에 고속으로 회 전하지 못하며 약 500RPM 이하에서 사용되며, 근래에는 잘 사용하지 않는 방식이다. 수직형 스핀 건조기(Spin dryer)는 Cassetteless 방식에서 주로 사용되어지고 있고, 장치에 따라서 최고 1500RPM 정도의 회전수를 가진다. 매엽식(Single Type)의 경우에는 아래 그림 4-5(b)와 같이 웨이퍼가 회전을 하면서 약액을 처리하는 세정공정을 진행하고 이후에 DIW(De-ionized water)를 이용하여 세정을 하고 건조를 하는 방식이므로 짧은 시간에 고속회전의 필요성이 있다. 최고 RPM은 3,000~4,000 정도의 회전수를 가진다.

스핀 건조기(Spin dryer)는 가격이 저렴하고, 유지비가 적게 들고, 사용이 용이하고, 유지 관리가 쉬운 장점이 있는 반면에 회전 중에 웨이퍼가 깨질 수 있는 확률이 높고, 단차가 있는 곳의 건조가 불량하여 물반점(Water mark)을 발생시킬 수도 있고, 회전 중에 파티클 발생의 가능성이 있다는 단점이 있다.

(2) IPA(Isopropyl Alcohol) Dryer

IPA Dryer는 그림 3-2와 같이 IPA Vapor를 이용하여 웨이퍼를 건조하는 방식이다. DIW 세정을 마친 웨이퍼가 제일 먼저 증기지대(Vapor Zone)로 들어간다. IPA Vapor는 Cooling Coil에 의하여 일정영역(Vapor Zone)에만 존재하게 되고 이 증기지대(Vapor Zone)에서 일정시간(5~6분) 웨이퍼가 머무는 동안 웨이퍼 표면에 있는 DIW와 IPA 증기(Vapor)가 서로 치환하게 되고, Cooling Zone 위로 웨이퍼가 올라오게 되면 웨이퍼 표면에 있는 IPA는 휘발하게 되어 건조하는 방식이다.

IPA 건조기는 스핀 건조기(Spin dryer)에 비해 상대적으로 건조 중 파티클 발생이 적고, 단 차가 있는 곳의 건조도 용이한 장점이 있지만, IPA가 휘발성이 커서 화재 발생 위험성이 있고, IPA를 사용하기 때문에 IPA가 웨이퍼에 남을 수 있고, IPA 사용에 따른 유지비가 많이 드는 단점이 있다.

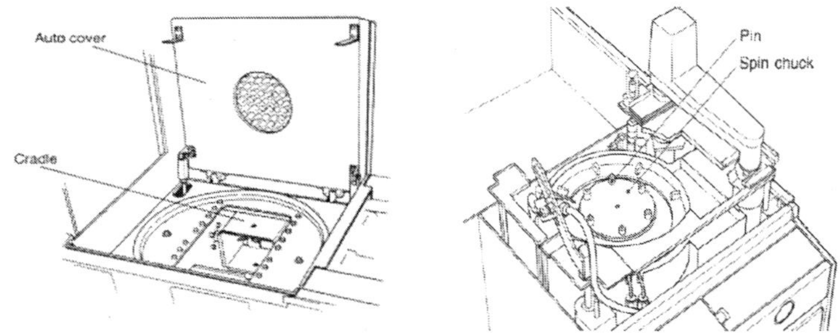

(a) Batch Type 수평형 (b) Single Type

그림 6-5 Spin Dryer의 종류

(3) Marangoni Dryer

물과 IPA(Iso-Propyl Alcohol)간의 표면장력(Surface tension) 차이에 의해 발생하는 마랑고니현상을 이용해 웨이퍼 표면을 건조 시키는 방법을 말한다. IPA를 사용하기 때문에 크게 분류하면 IPA Dryer의 범주에 속한다고 할 수 있다.

마랑고니 건조는 '마랑고니 효과(Marangoni Effect)'를 이용한 건조 방법으로 물과 IPA가 가진 서로 다른 밀도와 표면 장력을 이용한 것이다. 건조 효과가 있는 IPA층을 물 상층부에 주입시키면 밀도 차이에 의해 IPA가 물 위에 뜨게 된다. 적당한 온도에서 웨이퍼를 서서히 용액 밖으로 끌어 올리면 모세관 현상에 의해 IPA와 물이 따라 올라온다. 이때 물의 표면장력이 IPA의 표면장력에 비해 크므로 IPA에서 물로 끌어당기는 힘이 발생한다.

이를 '마랑고니 힘(Marangoni force)'이라고 한다. 이러한 마랑고니 힘에 의해 웨이퍼 표면에 부착되어 있는 파티클의 제거도 가능하며, 용액 최상층인 IPA에 의해 웨이퍼 표면은 물반점이 없는 깨끗한 건조를 수행할 수 있게 된다. 아래 그림은 마랑고니 건조 장치의 개략도와 표면장력 차이에 의해 발생되는 마랑고니 현상을 도식화한 그림이다.

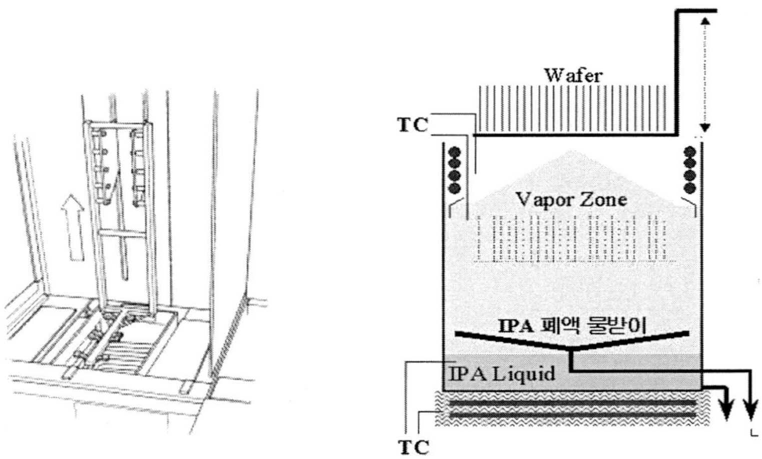

그림 6-6 IPA Dryer의 모양과 모식도

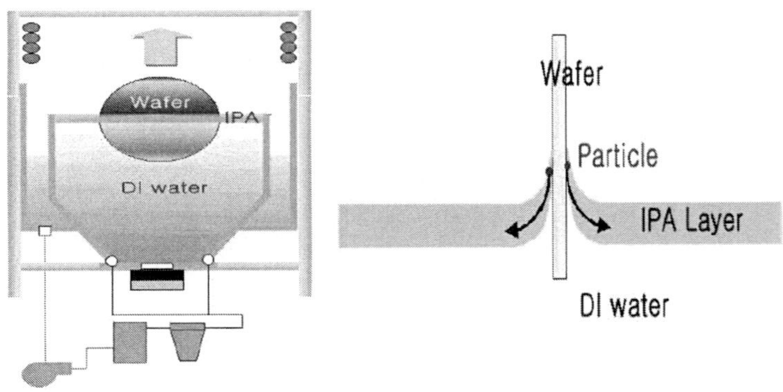

그림 6-7 Maraangoni Dryer의 원리 및 모식도

3. 차세대 세정 공정기술

1) 새로운 개념의 세정

최근 미세화의 진전에 동반하여 선폭이 미세화되기 때문에 사진공정 패턴(Photoresist Pattern)이나 D램의 원주형상 Capacitor 등 미세구조물이 세정 후 건조시에 붕괴되어 버리는 것이 자주 눈에 띄게 되었다. 이것은 건조하는 과정에서 배선 간에 잔류한 린스액(Rinse)액에 의해 모세관력이 생기기 때문이다.

최근 화제의 MEMS(Micro Machine)에서는 중공구조(中空構造)를 형성하기 위해 희생층 식각 공정이 필수지만 이것을 습식 식각(Wet Etching)으로 진행하면 유착이 자주 생긴다. 반도체 소자도 흔히 미세화하면 초미세화 패턴에서는 이제 약액이나 순수는 사용하지 않게 될 가능성이 있다. 더욱 더 미세한 구조 내에서 물이나 세정액이 들어가기 쉽게 되는 것이나 웨이퍼 전체를 습식 세정하면서 역으로 오염이 재부착하여 증가해 버리는 것과 같은 문제점이 생긴다. 이러한 과제를 해결하는 후보기술로서 새로운 세정기술을 중심으로 몇 가지 소개한다.

> TIP
> MEMS
> ; Microelectro mechanical system
> 집적회로를 제외한 미세 반도체 기술

(1) 오존(O_3) 세정

기존 RCA 세정의 근간으로 사용되는 과산화수소(H_2O_2)의 사용을 대체하기 위해 산화력이 큰 오존(O_3)을 근간으로 사용하는 새로운 습식세정 기술을 말한다. 세정액의 사용량이 증가함에 따라 화학 폐수량이 크게 증가하고, 폐수 처리 공정 중 탈 과산화수소 공정이 반드시 필요함으로 그 처리 비용이 크게 증가하는 등의 환경적, 비용적 문제를 야기 시킨다. 이러한 많은 문제점을 가지고 있는 과산화수소를 대체하기 위해, 최근 많은 연구 개발이 이루어지고 있는 세정 공정이 오존 세정 방법이다.

오존은 일반적으로 과산화수소 보다 더 강력한 산화제로 알려져 있고, 용액 내에서 분해되어 해로운 반응 생성물을 형성하지 않는다. 또한 희석시킨 화학액을 사용하여 화학액의 사용량과 폐수의 양을 획기적으로 절감시킴으로써 환경 친화적이고 경제적인 세정 공정이라는 장점을 가지고 있다.

(2) 드라이아이스 세정

드라이아이스(Dry ice) 미세 알갱이를 고압가스와 함께 분사 시켜 작업 물과 충돌시킴으로써 표면을 클리닝하는 방법을 말한다. 기존의 모래 혹은 세라믹 파우더를 고압 분사해 세정하는 블라스팅(Blasting)과 작동 모습이 유사하다.

반도체 웨이퍼 및 평판 디스플레이(FPD)기판 등의 세정을 위한 드라이아이스 세정방식은 순수한 이산화탄소를 저온 가압 시켜 만든 액체 이산화탄소를 특수 설계된 고압 노즐을 통해 방출시켜, 이때 노즐에서의 단열 팽창 원리에 의해 드라이아이스를 만들어 분사시킴으로써 기판 표면의 오염 물질을 제거한다.

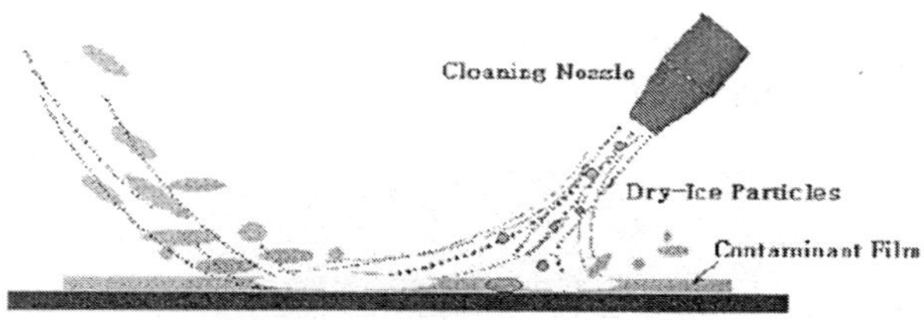

그림 6-8 드라이아이스 세정 모식도

액체의 표면장력으로 소자의 미세 패턴이 파괴되어 버리는 과제에 대해서는 원리적으로 표면장력이 활동하지 않는 초임계유체가 착안되었다. 물질은 온도와 압력에 반응하여 고체 · 기체 · 액체로 그 형체가 변하지만 어떤 온도와 압력 이상으로 높아지면 기체와 액체의 특성을 동시에 갖는 초임계유체(Super Critical Fluid) 상태가 된다.

이산화탄소(CO_2)의 경우에는 7.38Mpa/31.1℃ 이상에서 이 상태가 된다. 초임계유체 건조를 이용하면 미세한 구조를 기계적 스트레스(계면장력)를 가하지 않고 건조가 가능하기 때문에, 상기의 감광액(Resist)나 MEMS 등 뿐만 아니라 Ultra Low-k재의 처리용으로 기대가 되고 있다. 습식(Wet) 세정시의 빈 구멍(Hole)에 약액의 침투, 흡습, 건조시의 빈 구멍(Hole)의 무너짐, k치의 변동 등이 문제가 되기 때문이다.

초임계 CO_2에 미량의 세정제나 상용제를 첨가하여 Ultra Low-k막 상의 폴리머(Polymer) 잔사 제거나 감광액(Resist) 제거, Cu 오염 제거 등 세정/박리 목적으로 사용하는 연구도 진행되고 있다.

(3) 아르곤(Ar) 에어로졸 세정

초고순도 아르곤과 질소의 혼합물을 진공 상태로 기화 냉각시켜 에어로졸(aerosol)을 형성시키고, 이를 작업 시편에 분사하여 표면을 클리닝하는 방법을 말한다.

최근 구리(Cu)배선 공정과 저유전체(Low k) 절연 박막을 채용함에 따라, 배선 공정 시 웨이퍼 표면의 파티클과 관련된 문제점이 커지고 있다. 표준습식 화학 세정 방식은 저유전체 박막 특성에 손상을 가져오고, 구리의 높은 부식성으로 인해 클리닝 공정 중 많은 문제를 야기하고 있다.

이러한 문제를 해결하고자 극저온 에어로졸 클리닝 기술이 개발되고 있으며, 그 중 아르곤 에어로졸 방식은 세정 시 어떠한 화학적 변화도 야기 시키지 않는 건식 세정방법이라는 장점을 가지고 있으며, 파티클 제거에 효과적인 방법으로 알려져 있다.

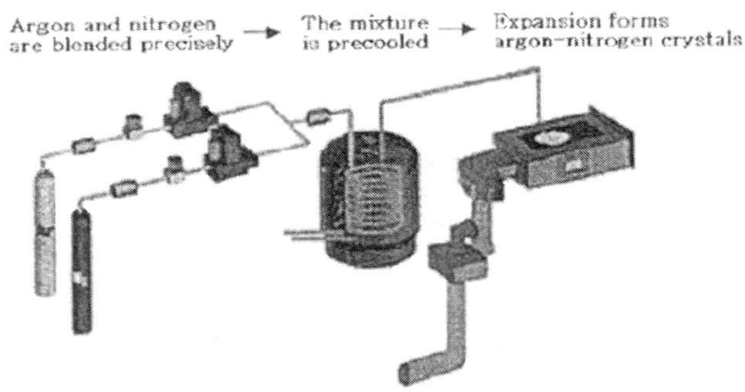

그림 6-9 아르곤 에어로졸 세정장치 개략도

미세 패턴의 파괴를 해결하는 첫 번째 후보 기술로는 극저온 에어로졸을 미세 패턴에 분사하여 그 물리력을 이용하여 세정하는 에어로졸 세정이 있다. 이와 같은 소위 건식(Dry) 세정에서는 액체를 사용하지 않기 때문에 표면장력이 발생하지 않는다. 이산화탄소나 아르곤(Ar)의 에어로졸을 이용한 세정방법은 종래에도 있었지만 이러한 에어로졸에서는 패턴 파괴가 발생하는 경우가 많다. 이런 것보다도 작게 하여 가벼운 공소(空素)의 에어로졸을 이용하는 것으로 패턴을 파괴하지 않고 세정하는 시도가 BEOL뿐만 아니라 FEOL 분야에도 진행되고 있다.

(4) 레이저(Laser) 세정

레이저 빔을 재료 표면에 조사하여 표면 위에 존재하는 오염 물질을 제거하는 공정 기술이다. 레이저 빔 조사 시, 표면에서는 급격한 온도 상승이 발생하며, 이때 오염 물질은 순간적으로 증발하여 제거 된다.

이제까지 기술된 세정 기술은 웨이퍼 전면을 일괄적으로 세정하는 방식이었지만 재오염으로 변하여 오염되는 것도 있고 오염을 완전하게 제거하는 것은 어렵다. 종래 요구되었던 세정도(洗淨度)가 더욱 더 높게 되면 파티클(Particle)을 한 개씩 겨냥하여 하는 국소 세정(Cleaning)이 필요하게 될 것이다. 극단 P 레이져(Laser)광을 파티클(Particle)에 조사하여 nm 수준의 미소한 침(Nano Probe)를 이용 파티클(Particle)을 이동하여 제거하는 나노 침 세정(Nano Probe Cleaning)의 탐사적 연구도 진행되고 있다. MEMS 기술이 더욱 더 발전하면 한 개의 나노 파티클(Nano Particle)을 집어 올려 제거 가능하게 할 것이다.

웨이퍼 세정 기술은 변혁기를 지나고 있다. 다품종 소량생산화, 웨이퍼의 대구경화, 회로 패턴의 미세화, 배선의 다층화, 약품에 침적되기 쉬운 신재료나 종래는 오염물질로써 싫어하였던 금속 원소의 생산 도입 등에 대응하기 위해 새로운 약액이나 세정수법이 요구되고 있다.

장치간의 횡간 오염(Cross Contanmination)에의 억제도 필수이다. 지구환경에 대한 부하 저감도 강하게 요구되고 있다. 아래 그림은 이러한 레이저 세정 공정의 과정 및 원리를 보여주고 있다.

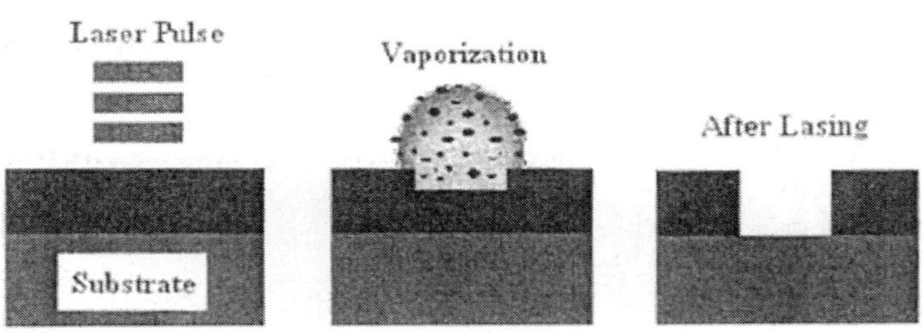

그림 6-10 레이저 세정 모식도

(5) 자외선(UV) 세정

고출력 자외선 램프와 산소(O_2) 가스를 사용하여 활성 산소(O) 및 오존(O_3)을 만들어 표면의 유기오염 물질을 제거하는 방법을 말하며, 'UV/Ozone Cleaning'으로 불리기도 한다.

자외선(UV) 세정 기술은, 1972년 Bolon과 Kunz에 의해 기본 원리가 확인된 이후, 새로운 건식 세정 기술의 한 부문으로 발전해 왔다. 자외선 에너지와 그것에 의하여 생성되는 오존(O_3)을 이용하여 유기 오염물을 분해, 산화 시켜 최종적으로는 CO, CO_2 및 H_2O의 형태로 오염물을 가스화 시켜 제거하는 방법으로, 이때 조사되는 자외선의 에너지가 매우 중요하다.

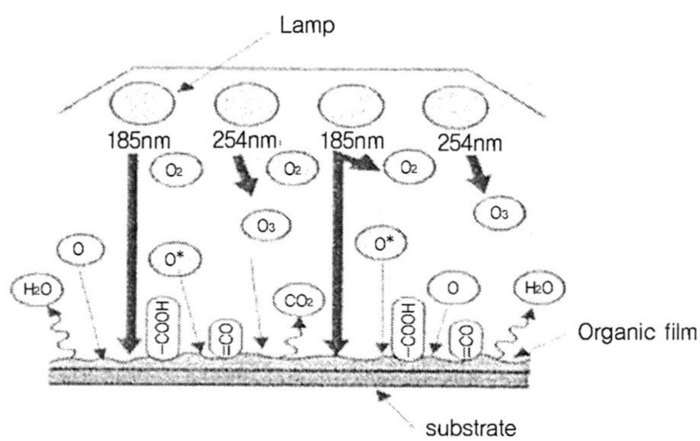

그림 6-11 자외선 세정 모식도

2) 세정 장비의 종류와 분류

(1) 욕조형(Immersion Tank Type)

RCA세정과 함께 발달되어져 온 가장 기본적인 세정 장치 방식이다. 배치형(Batch type)으로 공정이 진행된다. 그림은 배치형으로 진행되는 전형적인 욕조형(Immersion tank type) 장비의 모식도이다. 최근에는 낱장 욕조형(Single immersion type)의 장비도 사용되고 있다.

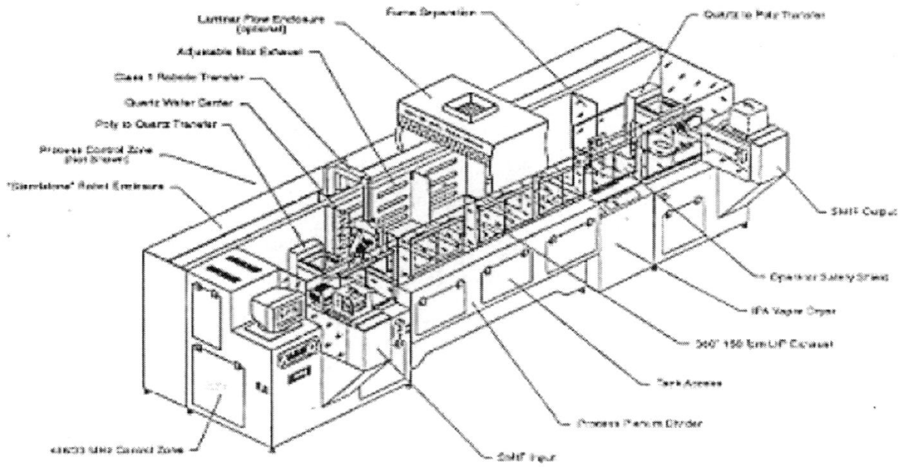

그림 6-12 Immersion Tank Type 세정장치

(2) 원심분리형(Centrifugal Spray Type)

최초의 자동화 원심분리시스템(Centrifugal System)은 1975년 FSI사에 의해서 처음으로 소개되었다. 웨이퍼가 분사기둥(Spray column) 주위를 빠른 속도로 회전하고, 분사기둥(Spray column)에서 세정액을 분사시켜 세정하는 방식이다.

욕조형(Immersion Tank)방식은 일정한 혼합비율로 세정액을 혼합하여 일정시간 사용하고 일정 시간이 지나면 배출시키는 반면에, 원심분리시스템(Centrifugal System)에서는 세정액은 분사되기 바로 직전 에 혼합되어 웨이퍼에서 분사되기 때문에 혼합비율이 일정하다는 장점이 있다.

욕조형(Immersion Tank)방식은 약액조와 세정조 그리고 건조장치(Dryer)로 이동하며, 세정을 하는 반면에, 원심분리시스템(Centrifugal System)에서는 약액 분사, 세정, 건조를 닫혀진 챔버 내부에서 처리하기 때문에 오염에 대한 우려가 적은 편이다.

아래 그림은 FSI사에서 개발된 원심분리시스템(Centrifugal System)의 모식도이다.

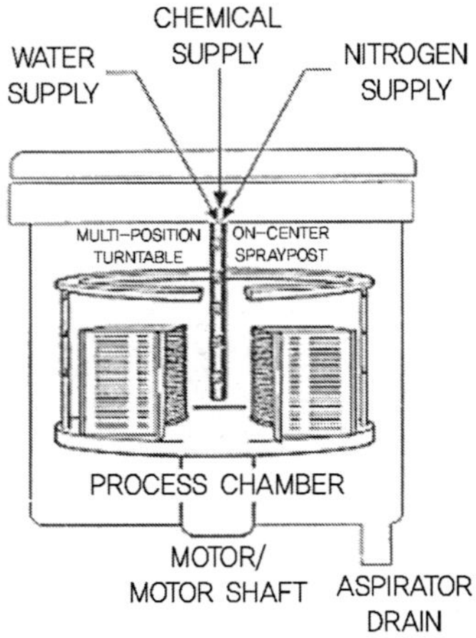

그림 6-13 Centrifugal Spray Type 장비 모식도

(3) 밀폐형(Closed System Type)

이 세정방식은 1986년 CFM Technology사에서 개발하였다. 이 세정방식은, 원심분리시스템(Centrifugal System)방식과 같이 웨이퍼를 닫혀진 용기(Vessel) 내부에서 세정하는 것은 동일하지만, 웨이퍼는 움직이지 않고 고정시켜 놓고, 약액세정, 세정, 건조를 하는 방식이다.

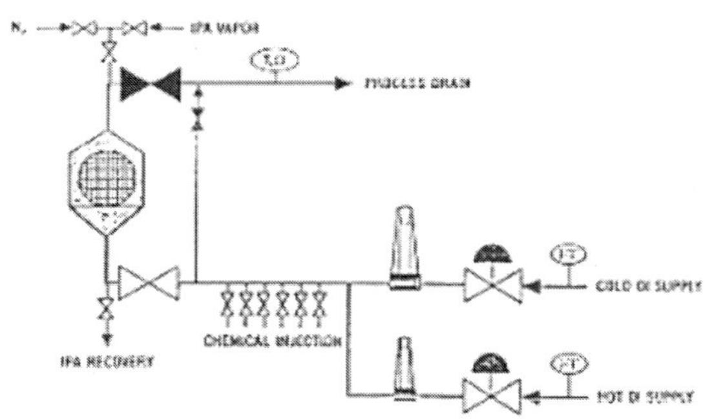

그림 6-14 Colsed System Type 세정 장치 모식도

(4) 불산 증기(HF Vapor) 세정

미세 패턴을 파괴하지 않고 미세한 영역의 저부까지 세정(Etching)하는 방법으로써 약품의 증기(Vapor)를 이용한 증기 세정이 있다. 상온 상압에서의 불산 증기 세정은 종래에도 있었지만 증기 처리 후에 Etching 잔사(반응 부생성물)가 발

생하기 때문에 처리 후에 수세(순수 Rinse)가 필요했다. 수세를 진행하면 표면장력이 발생하여 미세 Pattern이 파괴되어 버리는 것은 당연하지만 불산 증기 식각(Vapor Etching) 자체도 반응 부생성물로서 수분을 발생하여 패턴 유착이 생기게 한다.

진공 챔버 안에서 가열해 가며 불산 증기 처리를 진행하면 잔사 발생을 방지 가능하고, 반응 부생성물인 수분의 발생도 억제시킬 수 있기 때문에 유착이 일어나기 어렵다.

(5) 국소 클리닝

지금까지 기술한 세정기술은 웨이퍼 전면을 일괄하여 세정하는 방식이었지만 재 오염으로 인해 오히려 오염되는 경우도 있어 오염을 완전히 제거하기는 어렵다. 세정도가 더욱 높아지면 파티클을 하나하나 잘 겨냥하는 국소 클리닝이 필요해질 것이다.

극단 펄스 레이저광을 피티클에 조사하거나 nm 레벨의 미소한 침(나노프로브)을 사용, 파티클을 움직여 제거하는 나노 프로브 클리닝의 탐색적 연구도 시행되고 있다. MEMS 기술이 더욱 발전하면 하나하나의 나노파티클을 집어 올려 제거할 수 있을 것이다.

웨이퍼 세정기술은 변혁기를 맞이하고 있다. 다품종 소량 생산화, 웨이퍼의 대구경화, 회로 패턴의 미세화, 배선 다층화, 약품에 침해되기 쉬운 신재료나 예전에 오염물질로 꺼려왔던 금속원소의 생산도입 등에 대응하기 위해 새로운 약액이나 세정 방법이 요구되고 있다. 장치간 크로스 컨태미네이션에 엄격한 억제도 필수적이며 환경에 대한 부하저감도 강하게 요구되고 있다.

4. 세정 공정의 적용

1) 세정장치의 변천과 대응

(1) 매엽화 처리의 이점

세계의 반도체 소자업체들은 흔히 RCA 세정으로 칭하는 다조 침적식 세정을 여러 해 동안 사용해 왔다. 이것은 웨이퍼 표면으로부터 Particle, 금속 불순물, 유기물 등의 오염을 제거하기 위해 60~85℃로 가열된 암모니아수, 과산화수소수($NH_4OH/H_2O_2/H_2O$), 염산 과산화수소수($HCL/H_2O_2/H_2O$) 및 실온 희석불산(DHF) 중에 25~50매의 웨이퍼를 각각 10분 정도씩 침적하여, 각각의 약액 처리 후에 매회 10분 정도씩 순수에서 계속 Rinse로 웨이퍼표면을 얻는 방법이다. 경우에 있어서는 황산 과산화수소수(H_2SO_4/H_2O_2)도 병용한다.

그런데 웨이퍼의 대 구경화에 동반하여 이 RCA 세정의 문제점이 들어나고 있다. 다조 침적식 세정기는 반도체 세정장치 중에서 아직까지도 그 역할이 매우 중요하다. 그러나 대량의 약액이나 순수를 소비하고 동시에 대량의 폐액/배기 가스를 방출하기 때문에 제조 비용 절감이나 환경보전의 관점으로 부터 약품/순수의 사용량 삭감이 요망되고 있다.

전례의 관점에서 매엽식 장치(Single Device)가 주목되고 있다. 다조방식(Multi Bath)의 대체로 단조(One Bath) 방식도 등장하고 있지만, 사용 완료 약액을 대량의 물로 희석하여 전환하는 방법 등으로 장치의 점유면적은 작아지는 것이 가능하지만 순수의 사용량은 오히려 증가하고 있다. 예전의 메모리 소자 생산을 대체하여 주류가 되고 있는 시스템 LSI 다품종 소량 생산에 있어서는 어떻게 사이클 시간을 빠르게 하느냐가 사업 성공의 열쇠를 쥐고 있다. 이와 같은 상황하에서 종래의 배치(Batch)식으로부터 1매씩 처리하는 매엽식에 의한 소량생산으로의 교체로 TAT 단축이 도모되고 있다. 이런 점에서도 매엽 스핀 세정이 적합하다. 매엽화 진행의 이유는 이것뿐만이 아니라 아래와 같은 이유도 들 수 있다.

① 배치(Batch)식에서 매엽식으로 변경함으로써 오염 효율도 대폭적으로 향상된다. 배치(Batch)식에서는 아무리 깨끗한 약액, 순수를 이용해도 웨이퍼 자체에 갖고 있는 오염으로 세정 효율은 저하되고 있다. 약액을 한 번 쓰고 버릴때에도 이 문제는 해결할 수 없다. 특히, 배선공정(BEOL)에 있어서의

비교적 오염된 세정(CMP의 연마, 슬러리(Slurry)나 폴리머(Polymer) 등의 오염물질 제거)에서는 배치(Batch) 처리에서 오히려 웨이퍼를 오염시키기 때문에 FEOL 이상 공정에서 매엽 세정으로의 이행이 되고 있다.

② 고수율 확보를 위해 웨이퍼 이면이나 Bevel(측면) 세정이 필수가 되고 있으며, 이것은 매엽식 장치의 독무대이다. 배치(Batch)식 에서는 횡간 오염(Cross Contamination)에 대응이 곤란하다.

③ 매엽 방식의 채용으로, 약액이나 세정 절차(Sequence)의 변경이 용이하게 되어 공정의 자유도가 높게 된다. 더욱이 웨이퍼 1매 마다 별도의 세밀한 공정 관리(소위 매엽 관리)의 대처가 가능하게 된다.

④ 매엽화에 의한 습식식각(Wet Etching)의 균일성 향상도 향후의 미세구조 가공에는 더없이 중요하다. 배치(Batch)식에서 Etching 균일성은 일반적으로 3~5% 정도지만, 매엽식을 사용하면 2% 이하로 향상하는 것이 가능하다.

⑤ 세정/건조 후에 시간을 경과하지 않고, 다음의 증착막 처리를 수행, 연속처리(Cluster)가 가능하다. 이것에 의해 공기 중의 유기물 등의 오염 부착이나 자연 산화막의 성장 방지가 가능하다.

(2) 매엽식의 생산성(Throughput) 향상

기판공정(FEOL)에서는 종래의 다조 침적식 때문에 RCA세정을 매엽 세정에 그대로 적용하기에는 문제가 있다. 왜냐하면 RCA법은 60~85℃로 가열한 약액에 10분 정도 침적하는 화학액(Chemistry)에 기초를 두고 있으며 이것을 매엽에 적용하는 것은 Throughput를 현저히 낮춰 경제적이지 않으면서 환경에 부하가 크게 일어난다. 매엽화에 대해서는 약액이나 세정법에 대해 좀 더 연구할 필요가 있다. 매엽 처리에 의해 단 TAT 생산으로 유명한 Tricenty Technology에서는 매엽 세정에도 RCA 세정을 사용하고 있지만 처리 온도를 낮추어 실온으로 하여 각액에서의 처리시간을 10분에서 30초로 단축하기 위해 SC-1 세정액에 무기계 첨가제를 추가하여 기판의 식각율(Etching Rate)을 높이는데 노력하고 있다.

동일하게 SC−2에도 별도의 무기 첨가제를 추가하여 산화 환원 전위를 높게 보존한 채 반응속도를 빠르게 하여 종래의 다조 침적식에서 70분 걸리는 세정 공정을 2분 반으로 단축했다고 말한다. 소니(Sony)의 반도체 라인에서는 오존수와 희석 불산을 초단위로 1~수회 반복하여 이용한 매엽 스핀 세정(SCROD)을

이미 실용화하고 있다

잔류하면 오염의 원인이 될지도 모르는 계면활성제/Kirate제나 초미세 패턴 파괴를 초래할 위험성이 있는 초음파(Megasonic) 등의 보조수단을 이용하지 않아도 충분한 세정 효과를 올릴 수 있다. 건조는 불활성 가스 분위기 중에서 행하는 것에 의해 IPA는 사용하지 않아도 물반점(Water Mark)의 발생은 방지 가능하다. 최근에는 FEOL, BEOL 동시에 약품 제조업체로부터 매엽 세정에 적합한 실온/단시간 처리사양의 세정약액 제공이 증가하고 있다. 매엽식에의 저 생산성(Throughput) 극복에는 공정 시간의 단축 연구뿐만 아니라 챔버 수의 증가로도 대처 가능하다.

(3) 미세화에 대한 대응

미세화에 대응하기 위해 식각에 의한 막 감소나 실리콘 손실(Silicon Loss)의 제어가 요구되고 있지만 RCA 세정에 의해서는 약액을 희석화/저온화하는 것으로 대처하고 있다. 그러나 Particle이나 Al, Fe 등 일부 금속은 하지막의 Lift off에 의해 기판으로부터 탈리하는 메커니즘이기 때문에, 희석화/저온화에 의한 제거 효율은 현저히 낮아진다. 이것을 커버하기 위하여 매가소닉(Megasonic) 등의 물리적 보조수단을 병용하게 되었지만 다결정실리콘(Poly Si) 배선 등의 미세회로 패턴에 손상(Damage)가 발생하기 쉽기 때문에 채용을 중지시키는 부득이한 경우가 증가하고 있다. 매엽 세정 분야에서는 2유체 Zet Spray법, 극저온 에어 노즐(Air Nozzle) 흡착법 등 기타의 수법도 검토되고 있다. 더욱더 오존가스(Ozon Gas)와 수증기, 황산과 과산화수소수, 염산과 초산 등을 매엽식 세정기의 웨이퍼 상에 혼합시킨다. 이것으로 세정 효과를 높이는 시도도 행해지고 있고 매엽식의 용도 확대에 공헌하고 있다.

2) 신재료에 대한 대응

종래는 오염될 가능성이 있는 새로운 재료의 제조라인 내 유입은 적극 회피했지만, 최근에는 소자의 고성능화를 위해서 주기율표 상의 전체 원소를 검토 대상으로 하여 과거에는 중대한 오염원으로 몹시 싫어했던 재료까지도 채용하지 않으면 안 되는 상황이다.

계속해서 등장하는 이러한 완전히 새로운 재료의 세정에는 종래의 약액에서 간단하게 침투되어 버리는 물체(예를 들면 Cu/Low-k 재료)나 역으로 완전히 반응하지 않는 난용해성의 물체(예를 들면 Pt)도 있고 동시에 RCA법은 사용하지 않는다. 새로운 약액이나 세정법의 개발이 필요한 경우가 많다.

(1) FEOL(Gate부근) 대응

MOS트랜지스터의 게이트 절연막으로서 여러 해 동안 사용되어온 산화막(SiO_2)은 이미 터널(Tunnel) 전류를 피할 수 없을 만큼의 박막(2nm 이하)화 되고 있다. 누설전류의 제어가 가능한 물리적 막 두께를 확보하기 위해 게이트 절연막으로서 고유전율 재료의 적용이 불가피하다.

연구 당초에는 Al, Hf, La, Ta, Ti Y, Zr 등의 산화막이 후보로 올라 왔었지만 최근에는 Hf나 Zr의 Siligate/Alumigate(예를 들면 HfSiO(N)나 HfAlO(N)나 SiO2나 SiN과의 복합막)을 중심으로 새로운 절연 재료의 연구가 진행되고 있다. High-k Gate Stack 형성 후 컨텍(Contact) 형성을 위해 트랜지스터(Tr)의 소스(Source), 드레인(Drain) 영역 상의 High-k 절연막을 식각에 의해 제거할 필요가 있지만 Hf나 Zr의 산화물은 통상의 플라즈마 식각(Plasma Etching)에서는 휘발성의 높은 반응 생성물이 얻어지는 어려운 식각 원재이기 때문에 지금은 희석불산을 기본으로 한 약액에 의한 습식식각(Wet Etching) 및 세정에 의지하고 있다.

한편 절연막의 High-k화와 병행하여 게이트(Gate) 전극의 금속화도 검토되고 있다. 종래의 산화제(H_2O_2)를 포함한 약액은 W, Ta 최초에 크게 금속을 산화/용해해버리기 때문에 게이트(Gate) 전극 형성 후의 금속 노출부에는 사용할 수 없다. 불산(HF)계나 암모니아(Ammonia)계(H_2O_2를 포함하지 않는)의 세정제가 사용된다. Pt의 촉매작용으로 H_2O_2에 의해 산화 용해되지 않기 때문에 전극이 침투하는 곳은 없지만 Pt의 촉매작용으로 과산화수소(H_2O_2)가 분해되어 버린다. 따라서 과산화수소(H_2O_2)계에서 이면이나 베벨(Bevel)부의 Pt 오염을 제거하는 것은 불가능하다. 이 경우에는 왕수(농염산과 농초산의 혼액)를 매엽 스핀(Spin) 방식에서 사용하게 된다.

(2) BEOL 대응

소자의 동작속도 향상의 방법이 되는 것이 배선금속의 재질에 기인하는 배선 지향(R)과 층간 절연막의 재질에 기인하는 배선간 용량(C)에 의한 RC 지연시간 증대이다. 이때문에 Al 배선을 Cu로 치환하여 종래부터 사용되어 왔던 SiO_2막은 저유전율을 가지는 막으로 치환되어 이 문제에 해를 주고 있다. 이 때문에 소위 Cu/Low-k재가 사용되었다. 그러나 Cu는 원래부터 제조라인에서 가장 싫어하는 중금속 오염원이고, 한편 사소한 손상(Damage)에 의해 막질 열화를 가져오는 Low-k재에는 RCA 세정을 사용할 수 없다. 그래서 Cu/Low-k 공정에서의 세정 건식 식각(Dry Etching) CMP 후, 및 베벨(Bevel)부의 세정이 커다란 관심사가 되고 있다.

(3) 건식식각(Dry Etching) 후의 폴리머(Polymer) 제거

비아(Via)나 구멍(Hole)의 건식식각(Dry Etching) 후의 반응 생성물이나 감광액(Resist) 잔사의 세정은 풀리머(Polymer) 제거 혹은 박리로 불리운다. Cu 배선 및 Low-k막에 대한 손상(Damage)이 없고, 비아(Via)의 잔사를 효율 좋게 제거 가능한 세정액이 요구되고 있다. 배선 Cu막의 부식 억제를 위해 방식제나 pH 조정도 최적화할 필요가 있다. 종래는 침적식 혹은 Spray식 Batch 처리를 이용하여 장시간(수십분)에도 부식되기 어려운 Soft한 처리를 행하는 약액이 주류였다. 그러나 배선의 부식 방지에는 약액의 치환 효율이 높을 필요가 있기 때문에 BEOL 공정에 있어서는 FEOL 공정 이상으로 세정장치의 매엽화가 선행하고 있다. 고온 유기 Amine계 약액을 이용하여 시간이 걸리는 풀리머(Polymer)의 용해 제거(IPA장치 필요)로부터 실온 근방의 불화 암모니아(Ammonia)계(IPA장치 불필요) 혹은 기타의 무기계 약액을 이용한 단시간 발진(Lift off) 제거에의 진행도 커다란 요인이다. 약액의 위험도도 낮추고 더욱 더 매엽화에 박차를 가하고 있다. 미세가공에 있어서 발생하는 반응 부생성물도 제거시키기 어렵게 되므로 후처리 기술로서 세정의 고성능화가 요구된다. 이후의 Low-k재로 유기 풀리머(Polymer) 가 유망하지만 소수성(Hydrophobic)면의 세정이 커다란 과제이다. 감광액(Resist) 제거와 풀리머(Polymer) 제거를 한 번에 수행할 수 있는 박리액에 기대가 모아지고 있다.

(4) CMP 후의 세정

CMP에 의해 오염된 금속(Matal)의 제거법에는 소자 표면을 약간 식각(lift off)하는 방법과 오염물질 그 자체를 용해하는 방법이 있다. 산화막 CMP의 후세정은 스크러버(Scrube) 세정으로 미립자를 제거한 후 희석불산 처리로 오염을 제거한다. Cu CMP에 있어서는 층간막, 베리어(Barrier)막 Cu배선이 동시에 노출되어 있어 발진(Lift off)하면 평탄면이 파손되어 버린다. Cu 배선재를 부식시키지 않고 Cu 오염만 제거할 수 없다. 이 때문에 Cu CMP 후세정으로서는 브러쉬(Brush) 세정으로 미립자를 제거한 후 표면에 잔류하는 Cu 산화물과 반응하여 Cu를 착체화하여 표면으로부터 제거하지만 금속 Cu와는 반응하지 않는다. 이후 CMP는 점점 더 다용화되기 때문에 대량으로 부착하는 연마입자나 슬러리(Slurry) 잔유물의 저렴한 비용으로 효율적인 제거가 더욱 더 중요하게 될 것이다. Post CMP 세정은 피세정 재료에 우수한 것 뿐만 아니라 환경에 대해서도 우수하지 않으면 안 된다.

(5) 이면 및 Bevel부의 세정

Cu의 실리콘 중의 열확산 속도는 천이금속 중에서 가장 빠르고 더욱 더 Si/SiO2 계면에서 편석하기 쉽기 때문에 Cu는 예로부터 반도체 소자에 악영향을 미치는 금속으로 기피되어 왔다.

Cu배선 공정의 양산화에는 Cu의 오염대책이 불가결하다. Cu 오염은 파티클, 게이트 절연내압 열화 등 전기 특성 열화의 원인이 된다. 특히 공정 장치를 통상의 Cu를 사용하지 않는 공정과 공용하는 경우 웨이퍼 이면 및 Bevel(주변)부에 부착된 Cu를 세정하여 제거하고 Cu 이온을 타 장치에 확산, 방지가 필요하다.

층착 직후에는 베벨(Bevel)부의 Cu 제거도 필요하다. 이면/베벨(Bevel) 세정이 깨끗하게 행해지면 Cu용 장치와 통상의 웨이퍼 공정 장치를 분리시키지 않고 공용 가능하기 때문에 투자효율의 관점으로부터도 이면세정은 중요한 역할을 담당하고 있다. 이면세정은 Cu 배선의 등장으로 일약 각광을 받고 있지만, 실은 Cu가 등장하기 이전부터 웨이퍼 공정에서 이면세정이 수율 향상의 열쇠를 쥐고 있다. 이후 금속 캐패시터(Capacitor) 전극이나 금속 Gate 전극의 등장으로 더욱 더 이면-베델(Bevel)부 세정에 관심이 높아질 것이다.

5. 반도체 세정용 약액

1) 기존 RCA 특성

RCA세정기술은 1970년대에 RCA사의 W. Kern 등에 의해 개발된 세정 기술로 그 기본은 파티클 제거를 목적으로 한 암모니아(Ammonia)수-과산화수소수로 된 SC-1세정(Standard Clean 1=APM), 금속 불순물 제거를 목적으로 한 염산-과산화수소수로 된 SC−2 세정(Standard Clean 2=HPM)을 조합시킨 세정 기술이다. 원래 브라운관의 세정 기술로 개발된 기술이었지만, 그 높은 신뢰성으로부터 30년 이상에 걸쳐 반도체 웨이퍼의 세정에 이용되어 왔다.

SC−1 세정의 메커니즘은 아래와 같이 설명되고 있다. 실리콘 웨이퍼 표면을 과산화수소수에 의해 산화하고 실리콘 산화물을 알카리성인 암모니아에 의해 식각하여 각종 파티클을 제거한다.

한편 SC−2 세정에서는 실리콘 표면 상의 금속이 과산화수소수에 의해 산화되고 생성된 금속화합물을 염산에서 착화(錯化)하는 것에 의해, 용액 중에 용해 제거하는 것을 특징으로 하고 있다. RCA 세정 기술은 높은 신뢰성이 있는 세정 공정인 것은 변함없지만 몇 가지의 문제가 있는 것으로 지적되고 있다.

그 주요한 것을 정리하면 대체로 아래와 같다.

① SC−1 세정액 중에 Fe 등의 금속 불순물이 존재한 경우 실리콘 웨이퍼 표면에 대단히 흡착하기 쉽다.

② SC−1 세정액이 실리콘 표면을 산화 식각하는 것을 기본 메커니즘으로 하기 때문에 세정 후의 실리콘 웨이퍼 표면의 초미세 거칠음(Micro Roughness)이 증대한다. 이는 전하축전 용량의 관계로부터 박막화 실리콘 산화막에 대해서 대단히 중요하다.

③ SC−2 세정액에는 염산을 사용하기 때문에 금속재의 부식이 진행되어 파티클의 오염원이 된다.

④ 공정이 길다. 특히 300mm 웨이퍼에 있어서는 매엽식 세정이 많이 이용되고 있기 때문에 생산성(Throughput)의 문제로부터 공정수는 대단히 중요하다.

⑤ 폐수나 폐액이 많다.

2) 기존 RCA법을 대체하는 새로운 세정액

이상의 상황 중에서 이제까지도 RCA 세정 기술의 개량이나 새로운 세정 기술의 개발이 진행되어 왔다. 오존수(O3수)나 전해 이온수 등의 기능수를 이용한 세정 기술은 라인 일부 세정 공정에 도입이 개시되었고, 이것들에 대해서는 이미 많은 보고가 있다. 이제부터는 RCA 대체 세정액에 대해 본격적으로 알아보자.

(1) RCA 대체 세정액

소자의 미세화 진전과 함께 Cu/Low-k를 시작으로 신재료의 도입 · 검토가 활발하다. 예전부터 오염력이 높은 금속계는 기피되어 왔지만, 배선재료에 Cu를 채용하는 등 소자 성능 향상을 위해서는 주기표상의 어떤 원소도 채용하는 방향으로 연구가 진행되고 있다. 신재료의 채용에서 가장 영향을 받는 것이 세정 기술이다. FEOL에서의 세정 대상은 주로 파티클(Particle), 금속(Metal), 유기물의 3가지이다.

이중 파티클(Particle)은 미세형의 진전에 의해 제거 대상 반경이 극소화하고 있다. 현재는 입경 50nm의 파티클(Particle)까지 관리 가능하지만 65nm 공정에서는 입경 35nm 파티클(Particle)의 제거가 필요하다고 언급되고 실제로는 선폭의 약 1/2까지 대응하지 않으면 안 된다. 그렇지만 현재의 기술에서는 이러한 극소 미립자를 측정할 수 없어 대책이 고려되고 있다. 파티클(Particle) 제거에서는 Si 표면의 미량 Etch · Lift off에 의하지 않고 새로운 기구를 이용한 약액이 등장하고 있다.

수년 전까지 식각(Etching) 허용량은 3nm였지만 이에 따르면 양측으로부터 3nm로 6nm Etching하는 것으로 된다. 5공정을 진행하면 합계 20nm가 되어, 65nm 공정에서는 배선을 거의 식각해 버린다. 과산화수소수(과수)의 농도는 Etching량에 비례하므로 이것을 보상하는 Mega-Sonic(MS)은 미세 패턴(Pattern)의 쓰러짐을 일으키기 때문에 출력이 현저하게 제한되어 제거가 어렵다. 현재는 허용량이 1nm 이하로 되어 사실상 이제까지의 SC−1은 사용하지 않는다. 이 문제를 해결하기 위해 계면활성제가 이용되고 있다.

SC−1은 어느 정도는 금속(Metal)을 제거 가능하지만 Cu 등의 귀금속은 용해하면 액중에서 이온화하여 Si 표면에 재부착하기 때문에 실질적인 효과는 없다. 이제까지 금속(Metal) 제거용으로 사용되어 온 SC−2도, SC−1 처리 후 Si 표면에 유기산화막이 형성되어 금속(Metal)을 막중에 포함해 버리는 경우 SPM으로 우선 유기물을 떨어뜨리고 내부의 금속(Metal)을 제거해야 한다. 과수를 추가하지 않고 염산 용액만으로 금속(Metal) 제거를 진행하는 방법도 있지만 역시 재부착해 버린다. 이것을 방지하기에는 과수가 갖는 산화력으로 금속(Metal)을 산화하는 수밖에 없지만 최근에는 Kirate제로 이것을 보충 대체하는 움직임이 폭넓게 일어나고 있다.

Kirate제는 금속을 포획하고 금속 이온과 견고한 가용성을 형성하고 이것을 무해화하는 성질을 갖는다. 이 Kirate제와 계면 활성제에 의해 RCA 세정의 2 단계화가 실현되고, 더욱 더 1 단계화도 가까운 시일 내 가능해 보인다.

FEOL의 매엽 세정에서는 웨이퍼 1매당 약액 소비량이 증가하기 때문에 복수 오염의 동시 제거 능력과 고속 반응성이 필수가 된다.

(2) Copper/Low-k의 도입에서 CMP 후 세정

CMP 후 세정액에서는 Cu 대응으로부터 Cu/Low-k 대응으로 초점이 이동하고 있다. 산화막 CMP의 후세정은 Scrube+DHF에서 세정이 가능하지만 Cu/Low-k에서는 새로운 약액이 필요하게 된다. 이것은

① 대단히 연약한 Cu/Low-k에의 Damage 억제

② 배선용 Cu를 보호하고 오염 Cu만 제거

③ 소수성을 나타내는 Low-k막 위에 부착한 Particle의 제거

④ Slurry에서 유래하는 유기물 잔사의 제거 등 새로운 과제가 나오기 때문이다.

(3) 폴리머(Polymer)의 다양화에 대응

이전에는 기판 표면의 감광액(Resist) 박리도 컨택홀(Contact Hole) 등의 내부에 부착하는 폴리머(Polymer : Resist 잔사)의 제거도 같은 약액으로 처리 가능하였지만 현재에는 완전히 다른 약액이 필요해지고 있다. 더욱 더 게이트 주변이나 폴리금속게이트(Poly Metal Gate), 다마신 공정(Damascene Process), Low-k, 이온 주입에서 경화된 감광액(Resist)의 박리용 등 용도의 확대도 함께 다양해지고 있다. 같은 Low-k재를 사용해도 감광액(Resist)의 조성이나 반도체 제조업체의 공정 조건(특히 식각 관련)에 의해 생성되는 폴리머(Polymer)는 전혀 다르기 때

문에 약액도 기본적인 성분, 개념을 기초로 각 사용자에게 최적화하여 맞춰야 하는 것이 약액업체 상황이다.

Al에서는 Hydroxylamine계가 주력이였지만 W Plug 빠짐의 문제점으로부터 중성 Type로, Cu/Low-k Porous형을 향해서는 유기산계가 주가로 된다는 견해가 있다. Low-k에의 손상을 방지하기 위해 저 에싱(Ashing) 기술 등이 등장하고 있지만 증착 물질을 완전하게 제거하기가 불가능하다.

고청정성이 요구되는 게이트 주변을 중심으로 습식 공정(Wet Process)가 주류가 되고 있다.

6. 장비 유지 보수

1) 일상 및 정기 점검 시 확인 사항

(1) 정상적인 배기압력을 유지하고 있는지 확인

(2) 배관상에 LEAK 발생 유/무 확인

배관 주위에 액체가 있는지 확인한다.

(3) 히터(HEATER)의 동작은 정상인지 확인

(4) N_2 수준센서(LEVEL SENSOR) 의 동작이 정상인지 확인

① 욕조(BATH)내에 화학용액(CHEMICAL)이 채워져 있을 때 액을 감지하고 있는지 확인한다.

② 화면에서 표시 램프(LEVEL LAMP)로 확인가능

③ 만일 이상이 발생할 경우 경고음(MESSAGE) 발생

2) 일상 및 정기 점검에 따른 조치사항

- 동작 중 이상 : 에러(ERROR) 및 경고(WARNNING) 설명을 확인한다.
- 배기 압력 불량
- LEAK 발생 : 배관 연결 불량으로 교환 및 보수하여야 한다.
- 히터(HEATER) 불량 : DVM을 이용하여 히터의 저항값을 읽었을 때 무한대이면 열선의 단선이므로 히터를 교환하여야 한다. 만일, 0이면 열선의 단선T 이므로 히터를 교환하여야 한다.
- 센서(SENSOR) 불량
- 전원 불량 : 주 차단기(MAIN BRACKER)가 떨어져 있는지 확인한다. DVM를 이용하여 R상과 T상의 전압을 측정하여 정상적인 전원이 들어오는지 확인한다.

3) 주의사항

- 유지, 보수시 반드시 전장의 주 차단기(MAIN BRACKER)를 끄고 작업한다.
- 욕조(BATH)에 약액을 완전히 없앤 후 배관 점검이나 보수를 한다.

- 본 장비에서 사용하는 약액은 인체에 유해하고, 가연성이므로 연결 배관 점검이나 보수시 특히 주의한다. 만일, 옷이나 외부에 접촉하였을 경우 즉시 흐르는 물로 세척한다.
- 유지, 보수 시 장비 내부에 물이나 금속조각이 들어가지 않도록 한다

4) 장비의 운반 및 설치 순서

(1) 설치 공간 확인

① 장비 주위는 안전 작업을 고려하여 최소 400mm의 공간을 확보한다.
② 설치하는 바닥면은 평탄하고, 견고한 장소로 한다.

(2) 장비의 이동

① 평탄한 바닥면에서 장비는 4인 이상이 밀어서 이동이 가능하다. 만일, 굴곡이 있거나 경사가 심한 곳에서는 장비 파손의 우려가 있으므로 지게차 등을 이용하여 이동한다.
② 주위의 온도가 낮을 때는 작은 충격에도 장비 파손의 우려가 있으므로 이동을 피한다.

(3) 배관 연결

내, 외부 파손 상태를 확인한 후 P & ID 배관도(DRAWING)를 참고하여 순서대로 연결한다.

(4) 전원 연결

① 장비 우측면 상단에 위치한 단자에 전원을 연결한다.
② 전원은 알맞은 용량으로 사용했는지 확인한다(전선 굵기 5SQ 이상).

7. 안전(safety)

1) 안전 방재 규정

① 사고의 발생을 미연에 방지하기 위한 커버, 보호장치(Interlock) 등의 안전책은 반드시 안전 확보를 위해 본질 안전화가 고려된 장비 이어야 한다.

② 배선, 배관 등 설치 후 마무리는 안전성, 미관 함께 확보되며, 필요이상 배선 금지되어야 한다.

2) 소음 및 진동

① 장비 진동 장치에서 발생하는 진동치는 장비 하부 A/F 바닥에서 측정하여 80dB(A) 이하 이어야 한다.

② 소음 측정 위치는 안전상 장비의 도어를 모두 닫은 후 1M 떨어진 곳에서 측정하여 규정에 적합해야한다..

3) 안전표시(경고표시)

장비의 안전표기는 위험이나 작업상 주의가 필요한 곳에 부착되어야 한다.

4) 장비 전원 계통 사양 전원 차단기(Breaker)

① 장치 각각에 주 차단기Main Breaker)를 부착되어야 한다.

② 주 차단기Main Breaker)를 원칙적으로 조작 면 측에 설치되어야 한다.

③ 조작 판넬에 전원 On/Off 스위치가 장착 되어야 한다.

④ 전원 On/Off 스위치에 의해 장비내의 제어계 및 구동계 전원을 공급/차단 되어야 한다.

⑤ 비상전원 차단/비상정지 신호는 다른 어떠한 작동 신호 보다 우선된다.

⑥ 비상정치 회로를 무효화 또는 무시 또는 중단 되는 기능이 없어야 한다.

5) 접지

① 제어 판넬(Panel) 측면에 접지 바(Bar)를 설치하여 공장 공동 접지에 연결하여야 한다.

② 전원 및 제어 접지를 반드시 분리 되어 접지되어야 한다.

6) 회로 구성 및 안전 사항

① EMO 회로로 구성해야한다.

② 전원 차단 또는 투입시 하드웨어 스위치로 구성 되어야 한다.

③ 장치내에 사용되는 모든 구성품은 국내 규격 및 국제 규격을 획든 한 제품을 사용하여야 한다.

7) 전기 안전

① 전원부 볼트 체결 후 표시 한다

② 인체 접촉이 우려되는 부분은 반드시 보호 커버를 부착 하고 난연성 재료을 사용한다.

③ 히이터(Heater), UV Lamp 등 과열 사고가 발생 될 수 있는 부하는 난연성의 전선 피복 재질을 사용 하며 가급적 테프론 재질을 사용 한다

④ 전원 차단기의 용량은 단계적으로 구성되었으며 상호 보호 협조가 완벽하게 되어야 한다.

⑤ 모든 전기 기기는 국제 규격 및 국내 규격을 취득한 제품이어야 한다.

8) 공압

① 공압류 자재는 각 Line 별 인식 할 수 있도록 명찰 표기 또는 색상을 구분하여 사용한다.

② 공압류는 규격품을 사용하였고 폴리우레탄 튜브를 사용한다.

9) 배기

① 배기는 집중배기관을 사용한다.

② 솔레노이드(Solenoid) V/V는 2EA 이상 사용시 메인폴더형(Mainfold Type)으로 한다.

③ 메인폴더형(Mainfold Type)은 작동 Unit 별로 구분하고 라벨링(Labeling)을 하여 구분한다.

요 약

- 세정 공정에 대한 전반적인 이해에 대한 내용이 포함된다.
- 세정 공정에 사용되는 D.I water 관리 및 취급 방법에 대한 지식에 대한 이해에 내용이 포함된다.
- 세정공정 시 세정 조건 및 방법에 대한 지식에 대한 내용이 포함된다.
- 세정 공정에 사용되는 세정 공정 장비 운영 기술 대한 내용이 포함된다.
- 세정공정 전후에 MONITORING에 대한 내용이 포함된다.
- 세정에 사용되는 화학물질에 대한 이해와 취급기술에 대한 내용이 포함된다.

연습문제

01 세정에 대한 종류와 방법에 대해 설명하시오.

02 SC1과 2에 대해 정리하여 설명하시오.

03 DRYER의 종류 및 방법에 대해 설명하시오.

04 O_3세정에 대해 설명하시오.

05 공정 진행 후 공정의 정상 유무를 판단하기 위해 MONITOR하는 항목 2가지 이상 설명하시오.

참고문헌

한국 폴리텍 대학 "반도체 박막 제조공정기술" 2010
전자재료 2004년 8월호, 9월호
ElectronicJournal 2004년 8월호, 9월호
Aron장비 사용자 설명서, E220/E500Series, 2010

PART

05

화학적 기계적 연마(CMP) 공정장비

(Chemical Mechanical Polishing Process/Equipment)

반도체분야에서 사용되는 화학적기계적연마 공정에 대한 정의, CMP 공정의 원리, CMP 장비의 구조 및 조작 기능 습득, 장비의 유지·보수 능력을 함양 할 수 있도록 하였다.

- CMP 기술의 개념을 이해하고 설명할 수 있다.
- CMP 공정의 종류 및 방법을 이해할 수 있다.
- CMP 기술관련 각종 변수를 이해할 수 있다.
- CMP 장비 구성 기본을 이해하고 설명할 수 있다.
- CMP 장비성능 평가기준을 이해할 수 있다.
- 현존하는 국내외 CMP 장비를 비교할 수 있다.
- CMP 장비의 기능 모듈별 구성을 이해할 수 있다.
- 각 기능별 구성의 장단점을 설명할 수 있다.
- MIRRA CMP 장비의 모듈별 구성을 이해할 수 있다.
- 각 기능별 구성의 장단점을 설명할 수 있다.
- Mirra 장비 주요 부품을 분해 조립할 수 있다.
- 주요 check list와 PM card를 이해할 수 있다.
- Mirra 장비 operation을 이해할 수 있다.
- 기본 recipe를 작성할 수 있다.

7
Chapter

CMP(Chemical Mechanical Polishing) 기술 개요

1. CMP(화학적 기계적 연마) 기술의 정의

연마 기술은 인류가 진화하는 과정에서부터 도구와 도구를 마찰시키는 연마 조작의 기본은 태동되기 시작하였으며, 거울이나 렌지와 같은 정밀 연마는 고대 이집트 문화에서 발견되는 등 오랜 역사를 가지고 있다. 본격적인 CMP 기술의 시초는 1897년 요한손이 block gauge를 최초로 제작한 시점으로 볼 수 있는데, 소입강의 block 양단 면을 서로 평행 평면으로 하고 그것들의 정밀도에 적당한 고품질 거울 면으로 마무리하기 위해서 주철제의 고정도 평면 정반(Platen)에 미세 연마제를 살포하여 가공물을 문질러 붙이는 방법을 적용하였다.

Chemical Mechanical Polishing(화학적 기계적 연마, CMP) 기술은 반도체 소자(Device 또는 Chip)이 진공관 시대에서 IC, LSI, VLSI, ULSI 디바이스로 고집적화 됨에 따라 Lithography(사진 현상) 기술이 허용하는 초점심도가 단차 이상으로 감소하는 문제를 CMP 기술의 광역 평탄화 특성을 이용하여 해결하고자 1980년 미국 IBM사에서 최초로 도입하였고, 1990년대 초반 미국 Intel사에서 CPU chip 생산에 처음 적용하였다. 국내에서는 삼성전자와 하이닉스반도체가 1995년부터 연구개발을 시작하여 1997년 180nm 64M DRAM 생산에 처음 사용되었다. 이후 메모리 소자배선 선폭이 100nm 이하로 감소함에 따라 기존의 회로배선 절연막의 평탄화(Planarization) 목적뿐만 아니라 회로배선 분리 및 배선 표면개선 응용으로 확대됨으로써 다른 반도체 전공정 기술에 비해 수요가 급격히 증가하고 있다.

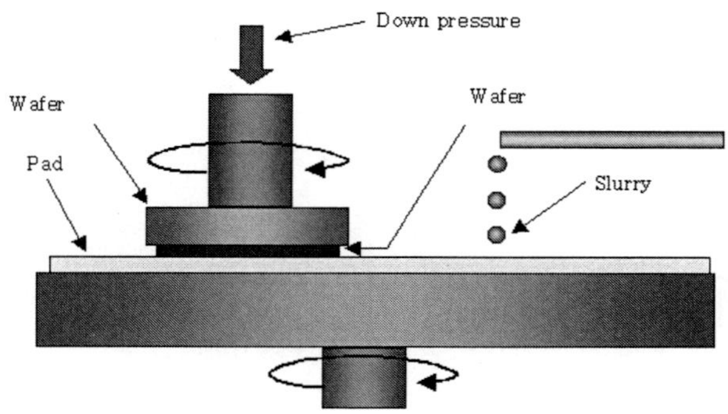

그림 7-1 CMP 기본 Mechanism 개략도

반도체 소자 제조를 위한 화학적 기계적 평탄화 또는 연마(Chemical Mechanical Planarization or Polishing) 기술은 그림 7-1에서와 같이 웨이퍼를 연마패드(Polishing Pad, Poly-Urethane으로 제조)에 밀착시킨 상태에서 수백 nm 크기의 연마제(Abrasive)가 함유된 슬러리(Slurry)를 연마패드 표면에 분산시켜 박막의 화학적 반응을 유도하면서 웨이퍼를 지지하는 연마캐리어(Polishing Carrier)와 연마패드가 부착된 연마 플레이튼(Polishing Platen)을 고속 회전시켜 개질된 박막 표면을 기계적으로 제거함으로써 소자 배선으로 인한 절연막의 단차를 평탄화하거나, 소자배선을 분리하는 반도체 전공정 기술이다. 연마패드의 표면 거칠기를 일정하게 유지시키기 위해 수백 um 크기의 다이아몬드 입자가 고정된 패드 콘디셔너(Pad Conditioner)를 이용하여 주기적으로 연마패드를 드레싱(Dressing)해준다.

CMP 기술에 의한 연마대상 박막의 기계적 연마속도(Removal Rate or Mean Time Polishing Rate)는 아래와 같은 Preston식으로 표현할 수 있는데,

$$연마속도(R/R\ or\ MPR) = \Delta H/\Delta t = KpP(\Delta s/\Delta t)$$

여기서, ΔH는 표면 높이의 변화, Δt는 연마 시간의 변화, P는 연마 압력, $\Delta s/\Delta t$는 웨이퍼에 대한 테이블의 선속도(Linear Velocity), Kp는 Preston 계수이다. 위 식에 따르면 연마 속도는 연마 플레이튼의 회전속도와 웨이퍼에 가해지는 압력에 비례함을 알 수 있다. 연마 캐리어의 자전속도 및 Oscillation 에 의한 연마속도 변화는 없으며, 슬러리 공급량에 따른 연마속도 변화는 일정량 이상에서는 관찰되지 않는 것으로 알려져 있다.

1) CMP 장비 동향

반도체 장비시장은 그림 5−2와 같이 전공정(웨이퍼 Fab), 후공정(Packing & Assembly) 및 검사장비(Automated Test)로 구분할 수 있으며, 전공정 장비 시장 규모는 전체 장비시장의 77%로써 매우 높다. 현재 후공정 및 검사장비의 국산화율은 약 80% 수준인데 반해 기술장벽이 높은 전공정 장비의 국산화율은 20% 이하로써 지속적인 관심과 참여가 필요한 분야이다.

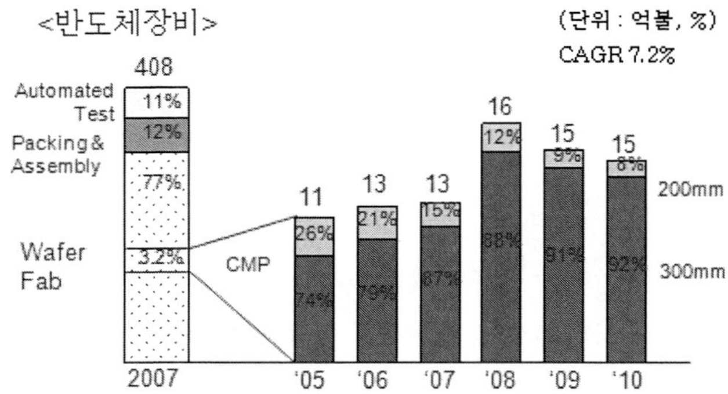

그림 7−2 반도체 장비시장에서 CMP 장비시장 점유율

2010년 기준 세계 CMP 장비시장 규모는 15억불 규모이며, 30nm급 반도체 소자에서부터 CMP 기술 적용 횟수가 50% 이상 증가하면서 시장규모는 지속적으로 증가할 것으로 추정한다.

연마대상막에 따른 CMP 장비시장 규모는 2000년 중반까지는 Oxide CMP 장비와 Tungsten CMP 장비가 7 : 3의 비율로 구분되었고, 이후 소자 집적도 증가에 따라 Copper CMP 공정이 급격히 증가하면서 2010년 기준으로 전체 시장의 약 50%을 점유하고 있다. 메모리 반도체 시장의 주도권을 가지고 있는 한국에서는 Oxide CMP 장비가 80% 이상으로써 압도적인 우위를 점유하고 있다.

CMP 장비 제조사별 세계 시장 점유율은 1995년 세계 1, 2위 업체였던 Speed Fam-IPEC사와 Strasbaugh사 등은 차세대 장비모델 개발 모델 실패로 인해 1997년을 기점으로 급격한 시장 점유율 하락 현상을 나타내면서 2000년 Strasbaugh사는 반도체 CMP 장비 사업 철수를 선언하였고, SpeedFam-IPEC사는 Novellus사로 인수되었다. 1997년을 기점으로 본격적으로 CMP 장비사장에 진입한 미국의 Applied Materials사는 90년대 초반 Cybeq사의 Carousel type 장비를 인수하여 강력한 인적 및 물적자원을 기반으로 3 platen, 4 head 구조의 Mirra CMP 장비를 　시하였고, 이를 기반으로 급격히 시장점유율을 높이기 시작하여 2010년 기준 약 80%, 일본의 EBARA사 18%, 기타사 2%로써 시장이 재편된 상황이다. 국내 CMP 장비제조사는 2009년 두산그룹으로부터 CMP 사업을 인수한 케이씨텍사가 삼성전자 및 하이닉스반도체와 긴밀한 협력을 통해 판매를 진행하고 있다.

2) CMP 공정기술 및 응용

일반적인 CMP 공정 기술 분류 방법은 연마 대상 막질 또는 연마 후 표면 형상에 따라 구분한다. 먼저 연마 대상 막질에 따라 단결정 또는 폴리 실리콘 막(Si, Poly-Si), 불순물 종류에 의해 구분되는 산화 막(BPSG, PSG, TEOS, In- or Organic SOG, Thermal Oxide 등), 금속 막(W, Cu, Al, Pt, Ru 등) CMP 공정으로 분류할 수 있다. 그리고 연마 후 표면 형상에 따라 기판 표면의 거칠기를 완화시키는 실리콘 웨이퍼 제조 공정, 다층 회로 배선으로 인해 발생되는 단차를 평탄화하는 공정, 연마 후 회로 배선을 선택적으로 형성하기 위한 소자 분리 공정으로 분류할 수 있다. 그리고 고집적 디바이스 제조에 있어 일반적인 CMP 공정 기술의 한계를 극복하기 위해 슬러리, 연마 패드 등은 또 다른 관점에서 주목할 만한 대상이다.

(1) 실리콘 웨이퍼 제조 응용

단결정 또는 폴리 실리콘 박막 연마 메커니즘은 Si-Si 결합으로 이루어진 실리콘 박막을이 슬러리내 함유된 H_2O가 Si-Si 결합에 침투하여 Si-OH 결합으로 변화시켜 박막의 표면 경도를 약화시키며, 이러한 낮은 경도의 박막 표면을 연마제의 물리적인 마찰에 의해 Si-OH 결합을 이탈시킴으로써 연마하는 것으로 설명할 수 있다. 실리콘 막 연마액은 pH7 정도로 중성 상태이며, 연마제는 알루미나(Al_2O_3) 또는 실리카(SiO_2) 계열이 주류를 이루고 있다.

표 7-1 반도체 소자 기술에 따른 실리콘 기판 표면 특성

Year	1997	1999	2001	2003	2006	2009	2012	2015
Technology Generation	250nm	180nm	150nm	130nm	100nm	70nm	50nm	30nm
Site Flatness (SFQR, nm)	〈250	〈180	〈150	〈130	〈100	〈90	〈70	〈50

참고 : National Technology Roadmap for Semiconductors.

일반적으로 반도체용 실리콘 기판의 제조는 성장된 단결정 원통을 일정 두께의 기판으로 분리시킨 다음, 그라인딩(Grinding), 래핑(Lapping), 열처리, 에칭(Etching), 연마(Polishing) 및 세정(Cleaning) 공정으로 구성한다. 이러한 공정 순서에 의해 제조된 실리콘 웨이퍼의 Site Flatness 값은 약 200nm 정도로써 표. 1의 기준으로 볼 때, 180nm 반도체 소자에 적용될 수준이다. 현재와 같이 반도체 소자 집적도 증가에 따라 미세화되는 실리콘 기판 표면의 Site Flatness값을 만족시키기 위해서는 기존의 웨이퍼 전면 연마 기술에서 전 후면의 단계적 연마 기술로의 변화는 필수적인 상황이다.

반도체 디바이스 제조시 전도성 불순물이 도핑 된 폴리 실리콘 박막의 연마는 CMP 공정 기술 초기에는 산화막 대비 높은 연마 속도를 가지는 별도로 개발된 폴리 실리콘용 슬러리를 사용하였으나, 연마 잔류물 속에 포함된 폴리 실리콘이 주변 산화막과 화학적으로 재결합하여 소자 간 누설 전류를 증가시키는 원인으로 작용하였다. 현재는 산화막 대비 연마 선택비가 1 : 1에 가까운 산화막용 슬러리를 일반적으로 사용하고 있으나, 기타 연마 대상막에 비해 연마 잔류물로 인한 오염에 취약한 공정 특성을 가지고 있어 실리콘 산화 또는 식각이 가능한 세정 공정을 필요로 한다.

(2) 산화막(Oxide) CMP 공정 응용

반도체 디바이스 제조에 있어 산화막용 슬러리의 연마제로 주로 사용되고 있는 실리카(SiO_2) 입자의 산화막 연마 원리에 대해서는 Cook의 연마 이론이 일반적으로 적용되는데, 그림 5-3과 같이 슬러리내의 알칼리 수용액의 작용으로 물분자가 산화막 표면으로 침투하기 쉬운 상태로 변환되고, 이렇게 침투한 물분자는 수화작용으로 Si-O 결합력을 약화시킨다. 이때 연마제인 실리카 입자 표면의 실리콘에 연결된 수산기(OH)와 산화막 표면의 수산기(OH)가 결합하여 실리콘

표면의 Si-OH 결합이 되고 실리카 입자의 물리적 마찰에 의해 산화막 표면의 Si-OH 결합이 이탈되면서 산화막 표면이 제거되는 것으로 설명하고 있다. 산화막용 연마액은 대부분 pH가 10~12 정도의 염기성인 KOH, 연마제는 실리카(SiO_2) 또는 세리아(CeO_2) 계열을 주로 사용한다. 전통적으로 유리 렌즈 가공에 많이 사용되던 세리아 슬러리는 실리카에 비해 입자 크기가 커서 연마 속도가 3배 이상 높아 양산성 측면에서 유리하지만 scratch에 매우 취약하여 초기에는 사용이 불가능하였으나, 반도체 배선 미세화에 따라 트랜지스터 특성 향상을 위해 질화막에 대한 연마 선택비가 높은 세리아 슬러리가 필요하게 되면서 필터 등 제반 기술의 향상에 의해 현재는 STI(Shallow Trench Isolation) 공정에서 일반적으로 사용되고 있다.

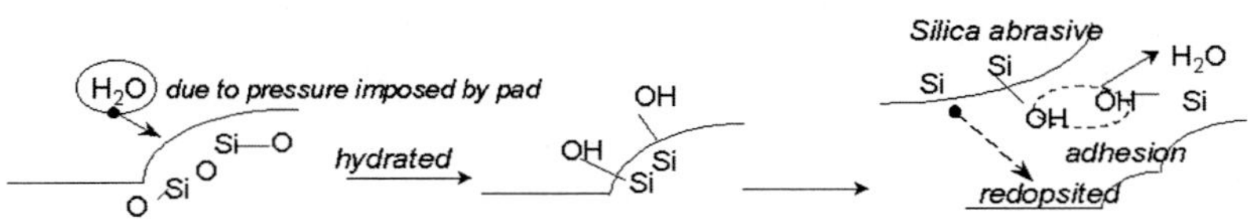

그림 7-3 Oxide CMP Mechanism (Cook's Model)

산화막 연마 공정 기술 초기 단계에서는 약 7~10% 정도의 연마 균일도(Within Wafer Non-Uniformity, WIWNU), 일반적 수준의 오염물(particle, scratch, metal impurities) 제어가 요구되었으나, 반도체 소자 배선 미세화에 따라 5% 이하의 연마 균일도, 0.16um 이상의 오염물 수량 50개 이하, micro scratch 5개 이하, 검출 기준 109 atoms/cm^2 이하의 금속 불순물 농도를 만족하여야 한다.

(3) 산화막(Oxide) CMP 공정-층간절연막(ILD) 평탄화

배선과 배선을 절연하기 위해 절연막을 증착 하게 되는데 하부 패턴의 형상을 따라 증착 양상이 달라져 단차(Step Height)가 형성되며, 이렇게 발생된 단차를 제거하지 않고 후속 배선 공정을 진행할 경우, Lithography 공정시 DOF Margin을 넘게 되어 노광의 한계를 가져오게 된다. 따라서, 각 층을 절연한 후에는 웨이퍼 전면에 걸친 평탄화 공정이 필수적이며, 이러한 CMP 공정을 총칭하여 Inter Layer Dielectric(ILD) CMP 또는 Inter Metal Dielectric(IMD) CMP라 명명한다.

그림 7-4에 일반적인 ILD CMP 공정의 예를 나타내었다. 하부층의 Pattern에 의해 기인된 CMP전의 단차가 완전히 제거되어 광역 평탄화가 이루어졌음을 확인할 수 있다. 일반적으로 금속 배선 하부의 절연막을 연마하여 평탄화하는 PMD(Pre Metal Dielectrics) CMP와 금속 배선 상부의 절연막을 연마하여 평탄화하는 IMD(Inter Metal Dielectrics) CMP로 구분하며, 증착 되는 배선 절연용 산화막은 BPSG, HDP CVD oxide, PE-TEOS 등이 있다. 상기 층간 절연막 CMP는 연마 후 잔류 산화막의 Uniformity, 단차 제거 능력, Defect 등이 중요한 공정 지표로 개선이 필요하며, 생산성 측면에서는 Throughput, 공정의 In-situ Monitoring 등의 개선이 필요하다.

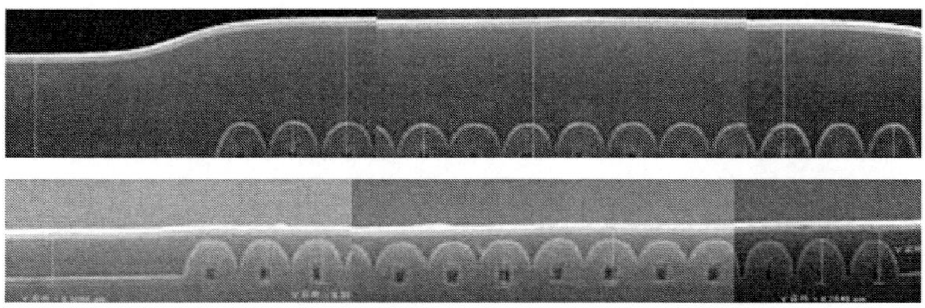

그림 7-4 층간절연막(ILD) CMP 전후의 적용 예

(4) 산화막(Oxide) CMP 공정–STI(Shallow Trench Isolation) CMP 응용

소자간 분리를 위한 전통적인 방법으로 LOCOS(Local Oxidation of Silicon) 방식이 사용되어왔으나, Device가 Shrinkage됨에 따라 LOCOS 방식에서 나타나는 단차와 Bird's Beak이라는 횡 방향의 산화에 의한 Active 영역의 손실을 무시할 수 없게 되었으며 새로운 소자 분리 방법이 필요하게 되었으며 이러한 요구에 의해 도입된 Isolation 기술이 Shallow Trench Isolation(STI) 기술이다. STI 기술의 장점은 Trench 깊이를 조절할 수 있기 때문에 소자에 전압이 인가될 때 늘어난 공핍층이 서로 닿지 않도록 하는 것이 가능하고 그로 인해 확산층의 기생 용량 성분을 감소시킬 수 있고Device Speed를 올릴 수 있다는 것이다. Reactive Ion Etching 기술과 Gap Fill 기술의 발달 그리고 CMP 기술을 채용함으로써 재현성 있는 STI 기술을 이용한 소자 분리가 가능하게 되어 0.20um Tech. 이하 공정의 Isolation 기술로 상용화되기 시작했다. 그림 7-5에 STI 공정의 개략도와

STI CMP후 SEM Image를 나타내었다. 그림에서 보듯이 STI CMP는 상부의 Gap Fill Oxide를 완전히 제거하고 하부층인 Nitride Film의 일정량을 제거하여 Active Area와 Field Oxide Area를 Isolation 시키는데 사용되는 CMP 기술이다. 상기 STI CMP는 연마 후 잔류 질화막의 Uniformity, Dishing, Erosion, Defect 등이 중요한 공정 지표로 개선이 필요하며, 특히 고 선택비 구현을 위한 Slurry Chemistry와 Ceria Abrasive 사용에 의한 Scratch 등이 해결해야 할 가장 큰 문제이다.

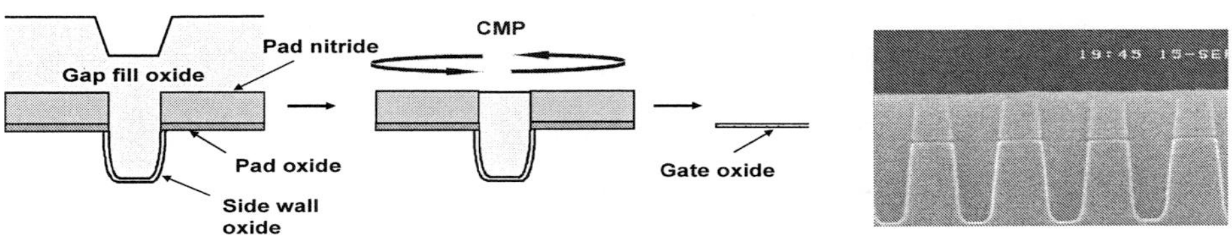

그림 7-5 STI CMP 전후 Pattern(Active & Field oxide) 형상

(5) 산화막(Oxide) CMP 공정-Plug Poly Isolation CMP 응용

CMP 공정만이 가질 수 있는 뛰어난 수평 가공 능력은 DOF Margin 확보를 위한 평탄화 뿐만 아니라, 소자와 소자간의 Isolation 목적으로도 적용되고 있다. Poly Isolation CMP 공정의 개략도를 그림 7-6에 나타내었다. 그림에서와 같이 다층간의 전기적 연결을 위하여 Plug를 형성한 후 도전 물질인 Poly-Si을 증착한 후 Plug와 Plug 사이를 Isolation 시키는 기술로 CMP 공정을 이용하고 있다. 상기 Poly Isolation CMP는 Isolation CD Uniformity와 연마 후 잔류 질화막의 Margin, Defect 등이 중요한 공정 지표이며, 특히 이종 물질 이상이 동시에 노출됨으로써 발생되는 Defect의 제어가 공정의 중요한 지표이다.

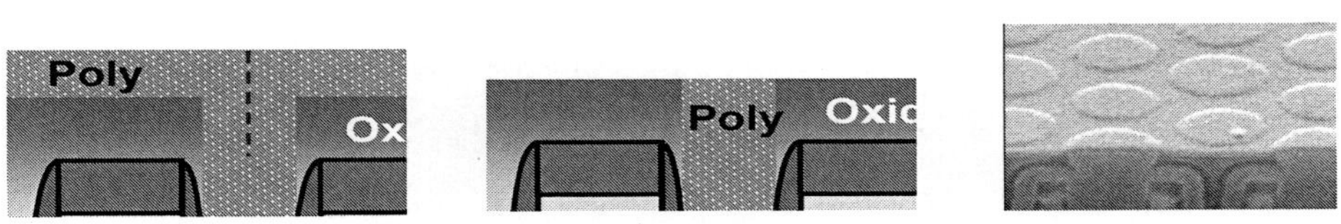

그림 7-6 Poly Isolation CMP 전후의 개략도와 CMP후 단면 SEM Image

(6) 산화막(Oxide) CMP 공정—Low-k Dielectric CMP 응용

층간 절연막의 저 유전율화를 목적으로 Low-k막의 방향으로 기술 개발이 이루어지고 있다. Low-k막은 막 자체의 강도, 경도, 이종 막과의 밀착성 등 기계적 특성이 저하되는 것을 피해야 하며, 또 구조의 변화에 따라서 Low-k 막을 직접 연마하게 되므로 Low-k CMP에서는 이들에 대한 준비가 장치 측에 대한 기술 요구가 되고 있다. 연마중에 가해지는 기계적 스트레스에 취약한 CMP에 있어 이들에 대한 적절한 제어책으로써 연마 압력을 저하시켜 연마하는 저압 CMP가 필요하며, 이때 연마 속도를 유지하기 위하여 웨이퍼와 연마공구의 상대속도를 높이는 일도 검토해야 한다. 따라서 Low-k CMP에서는 저압에서 고속도의 연마, 더욱 엄격히 제어할 수 있는 장치 개발이 과제가 되지만 저압 · 고압 CMP의 실현에는 Slurry의 개발 또한 중요한 요소이다.

(7) 금속막(Metal) CMP 공정

금속막용 슬러리는 희석된 산화제(Oxidizer, Fe(CN)6 또는 H2O2)에 연마제(AlO3 또는 SiO2)가 분산되어 있으며, 산성(pH 2~4)을 나타낸다. 금속막 연마 모델은 Kaufuman이 제시한 것으로 그림 7-7과 같이 산화제가 금속막 표면을 산화시키고, 산화된 금속막 표면을 연마제의 물리적 마찰에 의해 제거해내는 반응이 반복해서 발생함으로써 연마가 진행되는 것이다. 가장 일반적인 연마 대상 금속막은 텅스텐(Tungsten, 이하 W)막으로써 한 종류의 슬러리를 이용하여 소자 콘텍용 텅스텐 및 불소 확산 방지 금속막을 동시에 연마 가능한데 반해, 소자 배선 저항 감소를 위해 필수적으로 적용되어야 하는 플러그 및 배선 형성 물질인 Cu(Cooper)와 Al(Aluminum)의 경우, 별도의 확산 방지 금속막용 슬러리와 절연막의 scratch 또는 손실을 최소화하기 위한 공정 개발이 요구된다.

그리고 또한 특수한 반도체 디바이스 제조를 위해 높은 유전율 상수값을 가지는 전극 형성용 금속막인 Pt(Platinum) 또는 Ru(Ruthenium) 연마 기술이 개발되고 있는 상황이다. 일반적으로 금속막은 산이나 알칼리에 취약한 박막 구조를 지니고 있어 특수한 세정용 화학 물질이 개발되어 적용되고 있다.

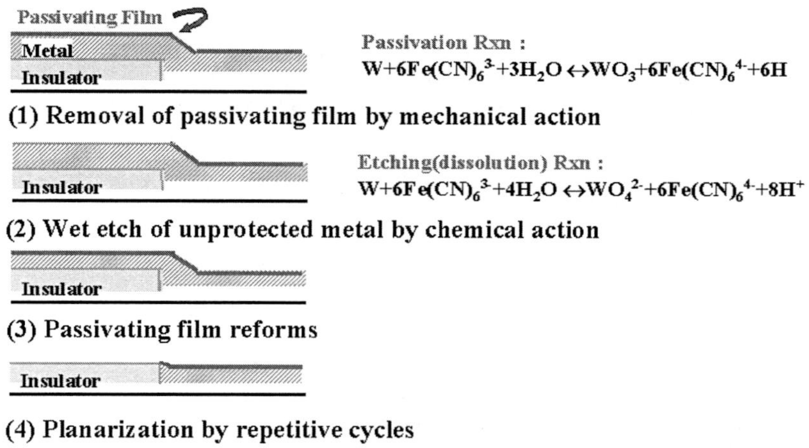

그림 7-7 Metal CMP Mechanism(Tungsten, Kaufman's Model)

(8) 금속막(Metal) CMP 공정－W Plug CMP 응용

메모리 반도체소자(DRAM, Flash) 제조공정 중에 Metal CMP로 가장 일반적으로 사용되고 있는 W Plug CMP 공정의 개략도를 그림 7－8에 나타내었으며 Dishing이나 Erosion의 최소화가 중요하며, 특히 Metal이라는 특수한 상황에 기인한 Corrosion, Pitting 억제를 위한 후세정 기술도 중요하다.

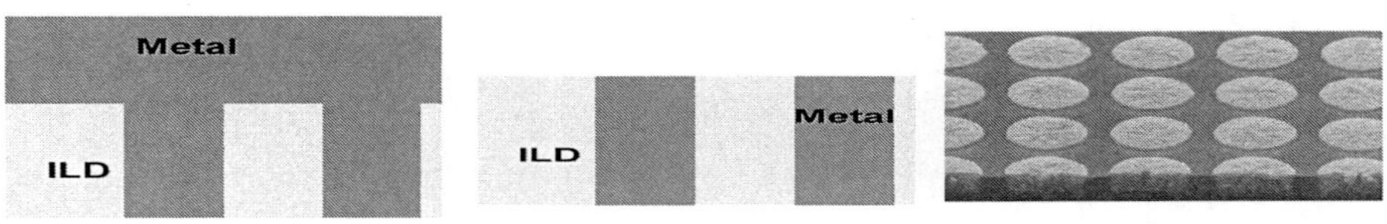

그림 7-8 W Plug CMP 전후의 모식도와 CMP후 SEM Images

(9) 금속막(Metal) CMP 공정－Noble Metal CMP 응용

Device가 Shrinkage됨에 따라 Capacitor 구조에서 High-k 물질에 대한 요구가 증대되고 이에 따른 상하부 전극 물질도 Ru, Pt, Ir과 같이 Work Function이 큰 Noble Metal이 새로운 전극 물질로 연구 되어 지고 있다. 하지만 이러한 Noble Metal의 경우 화학적으로 매우 안정한 물질로 Etch Back 공정 또는 CMP 공정을 이용하여 Capacitor를 형성하는 것이 용이하지 않다. Noble Metal을 연마하기 위해서는 안전하면서 강산화제가 포함된 Slurry의 제조가 필요하나 현재 상용화된

Metal용 Slurry는 이 요건을 충족시키지 못하고 있어 이에 대한 개발이 시급한 실정이다. 그림 7-9에 하부 전극으로 사용된 Noble Metal을 CMP를 통해서 Isolation 시킨 후의 단면 및 Tilted SEM 사진을 나타내었다. Noble Metal의 Delamination과 연마 속도 저하 등이 해결 되어야 할 문제들이다. 또한 전기 화학적 접근을 통한 Electro-Chemical Mechanical Polishing 장비에 대한 요구도 증대되고 있다.

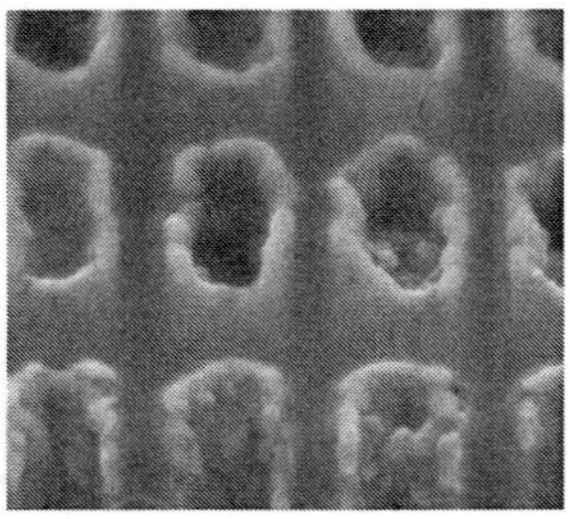

(a) CMP후 단면SEM Image

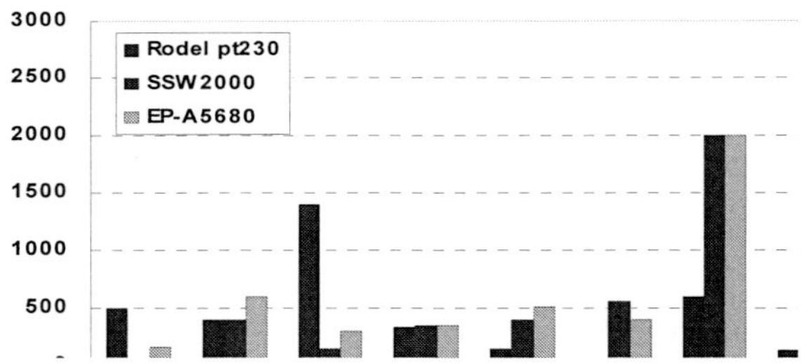

(b) Noble Metal의 연마 속도

그림 7-9 Noble Metal CMP후 SEM Image와 연마속도 비교

(10) 금속막(Metal) CMP 공정–Cu Damascene CMP

반도체 소자의 고집적화와Chip Size의 축소화에 따라서 배선의 미세화 및 다층 배선화가 전개되고 있다. 그 중에서도 Logic Device에서는 Cu 배선 기술의 적용이 증가하고 있다. 나아가 RC Delay 대응으로서 배선의 저 저항화 · 절연막의 저 비유전율화의 필요성으로부터 Low-k 층간 절연막의 적용 · 개발도 병용해서 이루어지고 있다. 종래부터 배선형성의 장치로 사용되고 있는 CMP 장치도 Cu와 Low-k막을 그 대상으로 한다는 점에서 몇 가지 과제에 직면하고 있다.

그림 7-10은 Cu Damascene 공정의 배선 형성 공정의 개략도를 나타내었다.

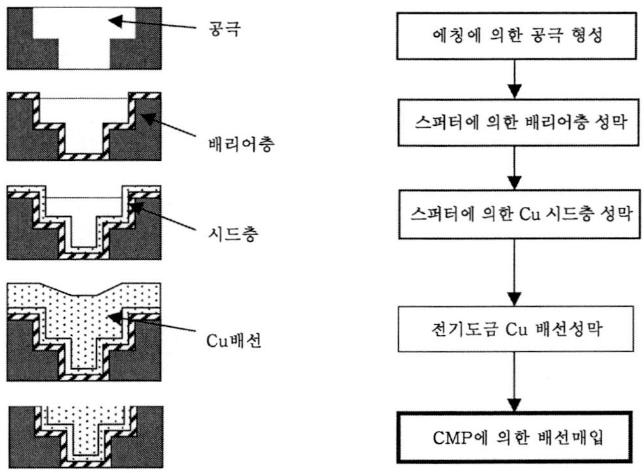

그림 7-10 CMP 공정을 이용한 Damascene Process

Cu/Low-k CMP의 기술요구는 첫째로 Cu CMP에서의 Dishing과 Erosion의 발생을 억제하는 것에 있다. Dishing과 Erosion은 배선 저항의 상승이나 불균일을 증대시키는 요인이 되므로 가급적 그 발생량을 줄일 필요가 있다. 이 해결책은 장치적인 측면에서 연마시 웨이퍼에 압력을 가하는 연마 Head를 개선하여 압력의 면내 균일성을 향상시킴으로써, 연마중에 웨이퍼 막 두께를 측정하는 In-line Thickness measurement system의 검출 정밀도를 향상시켜 Over Polishing(원하는 Target 이상으로 연마를 진행)을 감소시킴으로써 구현 가능하다. 또한 적절한 Slurry를 선택함에 의해서도 구현 가능하다. 또한 Cu 도금의 균일성과 단차가 CMP 공정의 균일성과 평탄성에 영향을 미치므로 CMP 개발은 Cu 도금과 상호 조건을 감안할 필요가 있다.

두 번째 기술 요구는 Cu CMP에서 발생하는 Corrosion과 Scratch를 억제하는 것이다. Cu CMP는 부식에 약한 금속인 Cu를 Wet Process에서 연마하기 때문에 배선금속인 Cu가 국소적으로 부식하는 Corrosion이 발생하기 쉬우며 제품의 수율 저하에 영향을 준다. Corrosion은 Slurry(및 산화제)에 의해서 Cu막과 Barrier Metal 사이에 발생하는 이종 금속의 접촉 부식(Galvanic Corrosion) 현상에 기인한다고 알려져 있다. Corrosion은 Slurry의 pH 혹은 Barrier Metal 재료의 종류에 따라서 Cu 배선에 발생하는 경우와 Barrier Metal에 발생하는 경우가 있다. 또한 당연히 사용하는 Barrier Metal 재료의 종류에 따라서도 그 발생 상태가 달라진다. Corrosion의 대책은 적절한 Slurry를 선정하는 것에 있다. 그 밖에 Corrosion

의 원인으로는 광기전력에 의한 부식의 존재도 잘 알려져 있으므로 CMP 장치의 창문류를 차단하는 대책이 이루어지고 있다. Cu CMP에서는 연마 시 웨이퍼 표면에 발생하는 Scratch가 절연막 보다 부드러운 Cu막 위에서 발생되기 쉽다. Scratch의 요인은 연마 Pad 상에 발생한 Slurry 내 Abrasive에 기인된 것으로 이 경우의 대책은 Slurry의 개선을 통하여 이루어지는 경우가 대부분이다.

3) CMP 주요 공정 변수

CMP 공정 특성상 공통적으로 평가되는 공정 성능 평가 지수에 대해 서술하였다. CMP 공정의 성능에는 연마 속도(Polishing Rate), Step Height, 평탄성(Planarization), 균일성(Uniformity), Defect, Dishing, Rounding, Erosion 등이 있다. 이러한 공정 성능 평가 지수에 미치는 인자들은 연마시간(Polishing Time), 연마 압력(Polishing Pressure), 상대 속도(연마 Head와 연마 Platen의 회전수를 표시), Slurry의 종류와 공급량, 연마 Head 및 Pad 물성 등에 의해 결정 된다.

(1) 평탄도(Planarity)

일반적으로 층간절연막 CMP 공정에서 중요한 평가지표로써 반도체 소자내 셀과 주변회로간 광역적 단차감소 정도로 표현되며, 관계하는 공정 변수로는 연마 Pad의 탄성 변형성, Slurry 공급의 균일성, Device의 패턴 형상, 연마 압력 및 연마의 상대속도 등이 있다.

(2) 균일성(Uniformity, 1 sigma %)

연마 후 웨이퍼 내, Lot 내, Lot 별 잔류막 두께의 편차로 정의되며, 공정 변수로는 연마 압력의 분포, 연마 Head의 형상 및 연마 Platen의 형상, Slurry 공급의 균일성 등이 관계한다.

(3) 연마속도(Polishing or Removal Rate, Å/min)

단위 시간당 제거되는 막의 두께로 정의되며, 공정 변수로는 연마 압력, 연마의 상대 속도, Slurry내 연마 입자(Abrasive)의 크기와 함량, Chemical, Slurry 유량, 연마 Head의 표면 상태 등이 관여 한다.

(4) Dishing & Erosion(Å)

STI CMP, Plug Isolation CMP 공정 후 회로 배선내 recess 정도로 정의하며, 연마되는 두 물질간의 연마 속도, Pad 특성, Slurry Chemistry에 의해 유발되는 미시적인 현상으로 Defect 및 소자의 전기적 특성 차이를 유발한다.

(5) Defect

연마 후 웨이퍼 표면에 잔류하는 Particle, Residue성 물질과 Scratch 및 Metal Impurity로 Slurry와 Mechanical Process에 의해 공정을 진행하는 CMP 공정에 있어서는 반드시 유발되는 현상으로 이에 대한 정확한 제어가 필요하며, 이를 위해 CMP System은 연마 후 Wet 상태에서 웨이퍼를 세정할 수 있는 Post CMP Cleaner System을 동반한다.

4) CMP 기술과 환경

CMP 장치의 소비 에너지와 클린룸 등에서 소비되는 모든 에너지를 전력으로 환산하여 비교한 분석 결과를 그림 1-16에 나타낸다. CMP 장치는 타 제조 장치에 비하여 순수의 사용량이 많아 CMP 전체의 소비에너지 중에서도 가장 많은 비율을 차지한다. 순수 사용량의 절감은 에너지 소비를 억제하여 환경으로의 부하를 줄일 수 있어 환경 보존이라는 측면에서도 유용하다. CMP 장치의 순수는 웨이퍼 및 기타 부품의 세정, 웨이퍼의 건조 방지를 위해서 사용된다. 각 유량의 최적화로 순수량의 절감이 이루어지고 있지만 세정 성능, 프로세스 성능이라는 면에서 한계가 있다. 따라서 사용된 순수를 장치 내에서 회수하여 재활용하는 연구가 이루어져 사용 되는 순수량을 대폭적으로 절감할 수 있게 되었다.

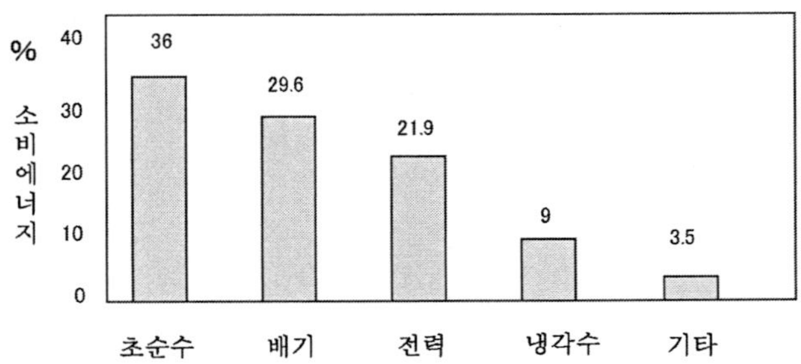

그림 7-11 CMP 소비 에너지 분석

배기량의 소비 에너지는 순수 사용량 다음으로 높다. 배기량의 삭감은 에너지 소비를 억제하고 환경으로의 부하를 줄여준다. 배기는 CMP 장치 내에서 발생하는 Particle에 의한 웨이퍼 오염이나 장치 외부로 부터의 오염을 방지하고, 또 장치 내에서 발생한 유해 가스에 의한 클린룸 오염을 방지하기 위해서 이루어진다. 배기량 절감책으로서 장치 내 다운 플로우의 리턴 기구를 설계하는 동시에 세정기 배기량의 적정화 대책이 필요하다. 전기량은 CMP 장치에 있어 전체소비 에너지의 약 22%를 차지한다. 전기 사용량의 절감은 에너지 소비를 억제하고 환경 부담을 경감시킨다. 전기량의 절감 대책으로서 연마 압력 · 연마 Head 회전수를 중심으로 한 장치 운전 범위의 재검토, 운전 중 모터의 부하 특성을 분석하여 부하에 알맞은 최적 모드의 최적화가 필요하다. CMP 장치는 상기의 사용하는 순수량이나 전력량을 절감시킴으로써 환경으로의 부담을 경감시켜 환경보전으로 이어지고 있으나, 장치에서 나오는 Slurry와 순수의 폐액 처리에 필요한 에너지 소비 또한 만만치 않아서 환경으로의 부하가 크기 때문에 사용이 끝난 Slurry의 재활용 기술개발이 이루어지고 있다. CMP 장치의 연마부에서 나오는 고형 농도가 높은(~10000ppm) Slurry 폐액은 폐액 라인에 흘리기 전에 중간 처리로서 배출 직후에 고형 분리하여 배수 처리의 부하를 경감시킬 필요가 있다. 따라서 CMP 장치 제작 시 환경 보존에 대한 노력은 필수 불가결한 요소이다.

2. CMP 장비 구성 및 역할

1) CMP 장비기술 개요

CMP system은 그림 7-17과 같이 Main Process가 진행되는 「연마 장치」 와 더불어 「세정 장치」 · 「슬러리(Slurry) 공급 장치」 · 「폐액 처리 장치」 · 「공정 모니터 장치」 로 구성한다. 물론, Slurry나 연마 패드(Polishing Pad) 등의 소모 재료도 광범위한 의미에서 CMP 장비의 일원이다.

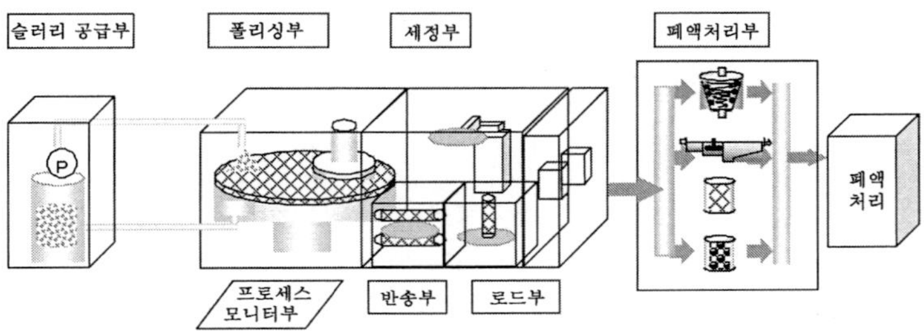

그림 7-12 CMP System 개략도

반도체용 CMP 장비에서 연마 대상 웨이퍼 flow를 설명하기 위한 것으로써 반도체 양산 라인의 시스템 자동화 또는 웨이퍼 크기에 따라 구분되어 사용되는 보통 25매의 웨이퍼가 담겨진 Open 또는 FOUP unit이 여러 개 존재하는 Load Port Module에서 Robot에 의해 보통 일반적인 Slurry를 이용하여 웨이퍼를 연마하는 Polish Unit 1로 웨이퍼가 이동하고, 1차 연마 완료 후 Loader에 의해 Polish Unit 2로 이동하여 각각의 CMP layer에 적합한 Slurry를 이용하여 웨이퍼 연마를 완료하며, 웨이퍼 표면의 오염물을 제거하기 위해 Dry/Wet 겸용 Robot에 의해 Post CMP Cleaning Module의 Pre Clean Station으로 이동하여 고압분사 방식 또는 희석된 암모니아수와 같은 알칼리 계열 chemical을 이용하여 오염물 입자를 1차 제거하고, PVA Brush를 이용한 물리화학적 세정과 희석 불산과 같은 산성 계열의 chemical을 이용하여 웨이퍼 표면의 금속 불순물을 제거한 다음, 희석된 알칼리 계열 chemical을 이용하여 오염물 입자를 2차 제거하며, 마지막으로 고속회전 및 질소 가압 방식의 Spin Rinse Dry Station에서 웨이퍼 건조를 완료하고 Load Port Module로 웨이퍼가 복귀하는 Dry-in/Dry-out 방식으로 구성되어 있다.

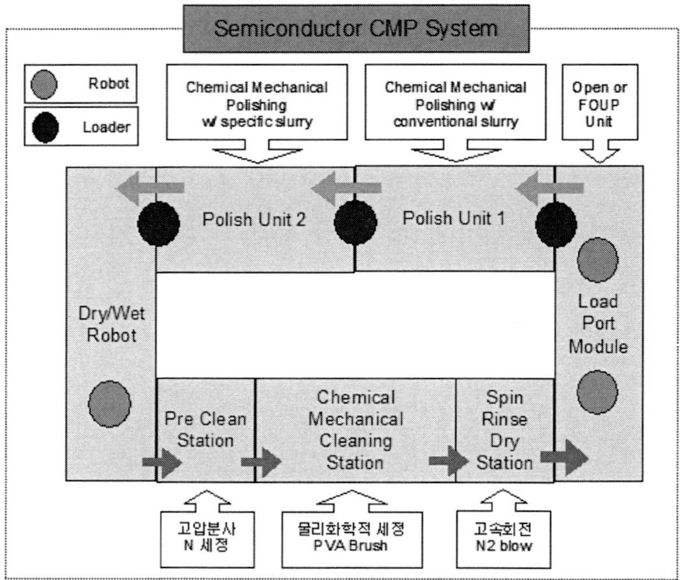

그림 7-13 CMP 장비 주요구성도

2) CMP 장비의 성능 평가기준

CMP 장치의 성능 평가는 프로세스 성능 평가 방법을 포함하며, 이와 더불어 장비 Configuration, 장비 Reliability, 연마 후 세정 장치, Utility & Software와 공장 자동화의 적합성 등에 대한 항목으로 평가한다.

(1) 장비구성

연마 Head와 연마 Platen 수량, Recipe 적용 시 압력과 속도의 정확한 구현성, Head/Platen의 연마량 차이, In-situ Thickness Monitoring 및 In-Line Metrology, Conditioning Method와 적합성, 장비유지 관리의 적합성 및 Footprint 등으로 평가한다.

(2) 장비 신뢰성(Reliability)

단위 시간당 처리할 수 있는 웨이퍼 수(UPEH, Unit per Hour)와 Consumable 교체시의 Down Time 및 Operating Up-Time, 그리고 MTBF(Mean Time Between Fail, 평균 고장 간격), MTBI(Mean Time Between Interrupt, 평균 경고

간격), MTTR(Mean Time To Repair, 장비가 Down된 후 Up되기 전까지의 시간), 예방 보전 시간(Preventive Maintenance Times)의 적합성 등으로 평가한다.

(3) Utility & Software

Utility의 경우 Electric Power 부, Vacuum 부, Exhaust부, DIW 공급부등의 사양 그리고 Software의 경우 Error Message Function, Lot Management 및 Multi Tasking의 적합성 등으로 평가한다.

(4) 공장 자동화

공장 자동화에 따른 Interface 적합성으로 평가한다.

3) CMP 장비기술 변천 과정

CMP 장비 기술의 변천 과정은 그림 7-14와 같이 반도체 디바이스 제조 공정의 요구에 따라 제반 기술에 대한 연구개발시기, 반도체소자 생산을 위한 생산도입시기, 공정-장비 기술의 안정화를 통한 생산 확대시기 그리고 연마 대상막 및 소자구조에 따른 CMP 기술응용시기 등 4세대로 구분할 수 있다.

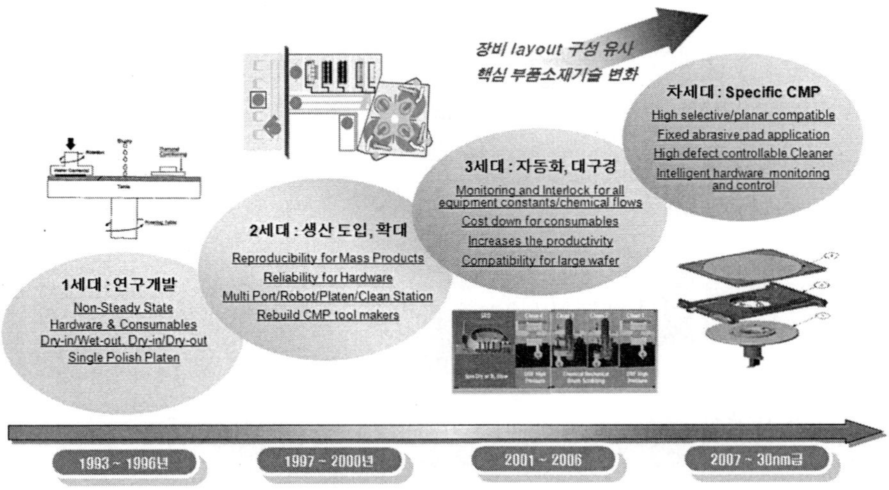

그림 7-14 CMP 장비기술 변천 과정

첫 번째 세대는 1993년에서 1996년까지 기초 기술 및 반도체 디바이스 연구 개발 시기로써 장비 기본 구성이 단수의 웨이퍼를 자동 이송하여 1차 플레이튼에서 슬러리를 이용한 화학적 기계적 연마 공정을 진행한 다음, 2차 플레이튼에서 초순수를 이용한 물리적인 1차 세정 공정을 진행하고, 별도로 위치하거나 또는 연결된 세정 모듈을 이용하여 화학적 물리적 세정 및 건조하는 Dry-in/Wet-out 또는 Dry-in/Dry-out 시스템이 일반화되어 있었다. 이 시기의 대표적인 CMP 장비 회사들은 Westech Systems사의 372 Polisher, IPEC사의 472 Polisher, Strasbaugh사의 6DS-SP Polisher 시스템 등이며, 후세정 모듈은 Ontrak사의 DSS-200 Cleaner가 장비 시장을 선점하고 있었다. 본 단계에서 장비 사용자들의 주요 관심사는 연마 속도, 연마 불균일도, 평탄도, 오염도등과 같은 기초 공정 인자에 대한 연구, 웨이퍼에 가해지는 하중, 플레이튼 회전 속도, 패드 콘디셔닝 등과 같은 장비 인자에 따른 공정 특성 연구 그리고 연마 패드, 슬러리, 캐리어 필름, 세정용 케미컬 등과 같은 소모재에 따른 공정 특성 연구가 주류를 이루었다. 이러한 기초 연구를 통해 CMP 장비 및 공정 기술의 반도체 디바이스 제조 공정에서 적용 가능함을 인증 받았던 것이다.

두 번째 세대는 1997년에서 2000년까지 반도체 생산라인에서 디바이스 제조를 통한 생산 도입 시기로써 장비 구성의 최우선 목표는 반도체 생산에 적합한 시스템 개선과 단위 시간당 생산성을 높이고자 하는데 있었다. 일반적으로 3개 이상의 웨이퍼 카셋이 연마 대기 상태에 있는 로드포트 모듈, 연마 전 웨이퍼를 이송하기 위한 일반 로봇, 연마 후 슬러리 또는 초순수가 잔류한 웨이퍼를 이송하기 위한 방수형 로봇을 갖는 이송 모듈, 동시에 두장 이상의 웨이퍼를 연마할 수 있는 복수의 플레이튼으로 구성된 연마 모듈, 연마 후 슬러리에 오염된 웨이퍼를 화학적 물리적 세정하기 위한 복수의 세정 챔버를 갖는 후세정 모듈로 이루어져 있었다. 이 시기의 대표적인 CMP 장비 회사들은 IPEC사의 676/776 시스템, SpeedFam사의 Auriga 시스템, Ebara사의 EPO-222 시스템, AMAT사의 Mirra 시스템이며, 후세정 모듈은 Ontrak사의 Synergy 시스템이었다. 이 시기에 국내에서는 최초로 반도체 생산용 CMP 장비 개발을 목표로 두산기계 CMP 사업부가 태동하였고, 전문 반도체 기업으로 육성하기 위해 2000년경 쎄미콘테크 주식회사로 분사하여 복수의 플레이튼을 갖는 시험 생산용 장비를 개발하였다. 이 시기는 반도체 디바이스 생산을 위한 장비 수요가 급증하면서 시장 점유율을 높이기 위한 경쟁이 매우 심화되었던 시기로 1998년, 2000년 2회에 걸쳐 1단계 장비 회사들의 CMP 사업 철수, 장비 회사간 인수 합병이 이루어짐으로써 세계 CMP 장비 시장이 재편되었다. 이때 장비 사용자들의 주요 목표는 반도체 생산에 적합한 최적의 공정 조건의 확보, 연속적인 생산을 위한 공정 재현성 확보, 안정된 장비 사용을 위한 장비 안정화, 연구 개발 단계에서 적합했던 소모재의 수준을 연속 생산 가능한 수준으로 안정화, 다른 반도체 공정용 장비들에 비해 5배 이상 높았던 생산 원가의 감소 등 이었다.

세번째 세대는 2001년에서 현재까지 안정된 공정 및 장비 기술을 통한 200mm 웨이퍼의 생산 확대 및 대구경 웨이퍼에 대한 기초 연구 개발을 통한 생산 도입 시대로써 장비 구성은 장비 가동률을 높이기 위한 in-line 공정 감시 및 제어 시스템과 장비내 모든 구동 부와 유체 흐름을 감시 및 제어하기 위한 자동화 시스템이 도입되었다. 현재 4개 이상의 웨이퍼 카셋, 박막의 두께 측정이 가능한 in-line metrology 시스템, 오염물 측정 또는 패턴 스캔 기능을 가지는 시스템이 설치 가능한 로드포트 모듈, 연마 전 후 웨이퍼를 이송하기 위한 2개 이상의 로봇, 대구경 웨이퍼의 위치 제어 시스템을 갖는 이송 모듈, 동시에 두장, 최대 4장의 웨이퍼를 병렬 또는 직렬로 연마할 수 있는 2개 또는 최대 4개의 플레이튼으로 구성된 연마 모듈, 웨이퍼 60매 이상의 단위 시간당 세정 능력을 가지면서 3개 이상의 케미컬을 사용할 수 있는 3개 이상의 세정 챔버 또는 bath를 갖는 후세정 모듈로 이루어져 있다. 현재 대표적인 CMP 장비 회사들은 2002년 SpeedFam-IPEC사의 Momentum 시스템의 시장 진입 실패로 인해 NOVELLUS사로의 인수 합병되면서 세계 CMP 시장은 AMAT사의 Mirra, Reflexion 시스템, Ebara사의 F-Rex 200, 300 시스템이며, 후세정 모듈 역시 각사가 독자 개발한 시스템을 채택하고 있는 실정이다.

마지막으로 현재 반도체 소자배선의 미세화에 따라 다양한 종류의 연맏대상막, capacitor electrode용 barrier metal 및 noble metal CMP 공정 및 금속회로 배선수 증가에 따른 Cu damascene CMP 공정의 도입 등이 있으며, 또한 metal gate 도입을 위한 damascene 구조의 CMP 기술응용 그리고 배선박막의 표면연마를 통한 전기적 특성 안정화등 40nm 이하급 소자 대응을 위한 CMP 공정대응 장비기술 변화가 주요 특징이다. 장비 사용자의 주된 목표는 장비 내 모든 부분에 대한 감시 및 제어가 가능한 자동화 시스템을 이용하여 장비 가동률을 최대로 높임으로써 생산성 향상, 공정 및 장비 신뢰성에 대한 통계적 관리를 통한 원가 절감, 40nm 이하급 반도체 제품 생산에 적합한 높은 수준의 연마 특성 확보에 있다.

4) 국내외 주요 CMP 장비들

(1) 국내 CMP 장비－GNP Technology사의 POLI 500

지난 2000년 CMP 장비 시장의 급격한 확대에 따라 주성엔지니어링, KDNS(현 세메스), 연우엔지니어링, 한텍사 등 유수의 국내 반도체 장비 업체들이 반도체용 CMP 장비 개발을 검토하였으나, Applied Materials사와 같은 세계적인 반도체 장비 회사와 기술 및 시장 경쟁력 확보가 어렵다고 판단하여 장비 개발을 포기하였으나, 반도체용 CMP 관련 소재의 경우, 국내 화학 관련 산업의 높은 경쟁력을 기반으로 많은 회사들이 진출해 있는데, 슬러리 관련 주요 업체로는 제일모직, 삼성코닝, 한화종합화학, 동진세미켐, 동우화인켐, 테크노세미켐 등이 있으며, 연마 패드 관련 주요 업체는 SKC, 동성 A&T사 등이고, 패드 콘디셔너 업체는 새솔다이아몬드, 신한다이아몬드, 이화다이아몬드사 등이 국내외에서 활발한 기술 개발과 제품 판매를 진행하고 있고, 국내 CMP 관련 소재 국산화업체의 개발을 촉진시키고, 학연계의 연구력을 향상시키기 위하여 부산대/지앤피테크놀로지는 그림 5－20과 같이 R&D용 CMP 장비를 개발 및 보급하고 있으며, 양산장비 규모에는 미치지 못하지만 상당한 노하우를 가지고 4인치에서 8인치에 대응하는 CMP장비는 일본의 LapMaster SFT, MAT 그리고 미국의 CETR에 경쟁하는 수준에 도달해 있다.

그림 7-15 부산대/지앤피테크놀로지사의 R&D 장비(GNP POLI500)

(2) 국내 CMP 장비—케이씨텍(2009년 두산메카텍 사업부 인수)

반도체 소자생산용 CMP 장비 제조사는 케이씨텍사가 유일하며, 지난 2009년 두산메카텍으로부터 CMP 사업인수 후 삼성전자와 하이닉스반도체사와 협력을 통해 4 platen 및 6 platen 기준 300mm CMP 장비를 개발하여 판매하고 있으나, Applied Materials사의 Optic EPD 특허로 인해 시장 진입에 있어 어려움을 겪고 있다. 다만 30nm급 소자용 CMP 기술이 다양화됨에 따라 매출 확대를 할 수 있는 기반을 확보하고 있는 중이다.

그림 7-16 케이씨텍사 300mm CMP system(DOOPLATM341)

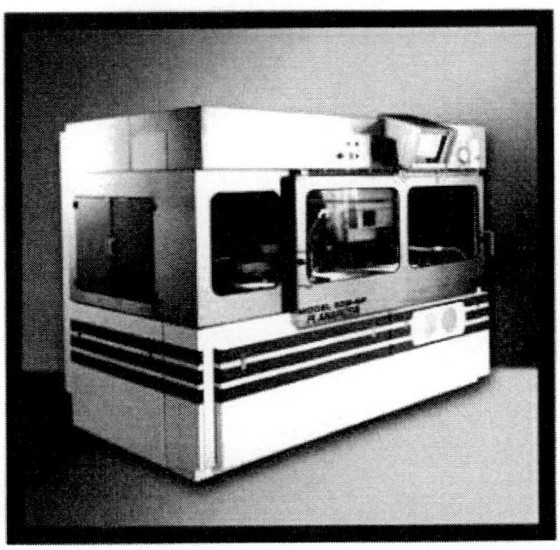

그림 7-17 미국 Strasbaugh사의 6DS-SP Polisher

해외 CMP 장비－1세대 반도체용 CMP 장비는 Westech Systems사의 372 Polisher, IPEC사의 472 Polisher, SpeedFam-IPEC 776/Momentum, Lam Research사의 TERES, 그림 7－17과 같은 Strasbaugh사의 1 platen/1head 기준 6DS-SP Polisher, 2 platen/2 head 6ED-SP Polisher를 개발하였으나, 공정 및 생산성 측면에서 경쟁력 약화로 인해 반도체 시장에서 물러난 상황이다. 기타 일본의 Nikon, Sony, TSK, Okamoto사 등이 진입하고자 하였으나 실패하였다. 초창기 CMP 장비제조사들은 독자적으로 Polisher를 개발하되 post CMP cleaner는 Ontrak사의 double sided brush 성능이 우수한 Synergy과 통합하여 사용하였다.

(3) 해외 CMP 장비－Applied Materials사 Mirra/Reflection/LK CMP

세계 최대 반도체 장비 회사라는 독점적 지위와 막대한 자본력을 바탕으로 신기술 업체 합병(2001년 Obsidian, 2004년 Peter Woolters사), 그리고 적극적인 연구개발을 통해 1997년 이후 지속적으로 시장 점유율을 확대하여 2001년부터 현재까지 약 80%의 CMP 장비시장 점유율을 유지하고 있다.

그림 7-18 Reflexion LK CMP 장비

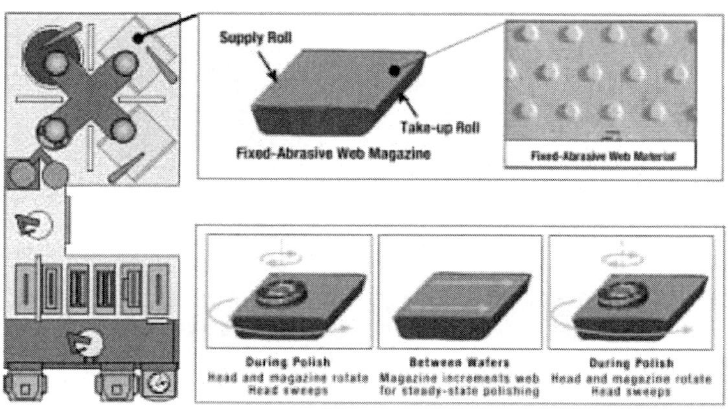

그림 7-19 Applied Materials사의 Fixed Abrasive CMP 장비

(4) 해외 CMP 장비 — Ebara사 F-REX 200, F-REX 300/300S1-2

일본의 Ebara사는 일본 및 대만 반도체 제조사의 큰 지원에 힘입어 Oxide 및 Metal CMP 장비시장에서 2nd supplier 위치를 유지함으로써 차세대 CMP 장비 기술 개발을 주력할 수 있는 배경을 확보하고 있다. 1 platen/1 head/1 Clenaer 기준 두 개 모듈을 통합하여 구성하는 EPO-222 및 F-REX 200 모델로 200mm CMP 시장을 유지하였고, 이후 300mm CMP 장비인 F-REX 300(2 platen), 300S(4 platen/4 head) 모델로 세계시장에 판매하고 있다.

그림 7-20 300mm CMP system(F-REX 300S)

(5) 해외 CMP 장비 — SpeedFam-IPEC사 Momentum

SpeedFam-IPEC사는 차세대 CMP 장비로써 orbital type polisher 구조를 채택하여 현존 장비중 가장 우수한 footprint를 가지고 있으나, 낮은 상대속도로 인한 연마속도 한계로 인한 균일도 문제로 인해 W CMP 공정에만 일부 적용되었다.

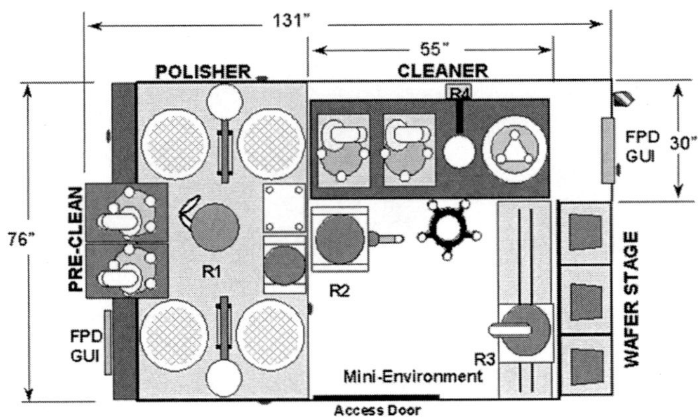

그림 7-21 SpeedFam-IPEC사의 Momentum CMP 장비

(6) 해외 CMP 장비–Lam Research사 TERES CMP

2000년대 초반 Ontrak사의 CMP 사업부를 인수하여 출시한 belt type platen 구조로 특화된 TERES CMP 장비는 4 head로써 생산성 측면에서 우수하지만 belt tension 제어의 어려움으로 CMP 장비시장에서 경쟁력을 잃었다.

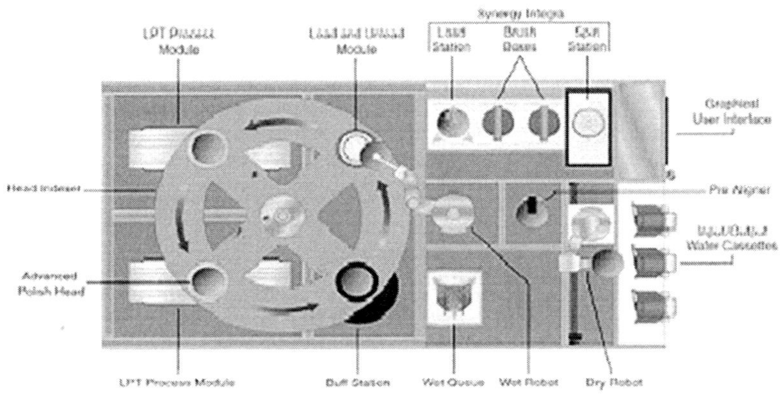

그림 7-22 Lam Research사의 TERES CMP 장비

(7) 해외 CMP 장비–TSK사의 AFP-210 CMP

반도체용 실리콘 웨이퍼 제조용 연마장비 기술을 기반으로 3 platen/3 head기준의 AFP-210 CMP 장비를 개발하였으나, 웨이퍼 flow 및 load/unload 문제에서 취약한 구조로 인해 시장 진입에 실패하였다.

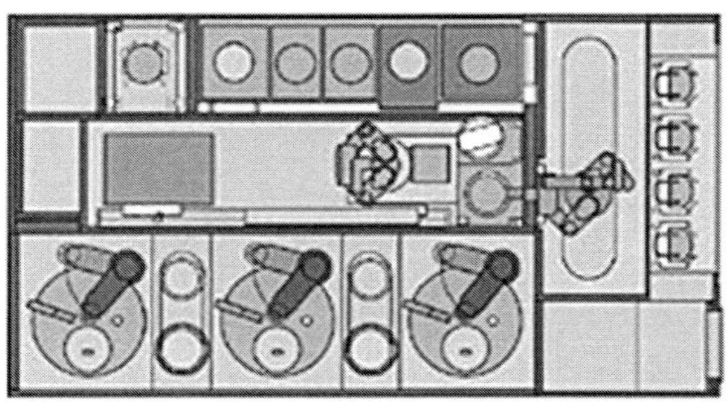

그림 7-23 TSK(Tokyo Semitsu)사의 AFP-210 CMP 장비

(8) 주요 CMP 장비회사 제품 비교

표 7-2는 세계 CMP 장비 시장을 주도하고 있는 AMAT사와 Ebara사의 대표적인 모델별 특성을 비교한 것으로써 생산성 향상을 위한 Head 및 Platen 수량과 균일도 개선을 위한 zone control 수량에서 200mm와 300mm용 CMP 장비간 차이가 존재함을 확인할 수 있으며, in-line metrology 모듈이 기본 옵션으로 채택되어 있다. Applied Material사 장비의 가장 큰 장점은 Optic EPD를 이용한 우수한 웨이퍼 to 웨이퍼 연마균일도 성능 및 생산성, 다양한 연마 slurry를 이용한 multi step polishing에 특화된 carousel 구동 등이다.

표 7-2 주요 CMP 장비 회사의 모델별 특성

장비 회사	Applied Materials		EBARA		비 고
모 델	Mirra	Reflexion-LK	F-Rex200	F-Rex300S	
웨이퍼(mm)	200	300	200	300	
Head(ea)	4	4	2	4	
Platen(ea)	3	3	2	4	
In or Ex-situ conditioning	In- & Ex-situ	In- & Ex-situ	Ex-situ	Ex-situ	
zone control	1-zone	5-zone	1-zone	4-zone	
EPD	Optic	Optic	Motor Current	Motor Current	
Metrology	Option	Option	N/A	Option	
Cleaner	Mesa	N/A	DNS	N/A	
Clean station	3	3	2	3	
UPEH(ea)	55	55	40	60	

3. CMP 장비의 기능 모듈별 구성 및 역할

CMP 장비의 구성은 웨이퍼내 연마균일도 특성을 결정하는 Polishing Carrier 모듈, 연마종결점 검출장치가 설치되는 Polishing Platen 모듈, 연마 후 웨이퍼 오염특성을 결정하는 Cleaning station 모듈, 저유전율 박막 건조시 중요한 Dry station 모듈, 공정 정밀도 및 생산성 향상 측면에서 중요한 Advanced Equipment Control 모듈 등 총 5개로 분리할 수 있다.

1) CMP 장비의 Polishing Carrier 모듈 구성 및 특징

반도체용 CMP 장비의 공정 성능을 결정하는 가장 핵심적인 부품으로써 연마균일도, 디싱(Dishing), Zone 분할 수량, 공압 누수량 등의 성능 지표를 통해 평가할 수 있으며, 그림 7-24와 같이 Multi-port로 구성된 Rotary union이 장착된 Spindle 구조물 전체가 하부의 Zone control carrier 구성을 지지하는 구조이다.

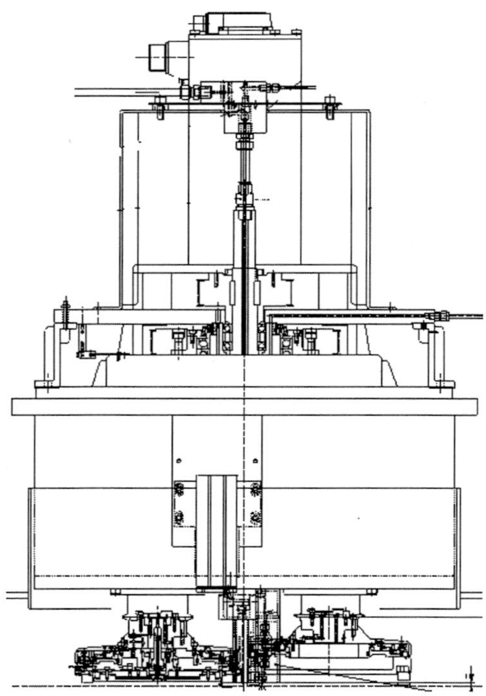

그림 7-24 Carrier가 설치된 Spindle

일반적인 Polishing Carrier(연마 캐리어)는 그림 7－25와 같이 캐리어필름이 웨이퍼 후면에 밀착되는 Rigid type Carrier와 Membrane이 밀착되는 Membrane type Carrier로 구분하는데 Rigid type Carrier의 경우 웨이퍼 후면의 거칠기가 전면에 전사되는 Backside reference 특성을 나타내는데 반해 Membrane type Carrier의 경우 웨이퍼 후면의 거칠기에 의해 관계없이 웨이퍼 전면을 평탄화할 수 있는 특징을 가지고 있고, 연마 캐리어 내 Retainer Ring은 연마 초기 웨이퍼가 연마 캐리어 내부에서 이탈되는 것을 방지하는 역할에서 연마 패드를 직접적으로 가압하여 웨이퍼 가장자리 지역의 연마 속도를 제어하는 역할까지 수행한다.

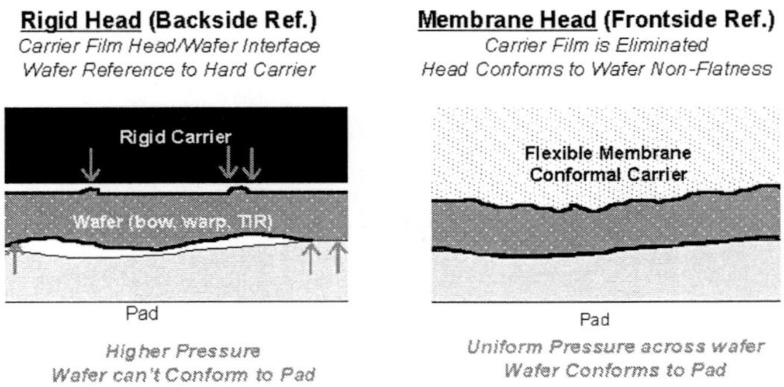

그림 7－25 Polishing Carrier에 의한 웨이퍼 가압 구조

Polishing Carrier 관련 지적 재산권은 200mm에서는 Membrane type 1 zone carrier, 300mm에서는 Multi-Zone Polishing Carrier 관련 특허가 집중적으로 출원되고 있으며, 특히 Applied Materials사는 수십 건이 넘는 특허가 등록하여 선행 기술을 상당량 확보한 상태인데 반해 한국의 케이씨텍사와 일본의 Ebara사는 Applied Material사의 Membrane 특허를 회피하는 수준의 다중 분할 zone carrier 특허를 보유하고 있다.

Applied Materials사는 그림 7－26과 같이 기존의 Rigid type carrier의 문제점을 획기적으로 개선한 Membrane type carrier를 1995년 출시하여 최고의 연마 균일도와 공정 신뢰성을 확보하여 200mm CMP 장비의 시장 점유율을 크게 증가시켰으며, 그리고 또한 아래 그림 7－27과 같이 웨이퍼 edge exclusion 3mm를 구현할 수 있는 5 zone control carrier와 6 port rotary union을 개발하여 300mm CMP 장비에 적용하여 판매하고 있다.

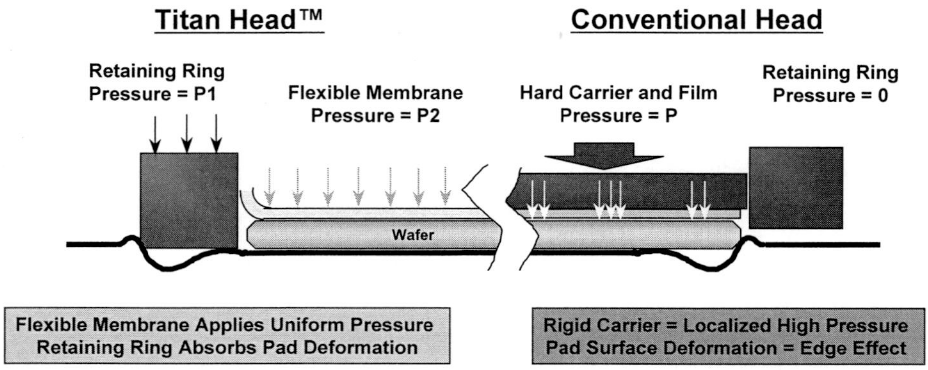

그림 7-26 Applied Materials사의 1 Zone type Polishing Carrier 구조

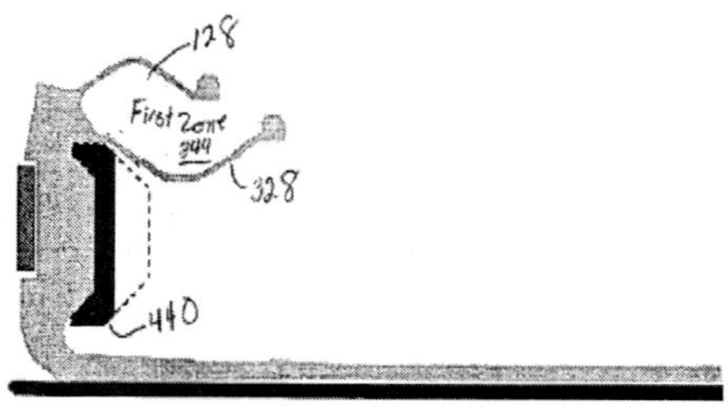

그림 7-27 Applied Materials사의 5 zone carrier 구조

Ebara사는 그림 7−28과 같이 웨이퍼 Edge profile 조절 능력을 향상시키기 위해 기존 i type carrier의 edge air bag 구조를 강화한 3 zone control carrier를 개발하였으며, 또한 300mm CMP 공정을 위해 5 zone carrier 개발하였으나, Membrane hole open으로 인해 유지관리가 어려워 Tungsten CMP 공정과 같이 공정 여유가 많은 곳에 사용되고 있다.

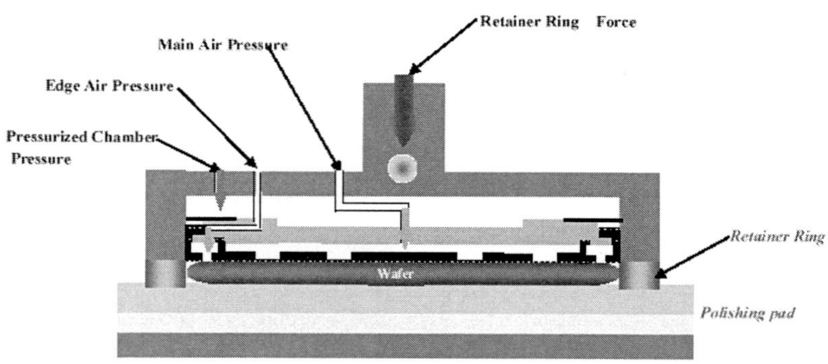

그림 7-28 Ebara사의 3 zone carrier 구조

한국의 케이씨텍사의 전신인 두산메카텍사에서는 200mm CMP 장비에서는 그림 7-29와 같이 1 zone type membrane carrier를 개발하여 삼성전자 및 하이닉스반도체사에 판매하였다.

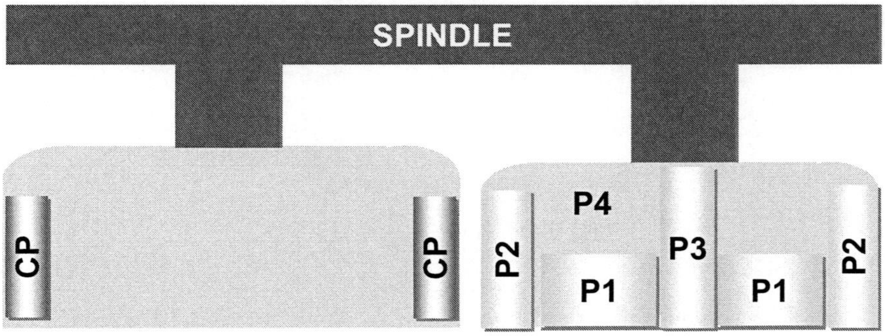

그림 7-29 두산메카텍사 1 zone type membrane carrier 구조

2) CMP 장비의 Polishing Platen 모듈 구성 및 특징

Polishing platen은 연마 웨이퍼 지지 기구체로서 연마 균일도에 영향을 주는 핵심적인 부품으로써 platen 평탄도, defect 수량 및 conditioner fail 시간 등의 성능 지표를 통해 평가할 수 있으며, 연마 패드가 부착되는 platen을 하부 구조체가 지지하면서 oscillation 또는 rotation하는 구조로 이루어짐.

현재 판매되는 300mm용 CMP 장비들은 모두 rotary type motion을 하며, 주변 기구물로 연마패드의 거칠기 유지를 통해 micro scratch를 관리하는 pad conditioner가 존재하며, 주요 소모재인 연마 패드는 미국의 Dow사가 독점하고 있으며, 기타 Cabot Microelectronics, JSR, Inno Pad, Fujibo, Thomas West사 등이 제품 개발을 완료하여 점차 시장점유율을 확대하고 있는 실정이다.

현재 반도체 생산 line에서 사용하는 platen은 70~120um 정도의 평탄도를 가지고 있기에 반도체 소자 제조 공정 수율에 영향을 끼치지 않는 수준이지만 향후 소자배선 선폭 감소에 따라 더욱 정밀한 평탄도가 요구됨에 따라 초정밀 가공 기술 개발이 중요하다.

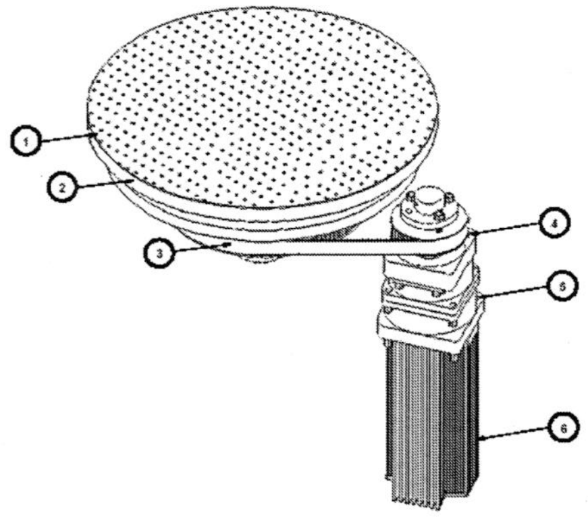

그림 7-30 Polishing Platen 구조

Applied Materials사의 Polishing Platen은 그림 7-30과 같이 Platen부와 Platen의 고속회전이 가능한 구동 모터로 기본 구성되어 있으며, 연마 대상 박막에 따라 높은 산, 알칼리도를 가지는 특수한 슬러리 사용으로 인한 표면 코팅 재질의 내화학성, 경도 등이 주요 관리 항목이다.

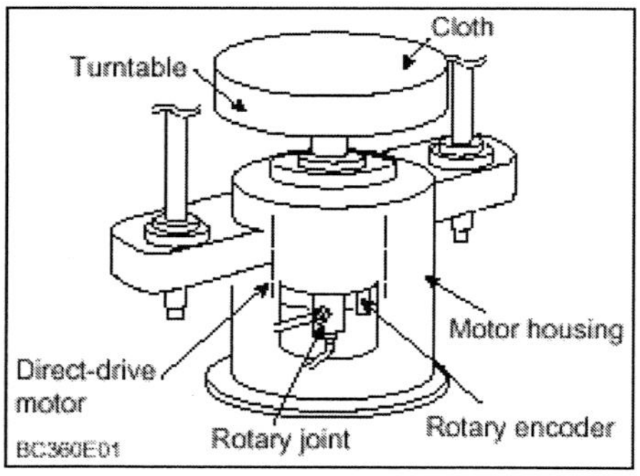

그림 7-31 Ebara사의 Polishing Platen 구조

Ebara사에서는 그림 7-31과 같이 Platen을 Turn table이라 명명하고, Direct drive motor에 의해 Platen을 회전하고, Rotary enconder에 의한 회전 속도 제어가 이루어지는 구조이며, 타사에 비해 Platen 크기가 커서 연마 패드 세정에 취약점을 가지고 있다.

그림 7-32 케이씨텍사의 Polishing Platen 구조

케이씨텍(주)사의 Polishing Platen은 그림 7-32와 같이 Applied Material사와 유사한 Rotary motion을 가지며, 주변부에 Slurry 공급 및 Pad 세정 Unit이 존재하며, 연마패드 거칠기 제어를 위한 Rotary & Sweep motion을 하는 Pad conditioner를 가지고 있다.

일반적으로 Sweep type pad conditioner는 Rotary type polisher에서 사용하고 있으며 Orbital type polisher는 모듈 구조상 사용 불가하며, 연마 패드의 균일한 마모를 제어하는 구동 기구이며, 연마 재현성과 웨이퍼 표면 오염도를 결정한다.

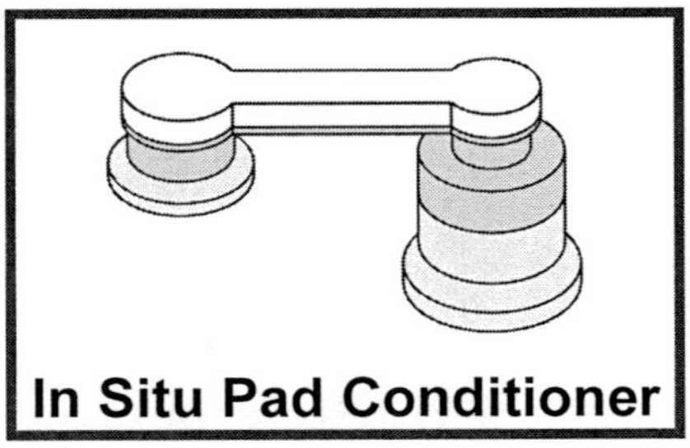

그림 7-33 Rotary & Sweep motion을 가지는 Pad conditioner 구조

Applied Materials사와 케이씨텍사는 그림 7-33과 같이 Sweep type conditioner를 사용하고 있으며, up/down, rotation 및 Sweep이 가능한 구조로 되어 있고, 4인치 Diamond disk를 사용함으로써 소모재 비용 측면에서 매우 우수하다.

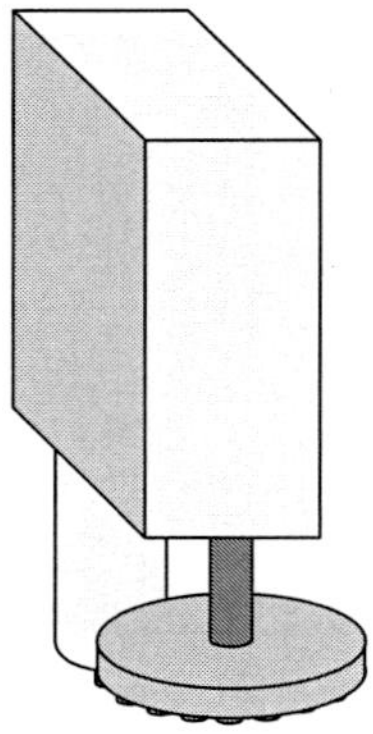

그림 7-34 200mm pad conditioner 구조

Ebara사 200mm CMP 장비에는 그림 7-34와 같이 Sweep type pad conditioner 구조로서 연마 패드 내 Sector별 분할이 가능한 구조이지만 8인치 이상의 Ring type disk 또는 Coin type disk를 사용함으로 인해 높은 소모재 유지비용이 요구되는 문제점을 가지고 있다.

3) CMP 장비의 Cleaning Station 모듈 구성 및 특징

Cleaning station은 연마된 웨이퍼 표면의 오염물 제어에 영향을 주는 핵심 부품으로써 Particle, 금속불순물 농도, Bath 온도편차, 웨이퍼 접촉 정밀도 및 유속 제어 정밀도 등이 매우 중요한데, 일반적으로 물리 화학적 웨이퍼 세정을 하기 위한 구조로 구성하며, Bath clean station은 차세대 저유전율 상수 값을 가지는 박막 표면의 소수성 특성으로 인한 오염물 제어하는 구조로써 Particle 증감 및 bath 온도 편차 등이 중요하고, Scrubbing station은 Roll type brush를 이용한 물리적 세정 기구로써 Particle 증감, 금속불순물 농도 및 웨이퍼 접촉 정밀도가 중요하며, Chemical controller는 세정 Chemical로 인한 산화 및 금속 박막의 표면 특성 변화를 제어하는 기구로써 높은 유속 제어 정밀도가 요구된다.

Polished 웨이퍼 표면에 잔류한 연마 잔류물을 물리화학적 방법으로 제거하고, 웨이퍼 박막 표면으로 확산된 슬러리 내 함유된 금속불순물을 희석된 불산을 이용하여 식각하여 제거하는 것으로써 기존 Wet station 장비에서 기원된 기술이 대부분인 관계로 Lam Research사의 Brush를 통한 약액 공급, Applied Materials사의 Vertical brush 기구 기술 이외에는 지적재산권 측면에서 문제점은 없는 것으로 추정된다.

Lam Research사는 지난 2000년 Ontrak사를 인수하여 Post cleaner를 제작, 판매하고 있으나 자체 Teres CMP 장비의 사업 실패로 인해 Cleaner 관련 개발을 중단하고, 사업 인수자를 찾고 있다. 그림 7−35과 같은 방식의 Cleaner는 Post CMP cleaner의 전형적인 모델로써 PVA brush를 이용한 물리 화학적 세정 방식의 원조이며, 매엽식 세정 장치에 있어 획기적인 장비이지만 건조기술 측면에서 차세대 반도체 CMP 공정 대응에 있어 부적합하다.

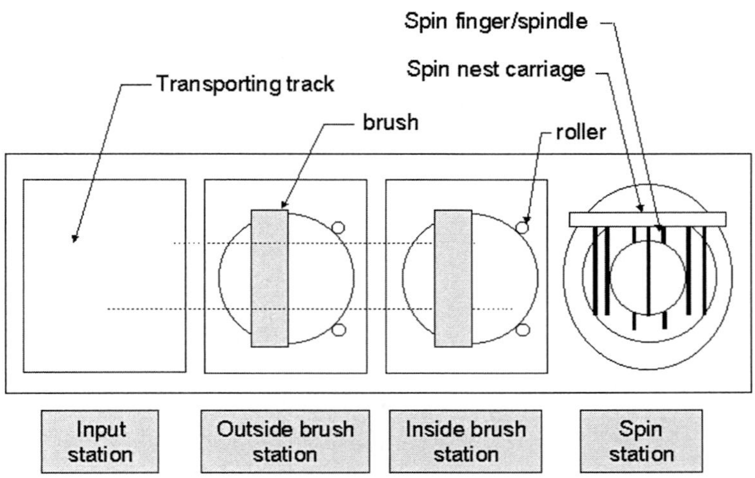

그림 7-35 Lam Research사의 Cleaning Station 구조

Applied Materials사는 그림 7−36과 같이 기존 장비 회사와는 다르게 웨이퍼 Flow 구동방식을 Wet station 장비와 유사하게 수직 방향으로 정렬함으로써 단위 시간당 세정능력을 향상시켰으나 신뢰성 측면에서 구동시간 여유가 필요함에 따라 단위 생산성이 낮은 편이지만 300mm 측면에서는 매우 바람직한 구조이며, Wet bath 방식의 Non-contact 방식의 화학적 세정이 가능한 구조를 최초로 도입하였고, Double side PVA brush에 의한 Contact 방식의 물리적 세정이 가능하다.

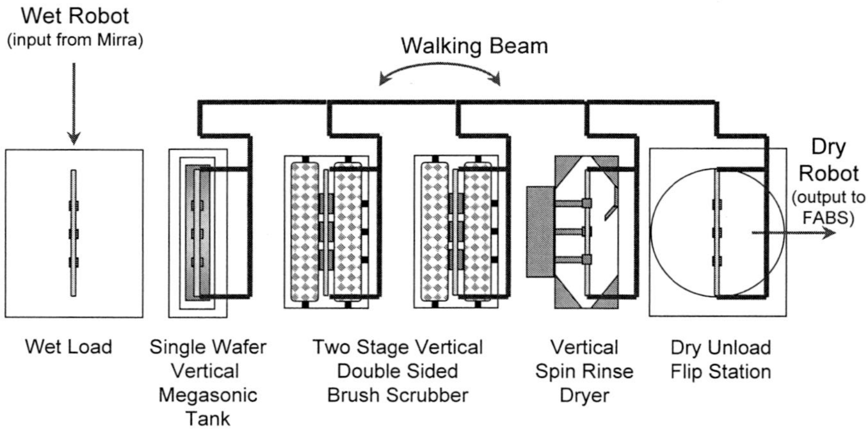

그림 7-36 Applied Materials사의 Cleaning Station 구조

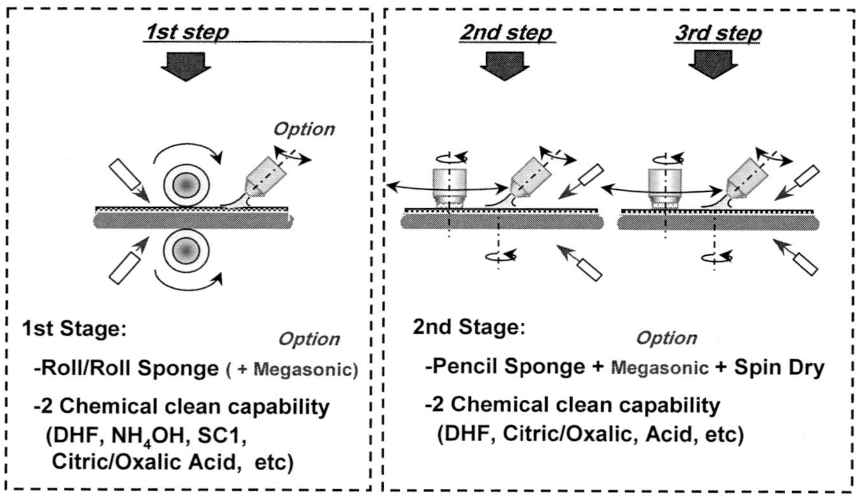

그림 7-37 Ebara사의 Cleaning Station 구조

Ebara사는 DNS등 일본의 전문 세정 장비 업체에 아웃소싱을 통해 Cleaner를 공급하고 있으며, 그림 7-37과 같이 현재 200mm 또는 300mm Cleaner 모두 Contact 방식의 Post cleaning 기술에 머물러 있으나, DNS사의 기술력으로 볼 때, 차세대 Cleaning station 개발에 대한 잠재력은 상당한 것으로 추정한다.

케이씨텍사(구 두산메카텍)는 그림 7-38과 같이 기존 Non contact type의 Pre cleaning station, Double side brush scrubbing station 그리고 Buffer station에 의한 높은 생산성을 가지는 Cleaning station 모듈을 개발하여 수십대를 판매

하였고, 300mm CMP 장비에서도 유사한 구조를 채택하였다.

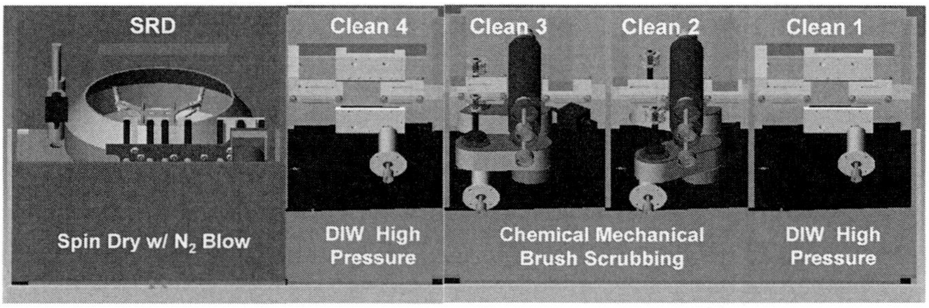

그림 7-38 케이씨텍사의 Cleaning Station 구조

4) CMP 장비의 Dry Station 모듈 구성 및 특징

Dry station은 연마된 웨이퍼 표면 유체를 제거하기 위한 모듈로써 평균 Fail 시간, 웨이퍼 처리 시간 및 이송 정밀도 등의 성능 지표를 통해 평가하며, 유체를 물리화학적으로 제거하기 위한 구조이며, 박막 표면 특성에 따라 기구 구성이 변화되어야 하는 건조 기구로써 기구 안정성이 중요하고, Transport 기구는 구동 정밀도에 따라 단위 생산성을 결정하는 만큼 중요하다.

Dry Station의 구성 방식은 연마 대상 박막의 유전율 상수 값에 크게 의존하며, 현재 3.0 정도의 유전상수 값을 가지는 박막의 표면 건조는 그림 7−40의 Lam Research사 cleaner의 Spin Rinse Dryer와 같은 고속회전 방식이 적절하지만 약 2.5 이하의 유전상수 값을 가지는 박막 건조 방식은 Applied Materials사의 그림 7−41과 같이 Marangoni IPA(이소프로필 알콜) 건조기술의 도입이 꼭 필요하다.

미국의 Applied Materials사는 그림 7−36과 같이 웨이퍼를 수직으로 정렬한 상태에서 고속 회전하는 방식의 200mm dry station을 개발, 판매 중에 있으며, 대구경 웨이퍼 및 저유전율 상수를 가지는 박막 표면 건조에 대응하기 위해 Relfexion LK version 장비에서는 기존 Wet station에서 사용하는 수증기화된 IPA를 이용한 건조 기술을 적용하고 있다. Applied Materials사의 Maragoni IPA 건조기술은 일반적인 Wet station 장비의 Vaporized IPA 기술(그림 7−39)에서 유래하였지만 빠른 건조시간으로써 Single 웨이퍼 세정 장비에 매우 적합하다.

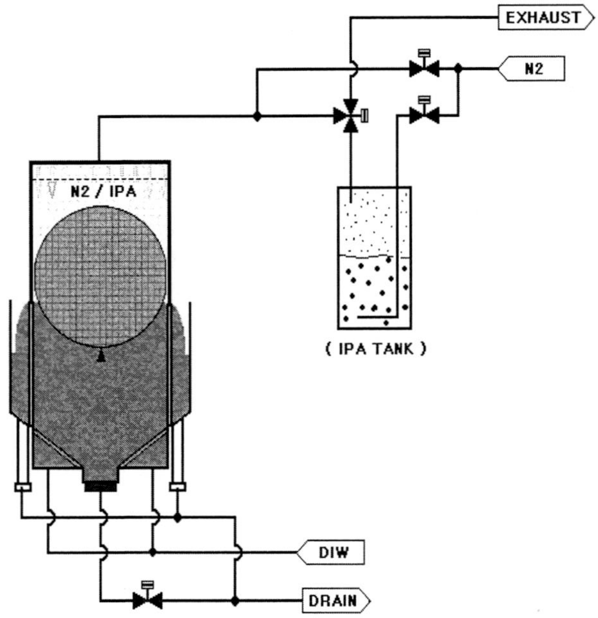

그림 5-286. Wet station 장비의 IPA dryer 구조

일본의 Ebara사는 그림 7—37과 같이 DNS사의 고속 회전에 의한 Dryer 기술을 적용함으로 인해 건조 성능에 한계가 존재하지만 CO_2 spray 기술을 접목시켜 한계를 극복하고 있다.

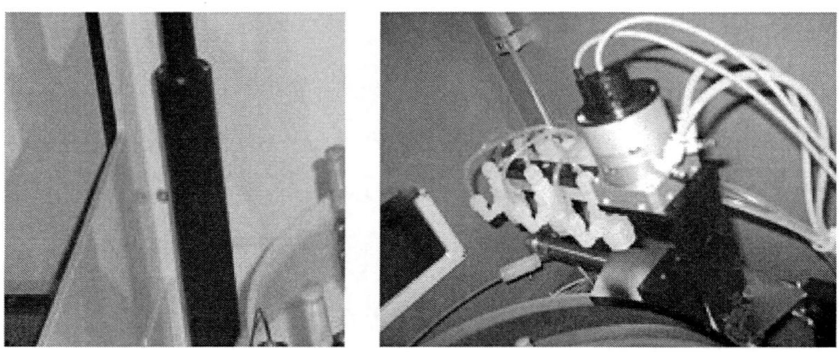

그림 7-39 케이씨텍사의 Dry Station 구조

케이씨텍사는 그림 7—40과 같이 웨이퍼 건조를 신속하면서도 물방울이 잔류되지 않도록 하기 위해 질소를 불어 넣어 주면서 고속 회전하는 방식의 Dry Station을 적용하였고, 저 유전율 상수에 의한 박막 표면 특성에 대응하기 위해 mist spray 방식의 IPA 건조기술을 개발, 적용하고 있다.

5) CMP 장비의 Advanced Equipment Control 모듈 구성 및 특징

연마대상막 연마종말점 검출을 위한 CMP 공정용 End point detecting system, 장비 내부 모든 구동 기구의 정상 구동 여부를 측정하기 위한 Motor speed feedback system, Slurr & Chemical flow Rate monitoring 및 interlock system, 패턴웨이퍼 연마 전후 박막 두께 측정하여 연마 시간을 조절하는 프로그램 등을 통합하여 CMP 장비의 실시간 감시가 가능한 자동화 시스템을 의미하는 것으로써 일반적으로 Advanced Equipment Control 시스템이라 명명한다.

표 7-3은 현재 적용되고 있는 CMP 연마종말점 검출 방식을 분류한 표로써 일반적으로 광학에 의한 연마 도중 실시간 두께 모니터링 및 연마 종점 검출 방식의 Optic EPD, 이종 박막으로 인한 연마 선택비 증가에 따른 모터 부하를 측정하여 연마 종점을 검출하는 Motor 전류 EPD, 연마 전후 웨이퍼 두께를 측정하여 연마 시간을 결정하는 In-Line metrology system, 기타 온도 변화를 측정하는 시스템 등이 상용화되어 적용되고 있으며, 또한 300mm 양산 라인의 자동화에 대응하기 위한 Advanced Process Control 방식이 적용되고 있다.

표 7-3 CMP 연마종결점 검출 기술

종점검출의 종류	종점검출의 원리	실 적	공간분해능	정 도	재료의 제한
토오크 검출식	피연마재료의 변화검지				마찰계수 변화가 작은 재료
정전용량	막두께 측정				도전재료
광학식	막두께 측정				불투명한 재료
진동해석식	표면요철/피연마 재료의 변화검지				

Applied Materials사는 그림 7-41과 같이 Optic EPD 기술을 개발, 자사 장비에 부착하여 판매하고 있으며, 특히 지난 2003년 Rhom & Haas사와의 특허 분쟁을 통해 관련 특허를 독점하고 있어 타사가 사용하기 어려운 상태이며, 그리고 관련 업체에서는 가장 먼저 그림 7-42와 같은 Closed Loop Contr

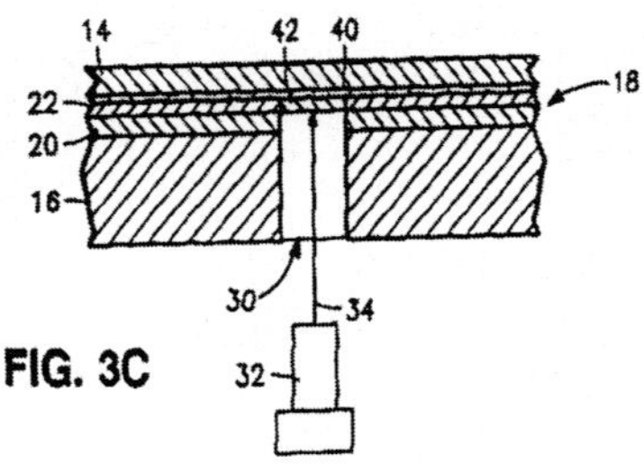

FIG. 3C

그림 7-40 Applied Materials사의 Optic EPD 구조

-ol equation을 개발하여 그림 7-43과 같은 APC 기술을 적용하고 있다.

Applied Materials사는 그림 7-42의 수식에서 볼 수 있듯 연마 대상 웨이퍼의 Target을 Open loop 방식에 의한 문제점을 해결하기 위해 기존의 Closed loop control 방식과 연마 패드 및 Diamond disk의 누적 사용 시간 또는 웨이퍼 수량, Monitoring sensor 등을 이용한 장비 구동 상태 검사 등을 통해 장비 상태를 실시간 분석하며, 연마하기 위해 유입되는 웨이퍼에 대한 박막두께 등에 대한 정보를 이전 증착 장비에서 구하여 종합적인 분석 및 결정을 통해 웨이퍼 연마 특성을 제어하고자 한다.

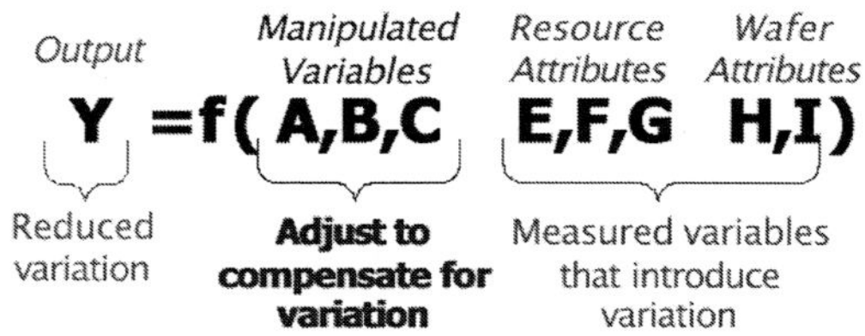

그림 7-41 Applied Materials사의 CLC equation

Applied Materials 사는 그림 7-43과 같이 CLC 수식과 장비내 소모재 관리 인자들을 연결하여 Advanced Process Control 기술을 장비에 적용하고 있다.

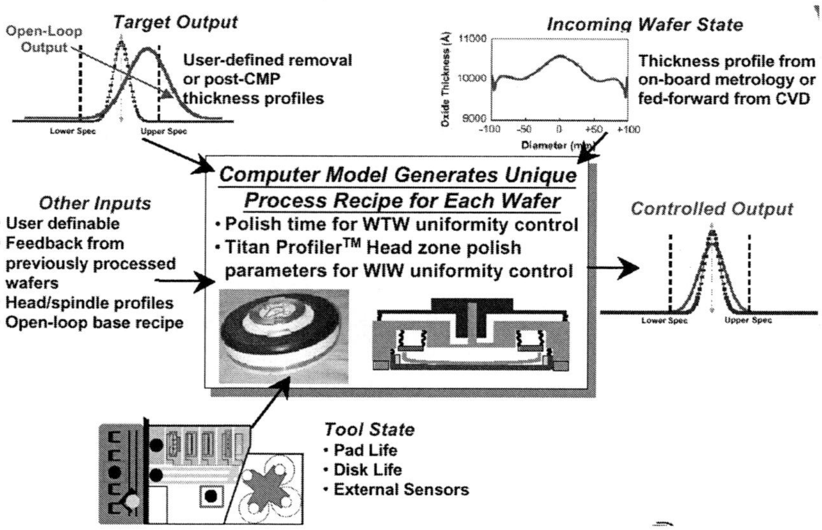

그림 7-42 Applied Materials사의 APC 개략도

일본의 Ebara사는 그림 7-44와 같이 기존 회사의 Motor Current EPD 방식이 아닌 Eddy Current EPD 방식을 연마 종말점 장치를 개발하여 Metal CMP 공정에 사용하고 있지만 Cu CMP 대응에는 한계가 있다.

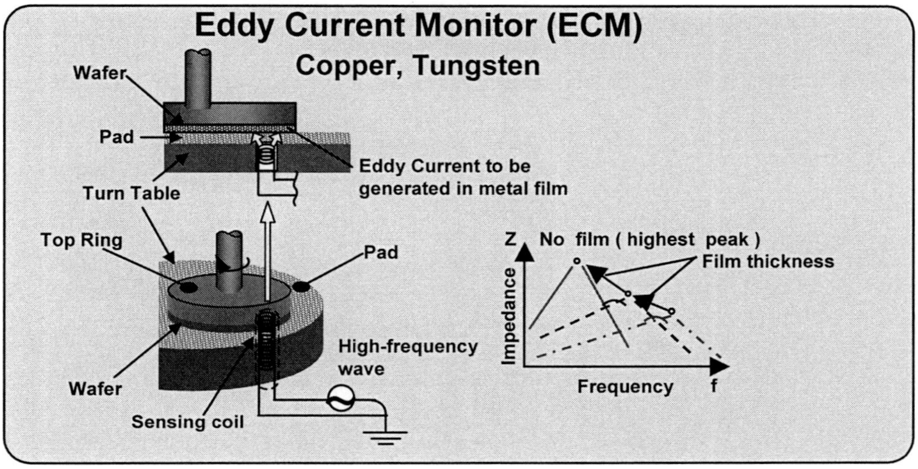

그림 7-43 Ebara사의 Eddy Current EPD 구조

4. 주요 구성품 및 역할

1) MIRRATM Mesa CMP 장비의 기능 모듈별 구성

반도체용 CMP 장비의 핵심 부품·소재를 분류하기 위해서는 세계시장 점유율이 가장 높은 Applied Materials사의 MIRRATM Mesa CMP 장비를 중심으로 세부 구성 요소를 설명하고자 한다.

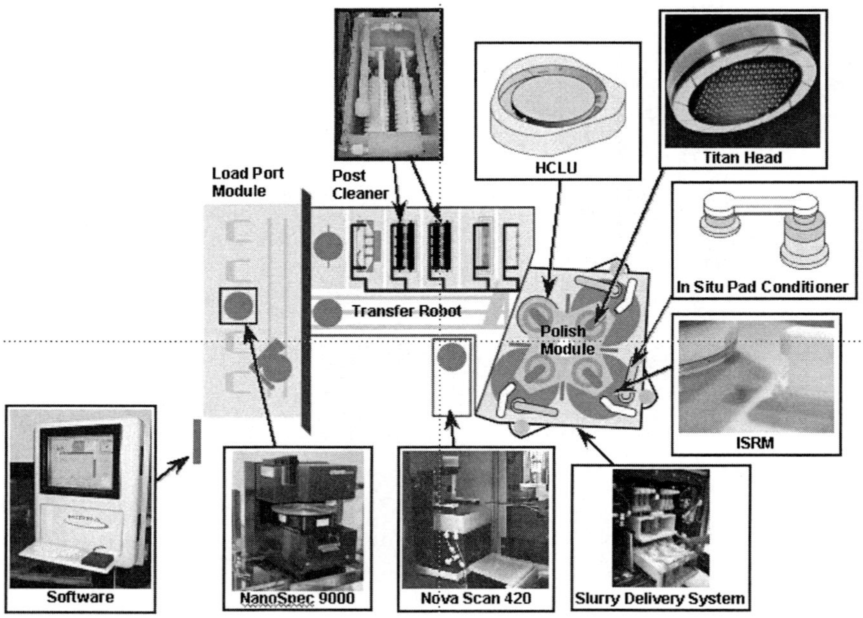

그림 7-44 Applied Materials사의 MIRRATM Mesa CMP 장비 구성

Applied Materials사의 MIRRATM Mesa CMP 장비는 Wafer transfer robot을 포함하는 Load port module, ISRMTM optic EPD를 포함하는 Polishing module, Slurry delivery module, Post CMP cleaning module 그리고 Control system module로 구분하며, 기타 옵tus으로 NOVA사나 Nano-metrics사의 In-line metrology system이 있다. Load port module의 Transfer robot은 일본의 Rotze, Yaskawa 또는 Kawasaki사 제품을 많이 사용하며, Post CMP cleaning module은 초기에는 Ontrak사의 DSS-200 또는 Synegry Integra system을 사용하다가 1999년 독자적으로 Mesa cleaner 출시후부터 고객 요청에 맞게 공급하였으며, 300mm CMP 장비부터는 Mesa를 업그레이드한 cleaner만을 사용하였다.

2) MIRRATM CMP System의 Mainframe 구성 및 역할

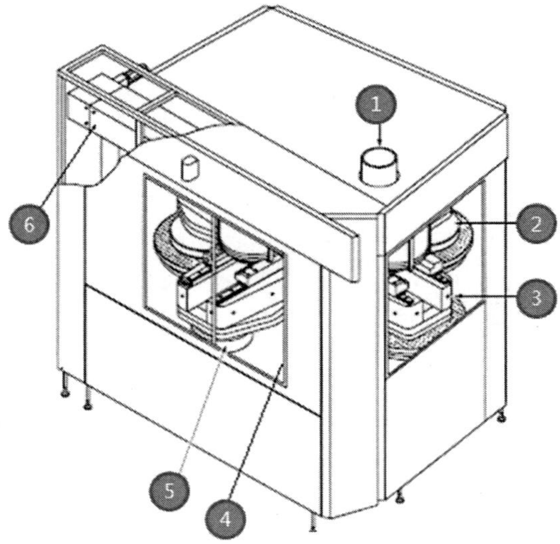

그림 7-45 CMP System의 Mainframe(Front View)

표 7-4 CMP System 각 부 설명(Front View)

번 호	항 목	내 용
❷	Polishing head (연마 헤드)	연마헤드는 웨이퍼 연마 동작을 수행하는데 먼저 load cup으로부터 웨이퍼를 수집하거나 각 platen에서 운반하는 동안 진공방식으로 웨이퍼를 보유하고, 연마하는 동안 retaining ring으로 웨이퍼의 이탈을 방지한다. 또한 platen 회전과 웨이퍼 자전하는 동안 웨이퍼에 정확한 압력을 가하는 역할을 한다.
❸	Platen (플레이튼)	플레이튼은 연마헤드에 의해 압력을 받고, 회전운동을 통해 슬러리를 분산시키는 역할을 한다. 플레이튼은 드라이브/벨트 조합을 통해 5kW급 모터로 일정한 회전운동(최대 200rpm)을 한다. 이러한 회전운동은 연마하는 동안 웨이퍼에 높은 마찰력을 발생시킨다.
❹	Light curtain (optional)	빛 막벽은 로봇이 설정된 궤적의 이탈 여부를 감시하는 역할을 함으로써 추가적인 사고를 방지한다.
❺	Load cup (로드컵, HCLU)	로드컵은 웨이퍼 이송 로봇으로부터 연마모듈(특히 연마헤드)에 웨이퍼를 전송하는 중간 부이며, 웨이퍼 전송 과정에서 연마헤드와 웨이퍼를 세척함은 물론 웨이퍼를 헤드내에 정확하게 정렬시키는 역할을 한다.
❻	Robot (로봇)	로봇은 4축으로 구성되며, load port 모듈의 웨이퍼 stage로부터 연마전 웨이퍼를 수집하여 x축 이동을 통해 로드컵에 웨이퍼를 전달하고, 연마후 웨이퍼를 post cleaner에 전달하는데 270도 회전이 가능하다.

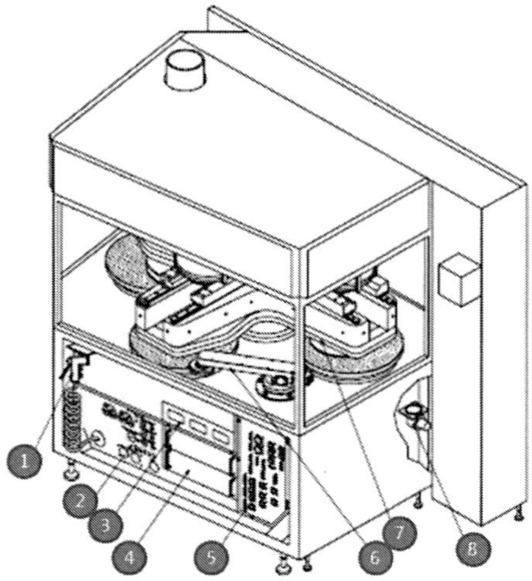

그림 7-46 CMP Mainframe(Backside View)

표 7-5 CMP System 각 부 설명(Front View)

번 호	항 목	내 용
❶	Spray gun	초순수를 분사하는 spray gun은 플레이튼 측면에 설치되어 주변부를 임의 세정할 수 있다.
❷	Facilities bulkhead	Facilities bulkhead는 아래의 유체를 공장내 중앙공급장치와 연마모듈을 연결하는 역할을 한다. • Deionized(DI) water(초순수) • Clean dry air(CDA) • Nitrogen(N_2) • Vacuum • Slurry
❸	Pneumatics Panel	유체제어패널은 장비내 유체의 공급을 제어하는 PC 보드로 구성되어 있다.
❹	Pneutronics drawers	상하부 pneutronics drawers는 각 1개의 5 슬롯 랙을 포함하며, 상부는 2개의 아날로그 모듈로 구성되며, 하부는 왼쪽에 2개의 아날로그 모듈과 오른쪽에 2개의 디지털 모듈을 포함한다.
❺	Electrical bulkhead	Electrical bulkhead는 아래의 각 CMP 시스템 구동용 전력공급을 위해 5201 컨트롤러에 연결된다. • Carousel 회전 • 로봇 축 이동 및 인코더 • 연마헤드 회전 및 sweep • 플레이튼 회전 및 인코더 • 패드콘디셔너 회전 • 유체공급, 열교환기 및 EMO
❻	Pad conditioner (패드콘디셔너)	패드콘디셔너는 각 플레이튼에 하나씩 설치되며, 연마중 또는 연마후에 연마패드 표면의 연마잔류물을 제거하고, 패드표면 거칠기를 초기화시키는 역할을 한다.
❼	Carousel (캐로슬)	4개의 연마헤드, 스핀들과 압력제어부를 포함하는 캐로슬은 270도 회전을 통해 각 플레이튼에서 웨이퍼를 순차적으로 연마할수 있도록 한다.
❽	Load Cup ressure Regulator	로드컵에서 압력을 조절할 수 있도록 하는 부품

※ MIRRATM Polisher에서 웨이퍼 연마 순서

- 첫 번째 플레이튼에 연마 헤드를 위치시킨다.
- 첫 번째 플레이튼에서 웨이퍼를 연마한다.
- 두 번째와 세 번째 플레이튼에 연마헤드를 위치시켜 웨이퍼를 연마한다.
- 로드컵(HCLU)에 연마후 웨이퍼를 내려놓는다.
- 로봇을 이용하여 Load Port 모듈의 카셋에 연마후 웨이퍼를 넣는다.
- Load Port 모듈에서 연마 완료한 웨이퍼가 담긴 카셋을 꺼낸다.
- 로드컵(HCLU)에서 연마헤드를 세척한다.
- 각 플레이튼에 있는 패드컨디셔너가 패드를 드레싱한다.

3) MIRRATM CMP System의 Post CMP Cleaner 구성 및 역할

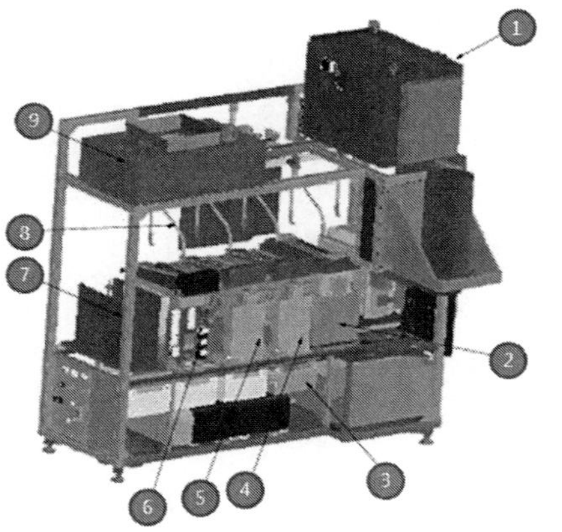

그림 7-47 연마 후세정 장치의 구성 모듈

표 7-6 연마 후세정 장치의 구성 모듈 설명

번 호	항 목	내 용
❶	Upper electronics	후세정 시스템의 전기 및 유체 공급을 제어한다.
❷	Megasonic module	웨이퍼 표면의 연마잔류물을 1차 제거하는 역할
❸	Lower electronics	5개의 모듈로 구성, 전기 및 유체를 제어한다.
❹, ❺	Brush module 1/2	PVA brush를 이용하여 웨이퍼 양면세정하는 역할
❻	Spin/Rinse/Dry (SRD) module	웨이퍼를 회전시키면서 1차 초순수를 분사하여 세정하고, 램프 또는 고속 회전하여 건조하는 역할
❼	Output station	후세정 시스템 단독 설치시 필요한 부분으로 건조된 웨이퍼를 카셋에 보관하는 장소
❽	Walking beam	단순 형태의 로봇으로 건조된 웨이퍼를 카셋에 이동시키는 역할
❾	HEPA filter	후세정 시스템도 청정도를 유지해주는 역할

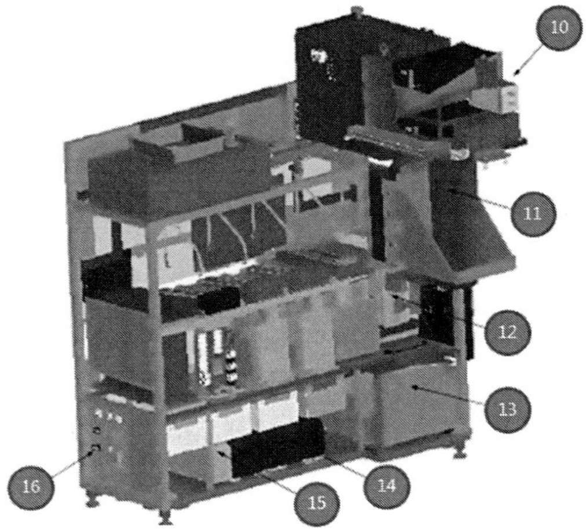

그림 7-48 연마 후세정 장치의 주요 assembly

표 7-7 연마 후세정 장치의 주요 assembly 설명

번 호	항 목	내 용
❿	Megasonic generators	Megasonic을 발생시키는 장치
⓫	Wet robot	연마후 웨이퍼를 로드컵에서 후세정 장치
⓬	Input/pass through	연마시스템과 후세정 장치 사이에 웨이퍼 이송경로
⓭	Megasonic LDM	Megasonic부에 초순수와 화학약품을 공급하는 장치(Liquid Delivery Module)
⓮	Brush module 1/2 LDM	Brush-1/2부에 초순수와 화학약품을 공급하는 장치(Liquid Delivery Module)
⓯	SRD LDM	SRD부에 초순수와 화학약품을 공급하는 장치(Liquid Delivery Module)
⓰	Facilities panel	후세정 장치에 유입되는 초순수와 화학약품을 조절하는 모듈

지금까지 주요 구성부에 대한 설명을 실시하였으며, 다음으로 CMP 장비내 각 중요부에 대해 설명하고자 한다.

4) 웨이퍼 handling robot 구성 부품

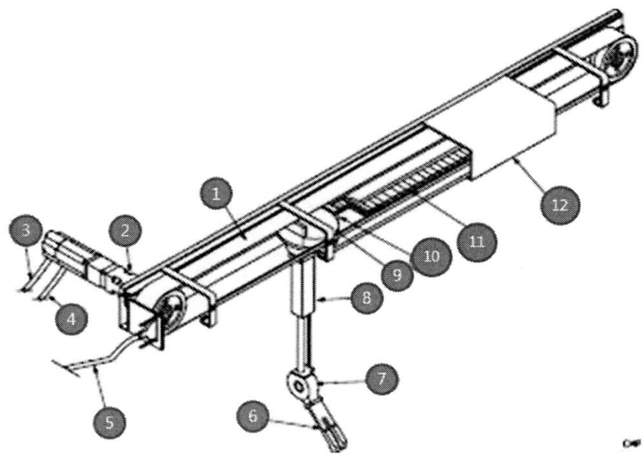

그림 7-49 웨이퍼 handling robot

표 7-8 웨이퍼 handling robot

번 호	항 목	내 용
❶	Track cover belt	로봇내 부품들을 보호하며 이동할 수 있는 벨트
❷	X-axis drive motor	로봇의 x축 이동을 조절하는 서보모터로서 서보 드라이버(MEI 보드가 제어)로부터 아날로그 신호를 받아 사용되며, 이송속도, 방향 및 위치를 제어한다.
❸	Encoder signal cable	드라이버에서 MEI 보드로 encoder 신호를 보내주는 케이블
❹	X-axis motor signal	모터와 드라이버 사이 인터페이스를 제공하는 케이블
❺	Wrist, shoulder and z-axis output cable	로봇 interconnect 보드와 제어기 사이의 인터페이스를 제공하는 케이블
❻	Robot end- effector	카셋(또는 후세정 장치)과 로드컵 사이에서 웨이퍼를 이동시키는 블레이드
❼	Robot wrist	웨이퍼를 로드컵에 이송시 end effector를 수평 또는 수직 방향으로 회전시키는 부품
❽	Robot arm	로봇 wrist와 end-effector를 z축 이동시키는 부품
❾	Robot carriage and shoulder axis drive	로드컵 내외부로 로봇 arm을 이동시 사용되는 부품
❿	Robot interconnect board	로봇 shoulder, wrist 및 z축 이동을 위해 필요한 모든 센서, 인코더 및 모터신호를 제공하는 보드
⓫	Robot cabling track	로봇 동작시 케이블을 보호하기 위한 트랙
⓬	Track cover	로봇 보호를 위한 덮개

5) 로드컵(HCLU, Head Cup Load Unload) 모듈 구성 부품

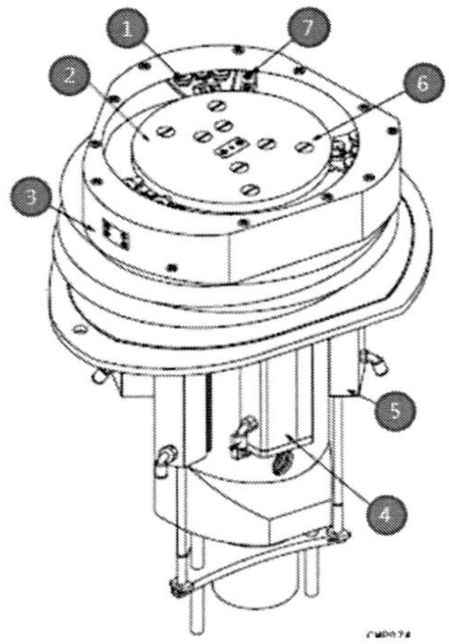

그림 7-50 로드컵(HCLU) 모듈

표 7-9 로드컵(HCLU) 모듈 설명

번 호	항 목	내 용
❶	Centering mechanism	웨이퍼 위치조절 매커니즘, 연마헤드 중심부에 웨이퍼를 위치시키기 위해 사용되는 스프링을 이용한 위치조절 방식으로 3 set의 부품으로 구성된다.
❷	Pedestal	로봇을 이용하여 로드컵에 웨이퍼를 이동할 때, 웨이퍼가 놓여지는 부품을 pedestal이라 명명, Pedestal은 연마헤드에 웨이퍼를 위치시킬 때 상하 이동한다.
❸	Load/Unload cup	로드컵은 웨이퍼 이송 로봇에서 연마 모듈로 웨이퍼를 이동시 사용되는 모듈로써 연마전, 후 웨이퍼 이송과정에서 웨이퍼와 연마헤드를 세정하는 역할도 수행한다.
❹	Cup lift cylinder	로드컵의 상하 이동을 위한 부품으로 pedestal lift cylinder를 로드컵 어셈블리로 움직이거나 pedestal과 관계없이 움직이는데 이용된다.
❺	Pedestal lift cylinder	Pedestal plate를 상하 이동시키는 부품으로 cup lift cylinder와 함께 로드컵 어셈블리를 움직이거나, 로드컵과 관계없이 독자적으로 이용된다. 로드컵 아래에 3개의 pedestal lift cylinder가 위치한다.
❻	Pedestal rinse jets	Pedestal plate를 세척하기 위한 초순수 분사기로 8개의 pedestal rinse jet과 1개의 center jet으로 구성된다.
❼	Load cup rinse jets	로드컵 세척을 위한 초순수 분사기로 세쌍의 load cup rinse jet으로 구성된다.

HCLU부는 200mm polisher에서는 1cup 방식, 300mm에서는 웨이퍼 flow 분리를 위해 2cup 방식으로 설치되어 있으며, 웨이퍼 load/unload 불일치시 웨이퍼 chipping으로 인한 broken 위험이 가장 높은 곳으로써 매우 중요하다.

6) 연마헤드 부(Polishing Head Station) 구성 부품

그림 7-51 연마헤드(또는 스핀들) 부 형상

표 7-10 연마헤드(또는 스핀들) 부 형상 설명

번 호	항 목	내 용
❶	Rotary Union	리테이너링 압력, 연마(또는 멤브레인) 압력 그리고 진공 그립을 위한 유체공급 부품으로 rotary union을 통해 연마헤드로 유체를 이동시킨다.
❷	Upper Pneumatics	연마헤드 sweep 이동을 위해 연마헤드 상부에 설치되어 있는 전기제어 모듈
❸	Spindle motor	연마헤드를 회전시키는 역할을 하는 부품
❹	Sweep mechanism	연마플레이튼(패드를 포함하는) 반경으로 연마헤드를 sweep 운동시키는 메커니즘
❺	Polishing head	연마대상 웨이퍼에 정확한 압력을 인가시키고, 플레이튼으로부터 웨이퍼를 탈착시키는 연마헤드 어셈블리를 명명, 또한 로드컵으로부터 웨이퍼를 수집할 수 있다.

CMP 공정 성능에서 가장 중요한 구성으로 rotary union의 port 수량에 따라 polishing head의 zone이 결정되며, 이에 따라 웨이퍼내 연마균일도를 결정하게 하는데, 200mm에서는 1zone, 300mm에서는 5zone까지 구성된다.

7) 연마헤드(Polishing or Membrane Head) 구성 부품

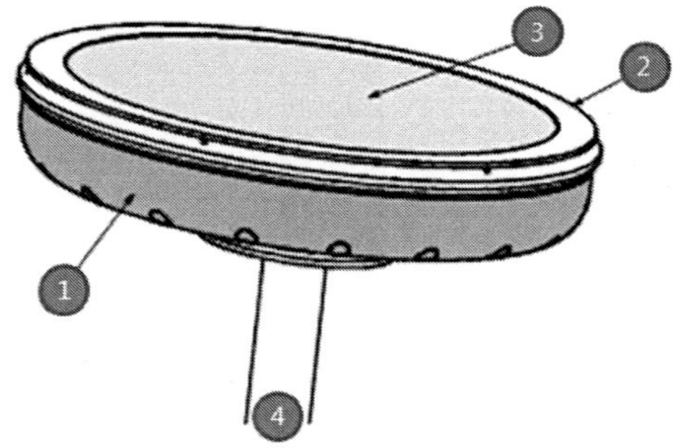

그림 7-52 연마헤드 형상

표 7-11 연마헤드 형상 설명

번 호	항 목	내 용
❶	Polish head body	연마헤드부의 모든 부품을 유지시키는 부품.
❷	Retainer ring	연마중 웨이퍼의 slip-out을 방지하고 또한 웨이퍼 가장자리의 연마 균일도를 향상시키는 부품.
❸	Membrane	연마중 연마헤드에 웨이퍼를 유지시키면서 가압함으로써 연마속도를 조절할 수 있는 부품으로 EPDM(8인치 장비용), Silicon(12인치 장비용)으로 구성된다.
❹	Inner tube (internal part)	로드컵 또는 연마후 플레이튼(정확하게는 패드)으로부터 웨이퍼를 탈착(de-chuck)시키기 위한 부품으로 웨이퍼를 가압하여 간접 챔버를 형성하여 탈착한다.

상기 부품외 carrier film, inner tube ring, flexture 등이 중요한 구성이다.

8) 연마 플레이트튼 부(Polishing Platen Station) 구성 부품

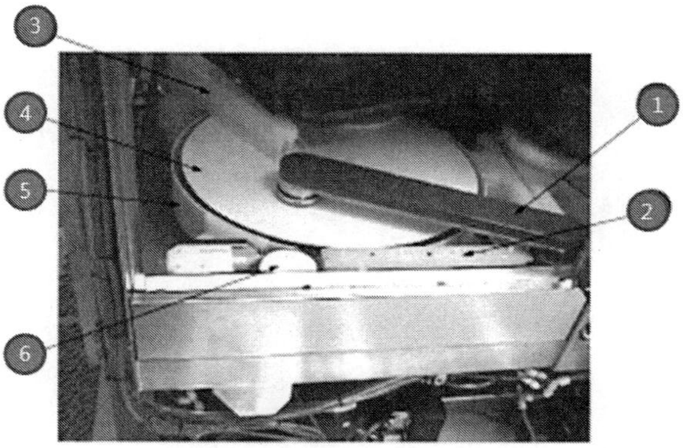

그림 7-53 연마 플레이트튼 부 구성

표 7-12 연마 플레이트튼 부 설명

번 호	항 목	내 용
❶	Pad conditioner arm	연마패드의 profile과 glazing 현상을 최소화하기 위한 어셈블리
❷	Pad conditioner spray bar	패드콘디셔너 표면의 오염물(슬러리 등)을 제거하기 위한 부품
❸	Slurry delivery arm	플레이튼에 슬러리와 초순수를 공급하는 어셈블리
❹	Platen	상부에 연마패드가 부착되어 슬러리를 분산시켜 웨이퍼를 연마할 수 있는 부품
❺	Platen guard (3 pieces)	연마 중 슬러리가 플레이튼 주변부로 누출되는 것을 방지해주는 부품
❻	Pad conditioner clean cup	패드컨디셔너 표면을 세척하기 위해 초순수를 보관하는 어셈블리

9) 패드 콘디셔너(Pad Conditioner) 구성 부품

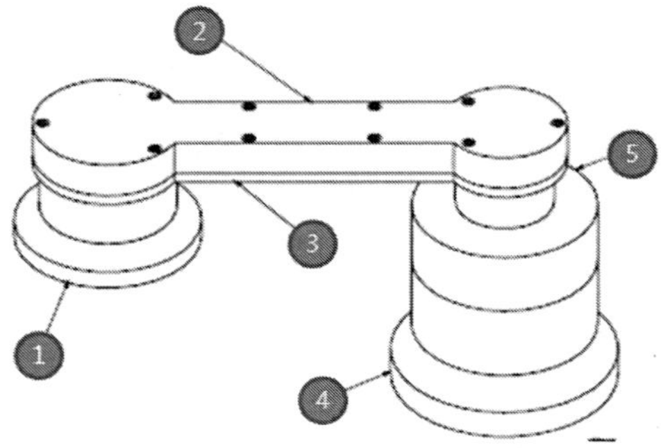

그림 7-54 패드 콘디셔너 구성

CMP 공정에서 Platen 상부 연마패드에 점성을 가지는 연마 슬러리를 장시간 공급하게 되면 패드 표면의 미세 기공에 막히는 Glazing 현상이 발생하게 되며, 이로 인해 웨이퍼 to 웨이퍼 연마속도가 급격히 감소하는 문제가 나타날 수 있다. 이러한 문제점을 해결하기 위해서는 상기 Diamond disk를 이용하여 연마패드를 Dressing함으로써 연마잔류물 제거 및 패드 거칠기를 일정하게 유지해야만 한다.

표 7-13 패드 콘디셔너 설명

번 호	항 목	내 용
❶	End effector (or Diamond Disk)	연마중 또는 연마전후 패드 상부 오염물을 제거하고, 표면거칠기를 유지시켜주는 부품으로 80~100mesh 크기의 다이아몬드가 입자가 전착 또는 융착 방식으로 균일하게 고정시킨 형태로 구성된다.
❷	Belt cover	Drive belt와 pulley를 보호하기 위한 부품으로 유지관리 시에는 제거된다.
❸	Pad conditioner body	End effector를 구동시키기 위한 drive 부품들을 가지는 어셈블리로써 air cylinder로부터 유체를 공급받을 수 있다.
❹	Base plate	모든 drive 부품들을 가지는 어셈블리로써 플레이튼부 상부에 위치한다.
❺	Sweep housing	Pad conditioner body를 이동시킬 수 어셈블리로써 회전운동에 의해 pad conditioner부의 sweep 운동을 발생시킨다.

10) Slurry Delivery 모듈 구성 부품

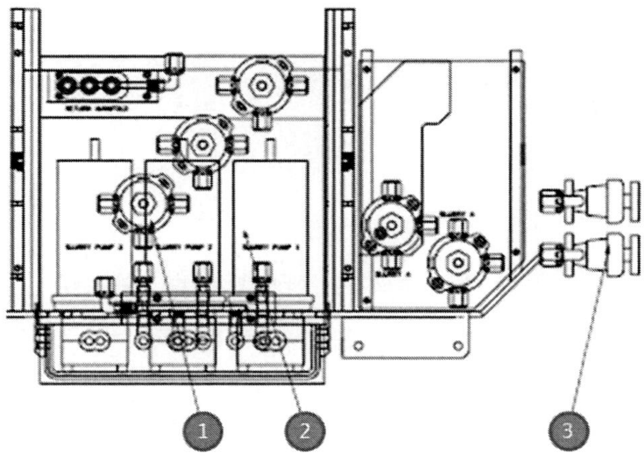

그림 7-55 Slurry Delivery 모듈 구성

CMP 공정 적용 초기에는 1 platen 1 peristatic pump type delivery unit으로 구성하였고, ceria slurry 도입에 따라 1 platen 2 pump 방식으로 변화되었으며, peristatic pump로 인한 slurry내 연마제 응집 문제로 인해 pumpless type delivery unit이 도입될 만큼 공정에 대한 영향이 크다.

표 7-14 Slurry Delivery 모듈 구성

번 호	항 목	내 용
❶	Pneumatically operated valve	슬러리 공급을 조절하는 밸브이며, "T" leg에서 밸브를 pass함으로써 슬러리가 공급이 시작된다.
❷	Slurry delivery pump	슬러리 및 초순수를 공급하는 펌프로써 peristatic type과 pumpless type으로 구분되며, 분당 공급량으로 유속이 결정되며, 주기적으로 보정이 필요하다.
❸	Manual slurry delivery shut-off valve	강제적으로 슬러리 공급을 차단할 수 있는 밸브

11) Polisher Facilities Panel 구성 부품

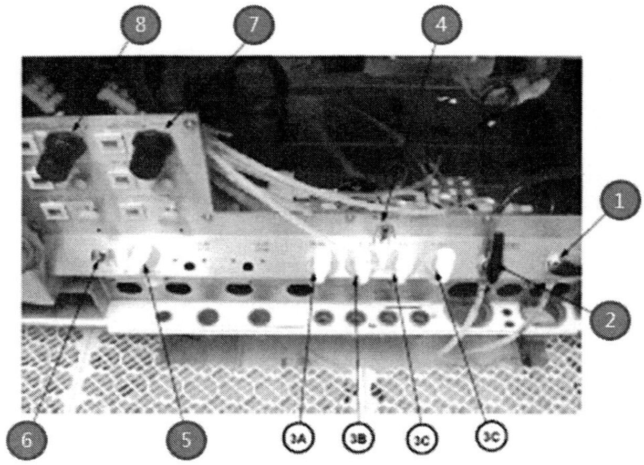

그림 7-56 Polisher Facilities Panel 구성

200mm CMP 장비에서는 초순수(De-ionized Water, DIW), Gas(N2, Air) 및 Chemical 공급량 및 속도의 제어를 floating valve를 사용하였으나, 보다 정밀한 실시간 모니터링 및 제어가 요구되는 300mm CMP 장비에서는 auto control valve를 적용하고 있다.

표 7-15 Polisher Facilities Panel

번 호	항 목	내 용
❶	CDA isolation valve	연마 모듈에 CDA를 공급하는 밸브
❷	N_2 isolation valve	연마 모듈에 N_2를 공급하는 밸브
❸	Slurry supply valve	슬러리를 공급하는 밸브(A, B, C, and D)
❹	Slurry on/off switch	슬러리 공급 밸브를 전기적으로 제어하는 switch
❺	Main DIW valve	연마 모듈에 초순수를 공급하는 밸브
❻	DIW on/off switch	초순수 공급 밸브를 전기적으로 제어하는 switch
❼	CDA regulator	CDA 공급압력 조절기 @ ___psi
❽	N_2 regulator	N_2 공급압력 조절기 @ ___psi

12) Cleaner의 Walking Beam 구성 부품

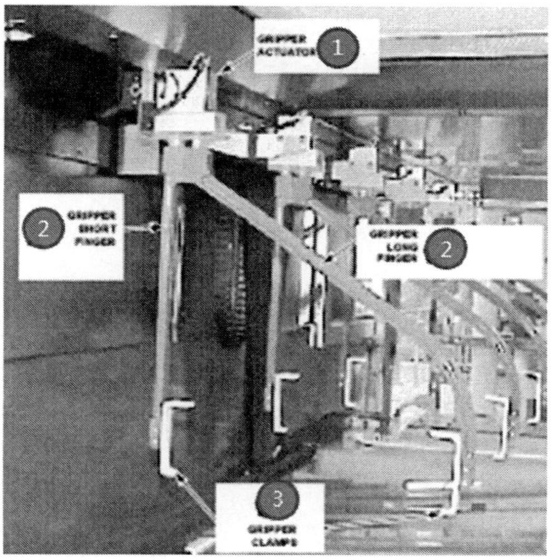

그림 7-57 Walking Beam 구성

표 7-16 Walking Beam 설명

번 호	항 목	내 용
❶	Gripper actuator	웨이퍼를 이송 또는 탈착시기 위해 finger를 구동시키는 장치
❷	Gripper fingers	퉈저와 같이 웨이펑 이송 중 웨이퍼를 가지고 있도록 하는 부품
❸	Gripper clamp	Walking beam 이동시 웨이퍼를 보호하는 부품

13) Cleaner의 mega-sonic tank 구성 부품

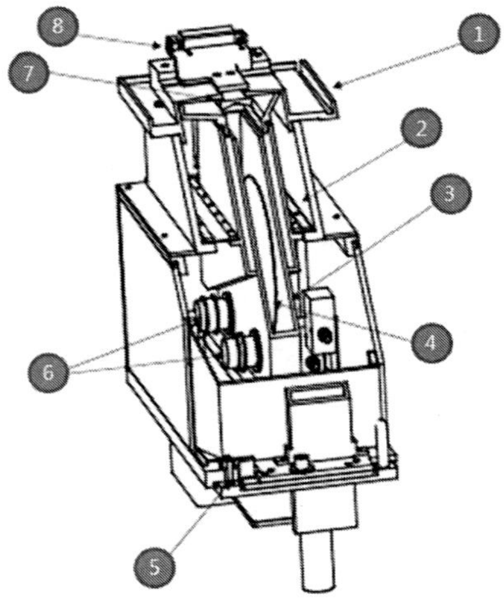

그림 7-58 Mega-sonic Tank 구성

반도체 소자배선 미세화에 따라 CMP 공정기술이 층간절연막 평탄화에서 소자분리 목적으로 변화됨에 따라 CMP후 배선 recess 지역에 미세 오염물이 잔류하는 현상이 발생하였고, 기존 contact 방식 세정으로 제거할 수 없는 문제가 발생함으로써 mega-sonic tank(or bath)에 웨이퍼를 dip한 다음, mega-sonic을 이용하여 제거하는 non-contact 방식 세정기술이 중요하게 되었다.

표 7-17 Mega-sonic Tank 설명

번 호	항 목	내 용
❶	Cover	메가소닉 탱크 상부 덥개로써 drive pan을 포함하며, walking beam에 의해 웨이퍼 이송시 오염물이 탱크 내부로 유입되는 것을 방지해주는 부품
❷	Primary containment	웨이퍼가 처음 유입되는 곳으로 웨이퍼 표면 오염물을 메가소닉을 이용하여 제거하기 위한 장치
❸	Secondary containment	Primary containment로부터 overflow되는 액체를 일정 수위에 도달할 때까지 저장하는 장치로써 탱크의 외부에 위치한다.
❹	Wafer	세정대상 웨이퍼.
❺	Module adjust screw	메가소닉 탱크를 정렬시키는 부품으로 walking beam에 일치시키고자 할 때 사용된다.
❻	Wafer roller	메가소닉 탱크에서 웨이퍼를 회전시키는 어셈블리로써 화학약품으로 인한 부식 발생을 억제하는 재료로 만들어진다.
❼	Door	웨이퍼를 가지는 walking beam이 메가소닉 탱크 내부로 이동할 수 있도록 하는 장치
❽	Door actuator	Door 개폐를 가능하게 하는 전기적 장치

14) Cleaner의 Brush module 구성 부품

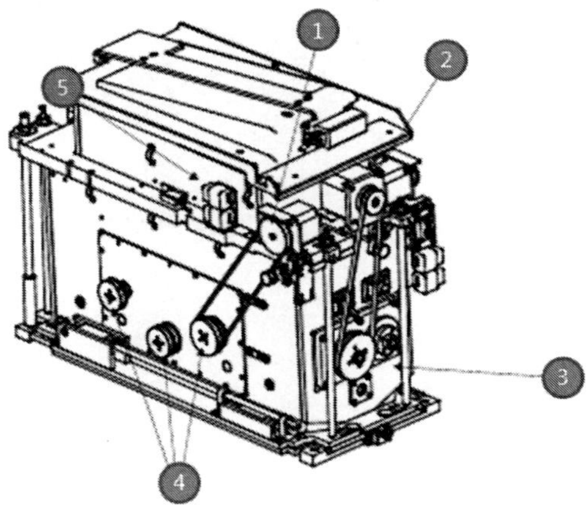

그림 7-59 Brush module 외부 구성

표 7-18 Brush module 외부 구성 설명

번 호	항 목	내 용
❶	Wafer roller motor	Wafer roller pulley에 위치한 belt를 구동시키는 부품
❷	Brush motor	Brush gear 장치에 위치한 belt를 구동시키는 부품
❸	Brush gear assembly	외부 brush motor를 회전시키는 장치로써 brush 모듈 내부에 위치하며, 내부 pulle를 drive belt를 통해 brush mandrel에 연결시킨다.
❹	Wafer roller pullers	Wafer roller를 직접 구동시키는 장치
❺	Wafer sensor	웨이퍼 존재여부를 검출하는 센서

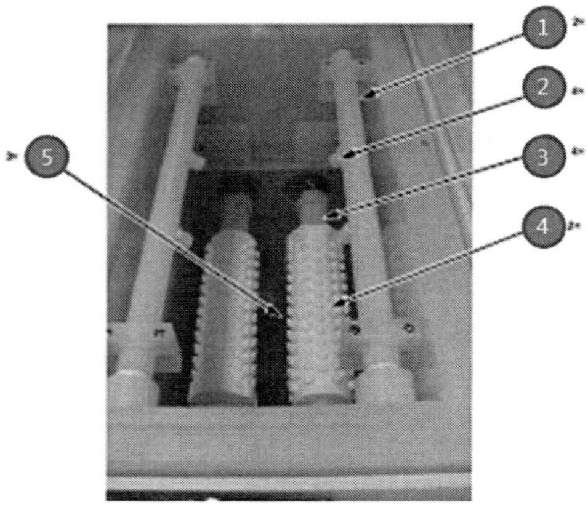

그림 7-60 Brush module 내부 구성

표 7-19 Brush module 내부 구성 설명

번 호	항 목	내 용
❶	Spray bar	Spray nozzle에 화학약품 등을 공급하는 부품
❷	Spray nozzle	웨이퍼에 화학약품 등을 분사시키는 부품
❸	Brush mandrel /sleeve assembly	PVA brush를 유지시키는 축으로써 화학약품 등을 중심부 구멍을 통해 brush로 공급할 수 있는 부품으로 내화학성이 있는 재료를 사용하여 제조된다.
❹	Brush	PVA(Poly Vinyl Alcohol)로 제조된 다공성 고분자 부품으로 초순수 또는 화학약품에 의해 wetting시 형체 변화가 없는 정도의 탄성을 가져야 하며, 표면에는 약 5mm 높이의 수많은 돌기들이 형성되어 웨이퍼 표면을 긁음으로써 웨이퍼 상부 오염물을 제거하는 역할을 한다. 통상 회전속도는 400 rpm을 사용한다. Brush 크기는 OD(외경)=2.75"±0.15 ID(내경)=1.25"±0.04 길이는 8인치 또는 12인치 웨이퍼에 따라 다르다.
❺	Wafer roller	웨이퍼를 회전시키는 부품으로써 4개가 설치된다.

15) Cleaner의 SRD(Spin Rinse Dry) module 구성 부품

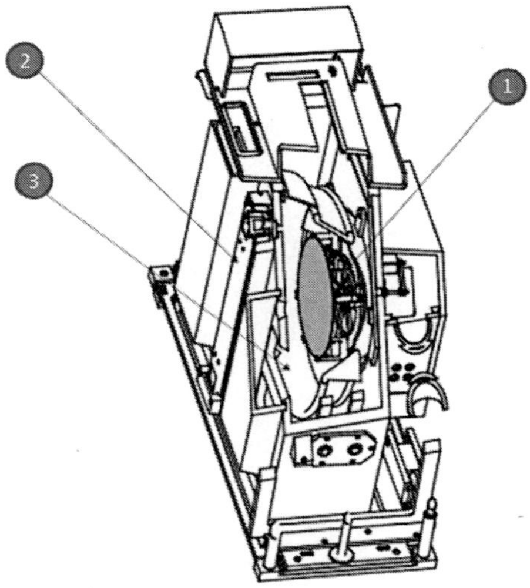

그림 7-61 SRD module 구성

표 7-20 SRD module 구성 설명

번 호	항 목	내 용
❶	Flywheel	웨이퍼 건조시 잔류 습기를 제거하고 균일한 건조가 이루어지도록 하는 부품
❷	Lamp/Heater	웨이퍼 표면에 열을 가하는 방식으로 건조시키기 위한 부품으로 건조시간은 30초가 소요되는데, 회전속도 및 배기 정도에 따라 변화가 있다. ※ 건조시 사용되는 단위 기술들 • Tungsten halogen quartz lamp • 웨이퍼 고속회전 • 건조한 공기의 유입 • 배기 용량 • Flywheel 회전 속도
❸	Shield	초순수나 수분 등이 웨이퍼에 낙하하지 않도록 친수성 quartz로 만들어진 부품

16) Control(Electric) Module 구성 부품

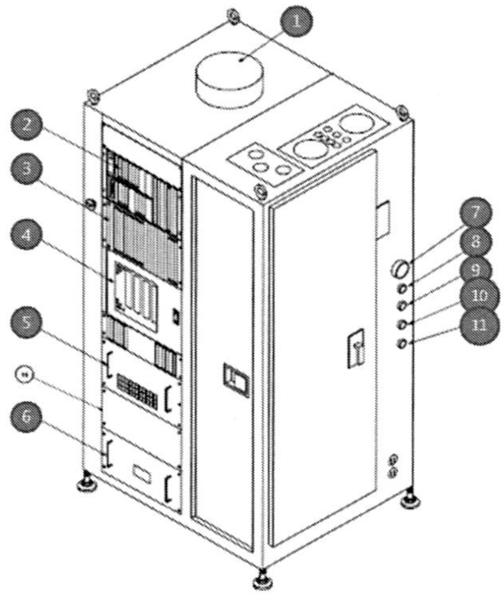

그림 7-62 Electric Control Module 구성

표 7-21 Electric Control Module 구성 설명

번 호	항 목	내 용
❶	Fan	10인치 원형으로 전기제어기와 AC 전력공급 캐비넷의 배기를 위해 사용된다.
❷	System electronic assembly	구동시스템 부품들과 VME 제어기를 연결해주는 장치로 13~20번 slot을 가지는 디지털 I/O 보드를 보유한다(디지털 I/O 보드 수는 CMP 장비 구성에 따라 변화된다.). ※ 디지털 I/O 보드는 • 서로 교체 가능하며, • 여러 시스템 장치의 on/off 상태를 모니터하고 조절하며, • DI 또는 DO이 on 상태일때 ground에 전류를 보낸다.
❸	VME controller	CMP 장비 소프트웨어를 구동시키기 위한 단일 보드 PC를 가지며, 또한 아날로그 및 디지털 I/O 보드를 보유한다. 디지털 I/O 보드는 item 2로 규정되며, 14번과 15번 slot에 위치한다. ※ 아날로그 I/O 보드는 • In/output을 위한 소프트웨어로 구성되며, • 서로 교체 가능하며, • 외부 장치로부터 아날로그 정보를 받는 아날로그 입력 채널을 제공하며, 아날로그 출력 채널은 0~10DC 볼트에서 −5~5DC 볼트로 제한한다. 전압범위는 특정 부품에 기초하여 소프트웨어에 의해 제한하며, 출력범위는 0~10DC 볼트 그리고 최대 구동 전류는 5mA이다. 채널들은 필터링되며, 소음 방지를 위해 VME backplane으로부터 광학적으로 분리되어 있다.
❹	Phase drivers	로봇 구동 제어를 위한 2상 드라이버와 연마헤드 sweep 구동 제어를 위한 5상 드라이버로 구성되며, 5상 드라이버는 단일 115 VAC로 작동하며, 단일 stepper 모터를 위해 0.4~1.4 amps/phase 범위의 전류를 공급한다.

번 호	항 목	내 용
❺	Power supply drawer	120 VAC에서 저전압 직류로 전환시키기 위해 컨버터와 트랜스포머를 포함한다. 전압 공급 입력은 120 VAC±10% 60Hz
❻	Transformer drawer	Step-down 트랜스포머(208 : 120 VAC)를 가지며, 트랜스포머는 여러 가지 시스템 구성품에 필요한 120 VAC를 공급하는 서킷 브레이커를 포함한다.
❼	EMO switch	붉은색 버튼을 누르면 CMP 장비의 AC 전압을 차단시키며, 즉시 장비전체 전원을 off 시킨다.
❽	Main Line switch	푸른색 버튼을 누르면 장비 제어부의 전원을 on 시킨다.
❾	EMO circuits on switch	EMO 스위치를 off한 다음, 장비 시스템에 AC 전원을 저장시킨다.
❿	Machine circuits on switch	주요 AC box 내부 slave relay(K3)를 활성화 시킨다.
⓫	Power-off button	본 버튼은 CMP 장비 전원을 차단시키는 역할을 하며, 이때 EMO 서킷의 활성화는 지속된다. 따라서 장비 전원을 넣기 위해서는 단지 MACHINE CIRCUITS ON 버튼만을 클릭하면 된다.

5. 주요 부품 분해조립 및 고장 대응

1) Mirra 장비의 주요 모듈 및 부품 분해조립 방법

(1) 로드컵(Load Cup, HCLU)부 분해조립

① CMP 시스템 interlock을 회피하는 순서는

- 시스템에 연결되는 window와 skin을 제거한다.
- CMP 시스템 window 또는 패널 스위치 interlock을 회피한다.
- CMP 시스템 interlock이 회피되었다는 신호를 보낸다.

② 로드컵 pedestal film 교체하는 순서는

- Pedestal을 올리고 "Service Load Cup(HCLU) Pedestal"을 클릭하고, PC에서 "Load Cup(HCLU) ® Cup Assembly Down"을 클릭한다.
- 사용한 pedestal 필름을 벗겨내어 제거한다.
- Pedestal 필름 표면의 잔류 접착제를 나일론 브러쉬를 이용하여 제거한다.
- Pedestal 표면을 세척하고 건조시킨다.
- 새로운 pedestal 필름의 모서리를 벗겨낸 다음, 필름의 구멍과 pedestal 구멍을 일치시키고, 접착면에 있는 기포를 제거할 수 있도록 균일한 힘으로 부착한다.
- Pedestal 필름 표면에 초순수를 분사한 다음, 나일론 브러쉬를 이용하여 10분 동안 필름 표면의 기포를 제거한다.

③ 로드컵에 윤활제 처리하는 순서는

- 청정 wiper로 piston rod와 guide rod를 세척한다.
- 수분함량이 작은 윤활제를 rod 표면에 분사한다.
- 로드컵 및 rod를 수동 또는 자동으로 5회 구동시킨다.

④ CMP 시스템 interlock을 재 실행하는 순서는

- 시스템 윈도우를 정상화시킨다.
- Interlock을 정상화하기 위해 스위치를 켜고 자동 진행모드로 설정한다.
- Interlock 기능을 확인한다.

(2) 패드 콘디셔너(Pad Conditioner)부 분해조립

① 패드콘디셔너의 down force를 확인하는 순서는

- Load cell 화면을 오픈한다. 패드콘디셔너 down force를 확인하는 방법은 아래 조건을 제외하고 압력보정 순서와 동일하다.
- 단지 7lb 하중만을 이용한다.
- 도표(또는 표준) 값은 변경하지 않는다.
- 도표 값과 load cell 실측값과 비교하는데, 측정된 하중은 도표 값의 ±5% 이내로 설정되어야 한다. 만약 설정 범위를 벗어나면 down force 보정을 실시해야 한다.

② 패드콘디셔너 down force 보정하는 순서는 패드콘디셔너 보정시에는 하중 보정을 우선적으로 실시한다.

- CMP 시스템 소프트웨어 interlock을 해제한다.
- 보정 압력 Lookup Tables Screen을 실행한다.
- Down force를 보정한다.
- CMP 시스템 소프트웨어 interlock을 복원한다.

③ 패드콘디셔너 압력을 보정하는 순서는

- 압력보정 장비를 설정하기 시작하는데,
- 압력보정 box를 초기화시킨다.
- "Calibrate Pressure Lookup Tables Screen"에 접속한다.
- CMP 시스템 소프트웨어 interlock을 해제한다.
- Regulator 보정을 확인한다.
- CMP 시스템 소프트웨어 interlock을 복원한다.

④ 자동으로 압력 보정하는 순서는

- CMP 시스템 소프트웨어 interlock을 해제한다.
- CMP 시스템 소프트웨어 interlock을 복원한다.

⑤ Right-Hand Mouse Button Options

(3) 연마패드(Polishing Pad) 교체 방법

① Mirra bulkhead의 스위치를 변경함으로써 초순수를 차단한다.

② 연마패드를 교체하는 동안 연마헤드를 제거한다.

③ 연마패드를 플레이튼으로부터 제거한다.

④ 청정용 wipe와 이소프로필 알콜을 이용하여 플레이튼 표면을 세척한다.

⑤ EPD window(조건부)에 정렬하여 새로운 연마패드를 플레이튼에 붙이는데, 패드와 플레이튼 사이에 기포가 발생되지 않도록 주의한다.

⑥ 연마스핀들에 연마헤드를 장착한다.

⑦ Mainframe의 RESET key를 누른다.

⑧ Tools 메뉴를 오픈한다.

⑨ Service Machine을 오픈한다.

⑩ Facilities tab.을 클릭한다.

⑪ 모든 contactor를 오픈한다.

⑫ Motor Faults tab.을 클릭한다.

⑬ 모든 amplifier를 사용하게 한다.

⑭ Service Machine 메뉴를 닫는다.

⑮ Tools 메뉴를 오픈한다.

⑯ Home All Axix를 클릭한다.

⑰ Start를 클릭한다.

(4) 연마헤드(Polishing Head) 탈착 순서

① 탈착하고자 하는 연마헤드의 패드 오염방지를 위해 패드를 비닐로 덮는다.

② 탈착하고자 하는 연마헤드가 로드컵에 있을 경우, "TOOLS → SERVICE MACHINE → CROSS"에서 CROSS를 원하는 각도만큼 회전시킨다.

③ 로드컵에 있는 HEAD 1을 PALTEN 1으로 보낼 때, "ROTATE HEAD4 OVER LOAD CUP(270°)" 실행시 반드시 CROSS와 충돌할 작업자나 사물이 없는지 확인한다.

④ "TOOLS → MAP HEADS"에서 탈착할 HEAD옆의 CHECK 표시를 제거한다. : 탈착대상 HEAD를 사용하지 않음을 나타낸다.

⑤ "TOOLS → SERVICE MACHINE → FACILITY"에서 탈착할 HEAD의 CONTACT를 끊는다.

- "HEAD ROTATION" 옆의 CHECK 표시를 제거한다.
- CONTACT를 끊어서 HEAD SPINDLE을 손으로 돌릴 수 있도록 한다.

⑥ CLAMP를 풀기 쉬운 위치로 HEAD를 회전시킨 후, 소켓 렌치로 CLAMP를 풀고 HEAD를 탈착한다. PAD에 손상이 가지 않도록 주의한다.

(5) 연마헤드(Polishing Head) 부착 순서

① 연마패드 상부를 비닐로 덮은 후 그 위를 PAD COVER로 덮는다.

② "TOOLS → SERVICE MACHINE → FACILITY"에서 부착할 HEAD의 CONTACT를 끊는다.

③ "TOOLS → SERVICE MACHINE → HEAD"에서 부착할 HEAD를 CLICK한 다음, RETAINER RING 압력을 5 psi로 조절한다.

④ CROSS의 HEAD SPINDLE의 PIN 부분을 작업자 위치의 반대방향을 향하게 하고, 홈 부분을 작업자 위치로 오도록 SPINDLE을 회전시킨다.

⑤ HEAD PIN과 SPINDLE의 홈, HEAD의 홈과 SPINDLE의 PIN이 맞물리도록 한 다음, SPINDLE과 HEAD가 밀착됐는지 확인한다. : SPINDLE과 HEAD사이, HEAD와 PAD사이에 손이 끼지 않도록 주의한다.

⑥ CLAMP로 HEAD를 고정시킨 후 소켓렌치로 CLAMP를 조인다. : 소켓렌치 체결토크(65 lbs-in), CLAMP가 제 위치에 연결됐는지 확인한다.

⑦ HEAD RETAINER RING 압력을 VACUUM으로 바꾼다.

⑧ "TOOLS → MAP HEADS"에서 부착한 HEAD 옆에 CHECK표시를 한다.

⑨ "TOOLS → SERVICE MACHINE → FACILITY"에서 부착한 HEAD의 CONTACT를 연결한다.

⑩ TOOLS → SERVICE MACHINE → MOTOR FAULTS에서 부착된 HEAD의 "HEAD ROTATION" 옆의 "DISABLED"를 "OK"로 바꾼다.

⑪ PAD 위에 깔려 있는 COVER 및 비닐을 벗겨낸 다음, 초순수로 PAD위를 이물질이 없도록 깨끗하게 뿌려준다.

⑫ 부착한 HEAD를 로드컵으로 이동시킨 다음, WASH HEAD 한다.

(6) Rebuild Check List

연마헤드가 완전하게 조립되었는지 여부를 검사하기 위해 아래 항목에 대해 확인하여야 한다.

Name : ____________________ Date : _______________ Head No.__________

____ 1. Rolling seal clamp를 8개의 스크류와 loctite(#271)을 사용하여 20 in/lbs 토크로 체결한다.
____ 2. Inner tube를 inner tube clamp 상부로 잡아당겨 덮는다.
____ 3. Inner tube O-ring을 clamp에 설치한다.
____ 4. Inner tube와 정렬 핀을 캐리어 내에 설치하고 loctite(#271)로 체결한다.
____ 5. Inner tube 스크류를 15 in/lbs 토크로 별 모양으로 체결한다.
____ 6. Housing 어셈블리와 rolling seal을 적절하게 설치한다.
____ 7. Gimbal plate와 센서로드에 O-ring을 loctite(#271)을 사용하여 체결한다.
____ 8. 스프링을 센서로드에 설치한다.
____ 9. O-ring을 gimbal rod에 설치하고, 작은 구멍(로드의 중간부)을 gimbal plate의 O-ring에 연결시킨다.
____ 10. Gimbal rod 상부 4개의 스크류를 20 in/lbs로 체결한다.(loctite#271)
____ 11. Gimbal plate을 캐리어내에 20 in/lbs로 체결한다.
____ 12. 캐리어와 spacer film을 건조시킨다.
____ 13. Peforated plate의 평탄도를 shim을 이용하여 최적화한다.
____ 14. Membrane과 edge control ring(하부 어셈블리)를 상부 어셈블리에 설치하기 위해 centering fixture를 사용한다.
____ 15. Retaining ring을 상부 어셈블리에 균일하게 설치한다.
____ 16. 18개의 스크류와 washer를 15 in/lbs로 체결한다.

2) CMP Polisher 및 Post CMP Cleaner 주요 Check List

구 분	관리항목	SPEC	CHECK 결과	조치사항
MIRRA Polisher	MAIN AIR(CAD) PRESSURE	87.5psi±5.0		
	MAIN N2 PRESSURE	20.5psi±5.0		
	MAIN DIW PRESSURE	40psi±5.0		
	MAIN VACUUM PRESSURE	−5.4psi±0.5		
	LOAD CUP 부 LEAK 유무	육안확인		
	SLURRY DILIVERY ARM 위치	PLATEN CENTER		
	CONDITIONER UP/DOWN 확인	육안확인		

구 분	관리항목	SPEC	CHECK 결과	조치사항
Post CMP Cleaner	MAIN DI WATER PRESSURE[PSI]	40psi±10.0		
	MAIN AIR(CDA) PRESSURE[PSI]	77.5psi±5.0		
	TRACK BELTS 상태 점검	육안확인		
	HF 농도(wt%)	1ml/m±5.0		
	NH4OH(농도 wt%)	2ml/m±5.0		
	BRUSH1 ROLLER UP/DOWN 동작유무	육안확인		
	BRUSH2 ROLLER UP/DOWN 동작유무	육안확인		
	BRUSH1 UPPER DIW GAUGE 확인	9ml/m±1.5		
	BRUSH1 LOWER DIW GAUGE 확인	7ml/m±1.5		
	BRUSH2 UPPER DIW GAUGE 확인	9ml/m±1.5		
	BRUSH2 LOWER DIW GAUGE 확인	7ml/m±1.5		
	BRUSH1 MOTOR 동작유무	육안확인		
	BRUSH2 MOTOR 동작유무	육안확인		
	BRUSH1 TOGGLE ROLLER 동작유무	육안확인		
	BRUSH2 TOGGLE ROLLER 동작유무	육안확인		
	NH4OH PRESSURE GAUGE 확인	20psi±10		
	HF PRESSURE GAUGE 확인	20psi±10		
	MANUAL VALVE 위치 확인	육안확인		
	HF FLOW RATE 확인	5ml/m±1.5		
	NH4OH FLOW RATE 확인	5ml/m±1.5		
	SPIN UPPER RINSE NOZZLE POSITION	WAFER CENTER		
Etch rate	AMM_HF25(STI)	20±10		
	AMM_HF25(ILD1, 2)	30±10		

3) Factory Interface 고장 대응 방법

① Pod Door Opener Software Commands

② Pod Error Codes and Descriptions

③ Description of Selected Error Codes

④ Terminal Emulation Software

⑤ Running EQT32 Software

⑥ Useful Commands In Calibration Mode

⑦ Diagnostics

4) Monthly PM Card

관리항목	SPEC	TOLERANCE	CHECK 결과	조치사항
MAIN AIR(CAD) PRESSURE	87.5	±5.0psi		
MAIN N2 PRESSURE	20.5	±5.0psi		
MAIN DIW PRESSURE	40	±5.0psi		
MAIN VACUUM PRESSURE	−5.4	±0.5psi		
PLATEN CLEAN	육안확인			
PAD CONDITION CLEAN	CLEANING 실시			
INTER PLATEN CLEAN				
CROSS 부 외관 CLEAN				
LOAD CUP 부 외관 CLEAN				
SLURRY ARM CLEAN				
LOAD CUP 부 LEAK 유무	육안확인			
LONG ROBOT POSITION 관리	육안확인			
H1 MEMBRANE PRESSURE	STI 5.2/ILD 4.6	±0.3psi		
H2 MEMBRANE PRESSURE	STI 5.2/ILD 4.6	±0.3psi		
H3 MEMBRANE PRESSURE	STI 5.2/ILD 4.6	±0.3psi		
H4 MEMBRANE PRESSURE	STI 5.2/ILD 4.6	±0.3psi		
H1 INNER TUBE PRESSURE	STI 5.2/ILD 4.6	±0.3psi		
H2 INNER TUBE PRESSURE	STI 5.2/ILD 4.6	±0.3psi		
H3 INNER TUBE PRESSURE	STI 5.2/ILD 4.6	±0.3psi		
H4 INNER TUBE PRESSURE	STI 5.2/ILD 4.6	±0.3psi		
H1 RETAINER RING PRESSURE	STI 6.0/ILD 5.9	±0.3psi		
H2 RETAINER RING PRESSURE	STI 6.0/ILD 5.9	±0.3psi		
H3 RETAINER RING PRESSURE	STI 6.0/ILD 5.9	±0.3psi		
H4 RETAINER RING PRESSURE	STI 6.0/ILD 5.9	±0.3psi		
P1 SLURRY FLOW CALIBRATION 실시	STI 200/ILD 150	±0.3psi		
P2 SLURRY FLOW CALIBRATION 실시	STI 200/ILD 150	±0.3psi		
P3 SLURRY FLOW CALIBRATION 실시	STI 200/ILD 150	±0.3psi		
P1 PAD CONDITIONER RPM	30	±2.0rpm		
P2 PAD CONDITIONER RPM	30	±2.0rpm		
P3 PAD CONDITIONER RPM	30	±2.0rpm		
PAD CONDITIONER UP/DOWN 확인	육안확인			

관리항목	SPEC	TOLERANCE	CHECK 결과	조치사항
P1 PAD CONDITIONERDOWN FORCE 관리	5	±0.2lbs		
P2 PAD CONDITIONERDOWN FORCE 관리	5	±0.2lbs		
P3 PAD CONDITIONERDOWN FORCE 관리	5	±0.2lbs		
SLURRY ARM 위치	육안확인			
PEDESTAL LEVELING 확인	육안확인			
PEDESTAL UP PRESSURE	55	±3.0psi		
PEDESTAL & ROBOT PURGE PRESSURE	13	±2.0psi		
PEDESTAL VACUUM PRESSURE	32	±2.0psi		
CROSS HOME POSITION	육안확인			
PAD CONDITIONER HOME POSITION	육안확인			
HEAD HOME POSITION	육안확인			
MAIN DI WATER PRESSURE	40	±1.0psi		
MAIN AIR(CDA) PRESSURE	77.5	±5.0psi		
TRACK BELTS 상태점검	육안확인			
HF 농도(wt%)	1	±0.5%		
NH4H 농도(wt%)	2	±0.5%		
BRUSH1 ROLLER UP/DOWN 동작유무	육안확인			
BRUSH2 ROLLER UP/DOWN 동작유무	육안확인			
BRUSH1 UPPER DIW GAUGE 확인	9	±1.5ml/m		
BRUSH1 LOWER DIW GAUGE 확인	7	±1.5ml/m		
BRUSH2 UPPER DIW GAUGE 확인	9	±1.5ml/m		
BRUSH2 LOWER DIW GAUGE 확인	7	±1.5ml/m		
BRUSH1 MOTOR 동작유무	육안확인			
BRUSH2 MOTOR 동작유무	육안확인			
BRUSH1 TOGGLE ROLLER 동작유무	육안확인			
BRUSH2 TOGGLE ROLLER 동작유무	육안확인			
NH4OH PRESSURE GAUGE 확인	20	±10psi		
HF PRESSURE GAUGE 확인	20	±10psi		
MANUAL VALVE 위치 확인	육안확인			
CARRIAGE SENSOR 작동상태	육안확인			
HF FLOW RATE 확인	5	±1.5ml/m		
NH4OH FLOW RATE 확인	5	±1.5ml/m		
SPIN CARRIAGE LEVELING	육안확인			

관리항목	SPEC	TOLERANCE	CHECK 결과	조치사항
SPIN UPPER RINSE NOZZLE POSITION	WAFER CENTER			
BRUSH ROTATION 부 BROKEN 여부	육안확인			
AMM_HF25(STI)	20	±10Å		
AMM_HF35(ILD)	30	±10Å		
SLURRY PUMP TUBE	SPEC OUT 여부			
BRUSH(1, 2) CHANGE(40000매 이하)	SPEC OUT 여부			
PEDESTAL C/F CHANGE	SPEC OUT 여부			
BRUSH 2 TOGGLE ROLLER CHANGE	SPEC OUT 여부			
HEAD 소모성 PARTS 교체	SPEC OUT 여부			
STI : 100EA/ILD : 30EA 이하(PE-TEOS)	SPEC OUT 여부			
STI : 2700±500/ILD : 4000±500Å/분	SPEC OUT 여부			
8% 이하	SPEC OUT 여부			

6. 장비 운영 - operation 등

1) Mirra CMP 장비 운영

CMP 시스템의 구동은 5201 Controller에서 시작되는데, 모든 시스템을 조절하고 검색한다.

제어 시스템은

- 디지털 및 아날로그 신호를 제어하며,
- 시스템 활동을 검색하며,
- 로봇 구동을 제어하고 검색하며,
- 모든 웨이퍼 이동을 제어하고 검색하며,
- 모든 웨이퍼의 연마 동작을 제어하고 검색하며,
- 공정 레시피와 웨이퍼 이동순서를 프로그래밍하며,
- 시스템 파일을 저장한다.

아래와 같이 구성되는데

- 5201 Controller
- PC Workstation

(1) CMP PC 소프트웨어 시스템을 시작하며

CMP PC 소프트웨어 시스템을 설치하고, 호스트에 연결된다. 이것은 주요 화면에 직접 접속하기 위해 그림 7−63의 아이콘을 제공한다. 시스템에 로그온하기 전에 시스템 administrator는 user id와 password를 제공한다.

그림 7−63 아이콘

CMP PC 아이콘을 클릭하면 Mirra 로그인 dialog box는 그림 7−63과 같이 나타난다.

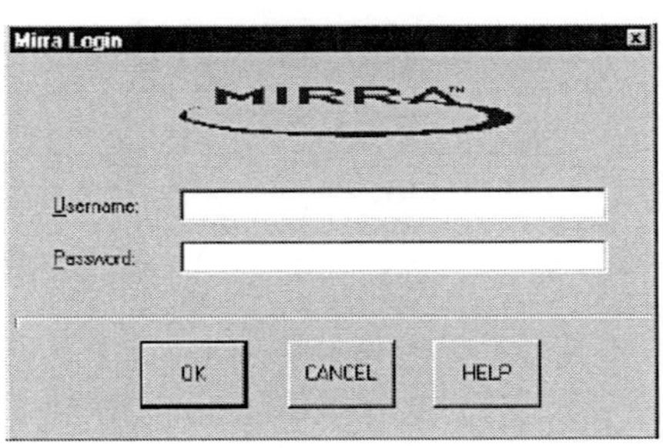

그림 7−64 Mirra 로그인 Dialogue Box

(2) 시스템 초기화

시스템 초기화 윈도우와 이에 따른 Dialog box는 CMP 시스템 Start-up 순서를 제어하고 화면에 나타낸다. 일부 과정은 자동화되어 있으며, 일부 과정은 초기화하는 동안 나타나는 Dialog box내 정보에 들어가기 위해 필요하다.

CMP 시스템을 초기화하기 위해서는 Start-up에서 윈도우의 VME Bus section은 첫 번째로 초기화되는데, 아래의 것들을 포함한다.

- VME Bus
- SEI board
- All AIO boards
- All DIO boards
- All MEI boards

각 구성요소를 대표하는 Field는 회색에서 검은색으로 변화되면서 초기화된다. 따라서 윈도우 MEI 부의 초기화가 완료된다.

(3) AMAT Mirra CMP 시스템 화면

시스템 구동을 위한 주요 PC 소프트웨어 화면은 그림 6–3과 같이 AMAT Mirra CMP 시스템 화면으로 나타난다. 본 화면은 시스템을 운영하는 동안 모든 상태를 보여주며, 수동 및 자동 운영, 웨이퍼 진행의 시작과 중단을 나타내는 버튼과 설정을 제공한다. 또한 PC 소프트웨어 화면에 접속하기 위한 메뉴 bar를 제공하는데, 레시피 생성, 카셋 mapping(웨이퍼 존재여부 확인하는 것을 의미), CMP 시스템 보정 그리고 MEI 보드를 디버깅하는데 응용된다.

본 절에서는 AMAT Mirra CMP 시스템 화면은 아래와 같이 구성된다.

- Main Menu Bar
- Status Display Field
- Platen, Head, and Pad Conditioner Parameter Displays
- HCLU (Head-Clean Load/Unload) Cup and Robot Parameter Displays
- HOST GEM Display
- Cassette Mapping Display Fields
- Wafer Statistics Display
- Real-Time Graphical Feedback Display
- Process Operation Buttons

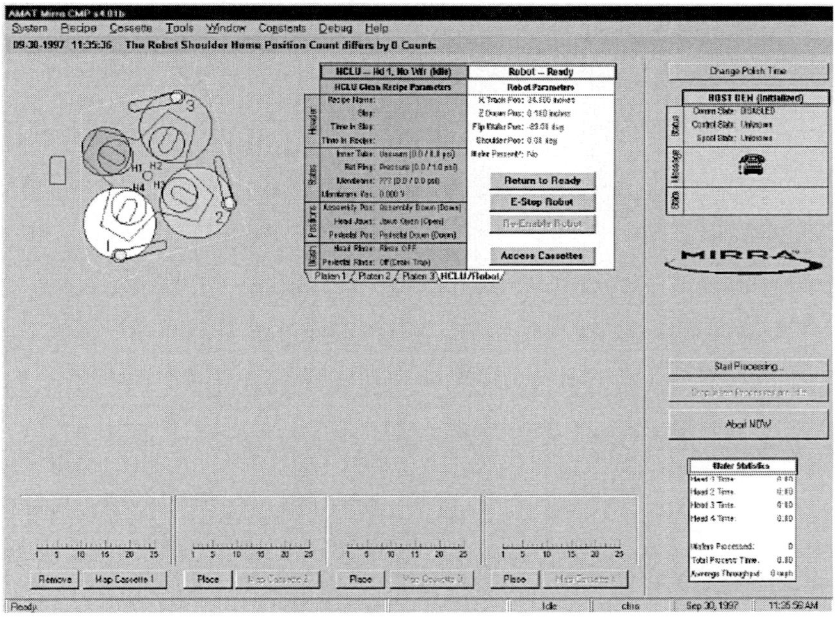

그림 7-65 AMAT CMP 시스템 화면

상기 화면은 polisher부에 대한 것이며, post CMP cleaner가 연결되었을 때는 이송 로봇, Cleaner 및 Load Port 부를 보여준다.

(4) Platen, Head, and Pad Conditioner Parameter Displays

AMAT Mirra CMP 시스템 화면은 연마가 진행되는 동안 실시간으로 공정 변수들을 보여주는 주요 화면 3개를 포함한다. 각 화면은 하나의 플레이튼, 복수의 연마헤드 레시피 그리고 특정 플레이튼에 대한 패드콘디셔너 레시피를 보여준다. 화면에 접속하기 위해서는 플레이튼을 나타내는 tab을 클릭하면 된다.

2) Recipe 작성 방법

CMP 시스템은 아래 3개의 레시피를 사용한다.

- Polish recipe(연마 레시피)
- Pad Conditioning recipe(패드 콘디셔닝 레시피)
- HCLU recipe(또는 로드컵 레시피)

(1) 연마 레시피에 대한 설명과 작성방법

연마 레시피는 각 웨이퍼별 연마 목표에 따라 웨이퍼를 연마하기 위해 입력하여 사용한다. 특정 연마헤드에서 웨이퍼를 연마공정을 규정하도록 연속된 연마 순서로 구성한다. 하나의 웨이퍼는 단일 연마공정을 위한 하나의 레시피 또는 다중 연마공정을 위해 여러개의 레시피(최대 3개, 플레이튼별 1개)를 이용하여 연마를 진행한다.

연마 레시피는 여러개의 연마순서로 구성할 수 있으나 특정 변수들은 각 단계에서 일정하다. 각 변수들은 연마공정에 중요하며, 목표하고자 하는 연마 성능을 위해 주의깊게 설정하여야 한다. 변수들은 아래와 같은데,

- 구동 변수들 : 연마헤드 및 플레이튼에 대한 회전속도, sweep 정도
- 연마헤드 변수들 : inner tube, retainer ring 및 membrane 압력
- 슬러리 공급 : 각 플레이튼에서 슬러리 또는 화학약품 공급 및 유량
- 종결 단계 규정 : 어떻게 그리고 언제 끝낼지를 규정한다.

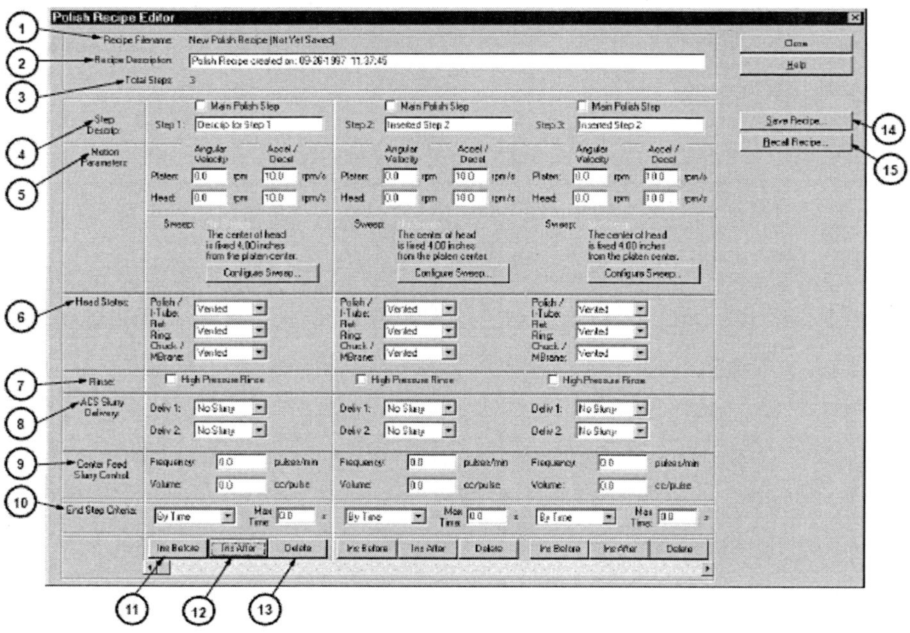

그림 7-66 연마 레시피(Polish Recipe) 화면

표 7-22 연마 레시피(Polish Recipe) 화면 설명

번 호	항 목	내 용
❶	Recipe Filename	Recipe creator에서 설정하고 불러올 수 있다.
❷	Recipe Description	Recipe에 대한 간략한 설명한다.
❸	Total Steps	Recipe에서 연마 단계 수를 의미한다.
❹	Step Descrip	각 단계의 목표를 간략히 표현한다.
❺	Motion Parameters	각 변수들은 연마헤드와 플레이트 구동을 규정하는데, • 회전시 각 속도 • 초당 회전시 가속 및 감속 • "Configure Sweep" 선택하여 설정
❻	Head States	• Polish/I-Tube : 웨이퍼에 가해지는 진공 및 압력. • Ret Ring : 웨이퍼 slip out 방지용 진공, 압력 • Chuck/MBrane : 연마패드로부터 웨이퍼 de-chuck 목적의 진공 및 압력
❼	ACS Slurry Delivery	• Deliv 1 : 슬러리 및 초순수 공급여부 및 유량 • Deliv 2 : 슬러리 및 초순수 공급여부 및 유량
❽	Center Feed Slurry Control	사용하지 않음
❾	End Step Criteria	옵션으로 연마종결점 검출 장치를 사용하는 경우 • By Time : 설정 시간에 의해 연마 중단 의미 • By Pressure : 설정 압력 편차에 의해, 5% • By Endpoint : 설정된 연마종말점에 의해 중단 • By RPM : 설정 회전속도 편차에 의해, 5%
❿	Ins Before	선택한 연마단계 이전으로 단계 추가
⓫	Ins After	선택한 연마단계 이후로 단계 추가
⓬	Delete	선택한 단계를 삭제
⓭	Save Recipe	변경된 레시피를 저장하고자 할 때 사용
⓮	Recall Recipe	이전에 저장된 단계를 불러올 때 사용

(2) 패드콘디셔닝 레시피 설명 및 작성방법

패드콘디셔닝 레시피의 기능은 연마 레시피와 유사하며, 연마패드의 청정도, 평탄도 및 거칠기를 유지하기 위해 이용된다. 각 레시피의 변수들은 연마공정 중에 연마웨이퍼의 연마속도와 균일도에 크게 영향을 끼치기 때문에 설정에 있어 주의가 요구된다. 주요 변수들은 아래와 같은데,

- Conditioning type : 연마공정 중 또는 전후 진행여부를 의미한다.
- Motion parameters : 패드콘디셔너의 회전속도 및 sweep 조건을 의미

- Pad conditioner head states : 패드콘티셔너 헤드의 설정상태를 의미.
- Slurry delivery : 패드콘디셔닝 진행 시 초순수 또는 슬러리 공급 여부를 의미하며, 최종 마무리는 초순수와 함께 해야 한다.
- End step criteria : 어떻게 그리고 언제 끝낼지를 규정한다.

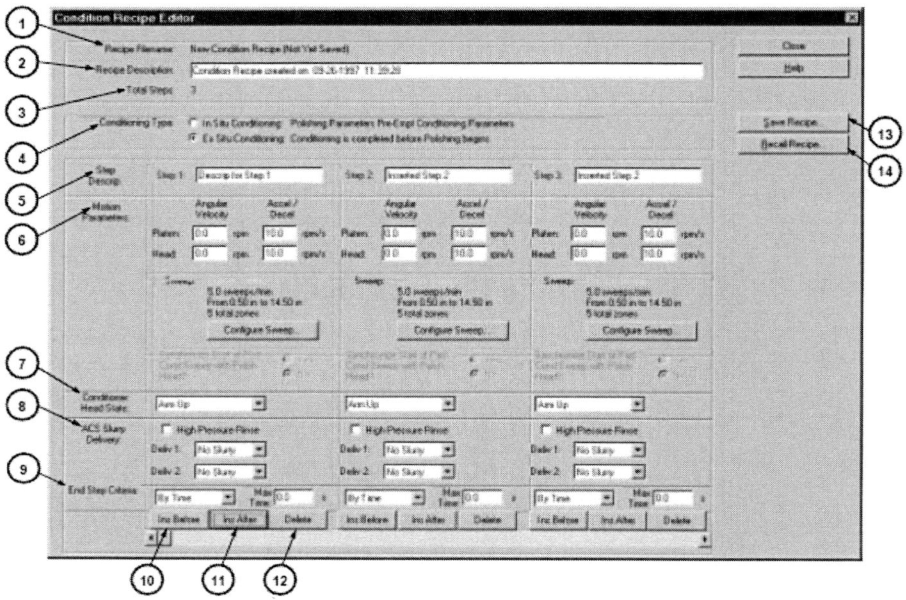

그림 7-67 패드콘디셔닝 레시피 화면

표 7-23 패드콘디셔닝 레시피 화면 설명

번 호	항 목	내 용
❶	Recipe Filename	Recipe creator에서 설정하고 불러올 수 있다.
❷	Recipe Description	Recipe에 대한 간략한 설명한다.
❸	Total Steps	Recipe에서 연마 단계 수를 의미한다.
❹	Conditioning type	패드콘디셔닝을 연마공정중(in-situ) 또는 연마공정 전후(ex-situ) 진행할지 여부를 결정하는 것으로써 연마헤드 sweep시 콘디셔너 sweep와 동기화 하는 옵션을 가진다.
❺	Step Descrip	각 단계의 목표를 간략히 표현한다.
❻	Motion Parameters	각 변수들은 헤드와 플레이트 구동을 규정하는데, • 회전시 각 속도 • 초당 회전시 가속 및 감속 • "Configure Sweep" 선택하여 설정

번 호	항 목	내 용
❼	Conditioner Head States	콘디셔너 헤드 상태를 규정하는 것으로써 • Arm Up • Arm Down
❽	ACS Slurry Delivery	• Deliv 1 : 슬러리 및 초순수 공급여부 및 유량 • Deliv 2 : 슬러리 및 초순수 공급여부 및 유량
❾	End Step Criteria	옵션으로 연마종결점 검출 장치를 사용하는 경우 • By Time : 설정 시간에 의해 연마 중단 의미 • By Pressure : 설정 압력 편차에 의해, 5% • By Endpoint : 설정된 연마종말점에 의해 중단 • By RPM : 설정 회전속도 편차에 의해, 5%
❿	Ins Before	선택한 연마단계 이전으로 단계 추가
⓫	Ins After	선택한 연마단계 이후로 단계 추가
⓬	Delete	선택한 단계를 삭제
⓭	Save Recipe	변경된 레시피를 저장하고자 할 때 사용
⓮	Recall Recipe	이전에 저장된 단계를 불러올 때 사용

(3) 로드컵 레시피 설명 및 작성방법

로드컵 레시피는 로드컵내 연마웨이퍼 위치를 결정하기 위해 사용되며, 연마 전, 후에 연마헤드와 연계시킬지 여부를 규정한다. 또한 연마 후 웨이퍼 세정 여부를 결정하기도 한다.

연마레시피와 같이 로드컵 레시피는 아래와 같은 중요한 변수들을 포함한다.

- Head motion parameters : 연마헤드의 로드컵으로 이동을 결정한다.
- Head states : 연마헤드의 inner tube, retaining ring과 membrane과 같은 주요 연마헤드 부품에 대해 규정한다. 이들 변수들은 웨이퍼가 연마헤드에서 로드컵으로 이동하거나 또는 반대의 경우, 연마헤드 부품들이 어떻게 구동하는지를 나타낸다.
- Load station position state : Load station 내 로드컵의 위치, head jaws, 웨이퍼 중심 그리고 로드컵 pedestal 등 주요 구성에 대해 규정한다. 이들 변수들은 웨이퍼가 연마헤드로부터 load 또는 unload 시에 load station이 어떻게 구동하는지를 나타낸다.
- Load station wash states : 연마후 웨이퍼 세정 조건을 나타낸다.
- End step criteria : 어떻게 그리고 언제 끝낼지를 규정한다.

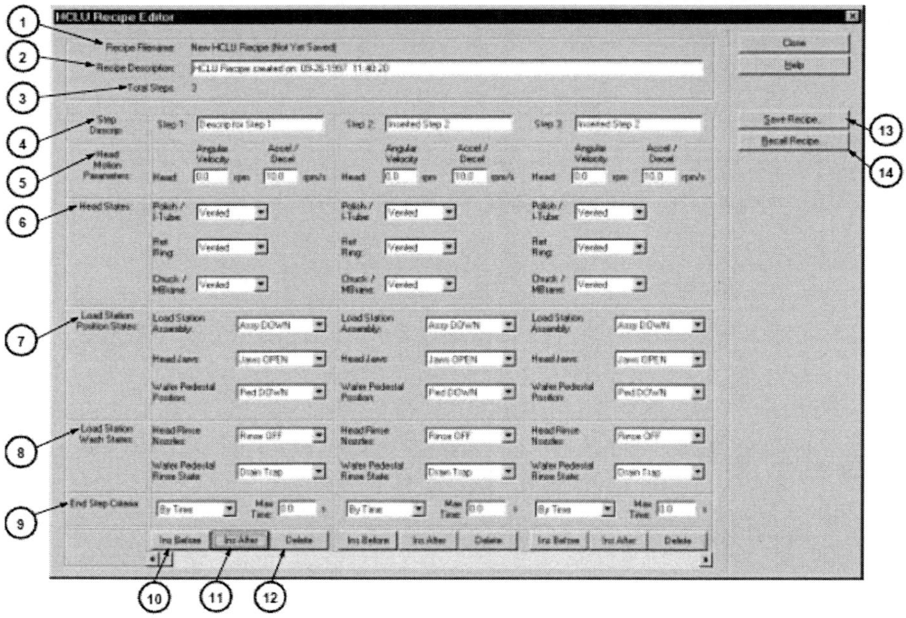

그림 7-68 로드컵 레시피 화면

표 7-24 로드컵 레시피 화면 설명

번 호	항 목	내 용
❶	Recipe Filename	Recipe creator에서 설정하고 불러올 수 있다.
❷	Recipe Description	Recipe에 대한 간략한 설명한다.
❸	Total Steps	Recipe에서 연마 단계 수를 의미한다.
❹	Step Descrip	각 단계의 목표를 간략히 표현한다.
❺	Motion Parameters	각 변수들은 연마헤드와 플레이트 구동을 규정하는데, • 회전시 각 속도 • 초당 회전시 가속 및 감속 • "Configure Sweep" 선택하여 설정
❻	Head States	• Polish/I-Tube : 웨이퍼에 가해지는 진공 및 압력 • Ret Ring : 웨이퍼 slip out 방지용 진공, 압력 • Chuck/MBrane : 연마패드로부터 웨이퍼 de-chuck 목적의 진공 및 압력
❼	Load Station Position States	• Load Station Assembly – 로드컵으로 구성, 웨이퍼 접촉을 위해 하부에 놓이며, 연마헤드에 연결된다. : Assy UP, and Assy DOWN • Head Jaws - 로드컵 부품으로 중심부에 위치 : Jaws OPEN, and Jaws CLOSED. • Wafer Pedestal Position - 로드컵 내에 위치 : Ped UP, Ped DOWN.
❽	Load Station Wash States	로드부 세척을 위해 "Head rinse nozzle on/off"와 "Wafer pedestal-drain trap, wash front, suck"

번 호	항 목	내 용
❾	End Step Criteria	옵션으로 연마종결점 검출 장치를 사용하는 경우, • By Time : 설정 시간에 의해 연마 중단 의미 • By Position : 설정 위치 편차에 의해, 5%
❿	Ins Before	선택한 연마단계 이전으로 단계 추가
⓫	Ins After	선택한 연마단계 이후로 단계 추가
⓬	Delete	선택한 단계를 삭제
⓭	Save Recipe	변경된 레시피를 저장하고자 할 때 사용
⓮	Recall Recipe	이전에 저장된 단계를 불러올 때 사용

3) 안전(Safety) 관련

(1) CMP 시스템 안전수칙

정상적인 교육을 이수하고, 시스템에 대한 경험이 있는 기술자가 CMP 시스템 운영 및 유지관리에 참여할 수 있다. 시스템 운영 및 유지관리를 진행하기 전 작업자(웨이퍼 연마공정 진행을 위해 운영이 가능한 수준) 또는 엔지니어(장비 유지관리가 가능한 수준)는 MIRRA Chemical Mechanical Polisher 안전 매뉴얼을 읽고 숙지해야 한다. 이 매뉴얼을 시스템 내 모든 위험요소를 설명하고, 어떻게 피해야하는지를 설명한다.

(2) 운영 안전수칙(Operation safety)

CMP 시스템 운영은 시스템 소프트웨어에 대한 깊은 이해가 필요하며, 운영 작업에는 시스템 소프트웨어를 이용한 CMP 시스템의 운영과 load port 모듈 내 외부로 웨이퍼 카셋을 놓거나 반출하는 행위들이 존재한다.

WARNING : CMP 시스템 운영에 있어 시스템 interlock이나 안전 구조물을 무시해서는 안되며, light curtain과 로봇 door interlock이 활성화된 상태임을 확인하여야 하고, 카셋 반입 및 복원을 위한 로봇 구동 전에 CMP 시스템 전원이 꺼져 있음을 확인하여야 한다.

(3) 유지관리 안전수칙(Masafety)

시스템 유지관리는 숙련된 엔지니어가 서비스 메뉴에서 적절한 암호를 가지고 수행해야만 한다.

WARNING : MIRRA Chemical Mechanical Polisher 표준 유지관리 매뉴얼에서 특별하게 규정되지 않는다면 CMP 시스템 interlock을 무시해서는 안된다. 시스템 윈도우와 interlock이 활성화된 상태인지 확인하고, 로봇, carousel 및 로드컵 작업 전에 시스템 전원이 off 상태인지 확인하여야 한다.

시스템 유지관리를 위한 작업대상 부품 및 장치의 구동 속도는 최저인 상태에서 진행되어야 한다. 특히 주의해야 할 장치는

- Robot x축 이동 속도
- Carousel 회전 속도
- Platen 회전 속도

(4) 로봇 안전수칙(Robosafety)

로봇 안전수칙은 ANSI specification R15.06.로 규정한다.

로봇 보정전 초기화를 위해서는

- 로봇 초기화 작업전 로봇 상태가 안전한지 확인한다.
  - 로봇 주변 EMO 버튼을 눌러 시스템 전원이 off 상태인지 확인한다.
  - 로봇 door를 열거나 light curtain beam에 물건을 놓아서 Interlock의 활성화 상태 여부를 확인한다.
- 작업전 로봇 시스템의 손상을 방지하기 위해서는
  - 시각적으로 손상이 있는지 검사한다.
  - 벨트 및 pulley를 검사한다.
  - 주변 전기 선들의 손상 여부를 검사한다.
  - 로봇 시스템 구성부품들의 적절한 설치, 정렬 및 필요한 부품의 존재여부를 검사한다.
  - 각 부품들의 안전한 설치와 토크 값에 의해 조절되어 있는지 검사한다.
- 로봇 "teacher"는 특별한 교육에 의해 숙련된 사람이어야 하며, 로봇설치 및 초기화 작업에 대한 모든 것을 관리 감독할 수 있다.

정상적인 로봇 유지관리 및 보정을 위해서는

- 로봇의 전원을 공급할 때, 주변 지역에 접근하기 위해서는 로봇 시스템의 오동작이나 손상여부를 시각적으로 확인해야만 한다.
- 로봇 구동 전에 시스템 손상이 없는지 확인한다.
  - 어떠한 시각적 손상도 없는지 검사한다.
  - 벨트 및 pulley를 검사한다.
  - 주변 전기 선들의 손상 여부를 검사한다.
  - 로봇 시스템 구성부품들의 적절한 설치, 정렬 및 필요한 부품의 존재여부를 검사한다.
  - 부품들의 안전한 설치와 토크 값에 의해 조절되어 있는지 검사한다.

요 약

- CMP 공정은 웨이퍼를 연마패드(Polishing Pad, Poly-Urethane으로 제조)에 밀착시킨 상태에서 수백 nm 크기의 연마제(Abrasive)가 함유된 슬러리(Slurry)를 연마패드 표면에 분산시켜 박막의 화학적 반응을 유도하면서 웨이퍼를 지지하는 연마캐리어(Polishing Carrier)와 연마패드가 부착된 연마 플레이튼(Polishing Platen)을 고속 회전시켜 개질된 박막 표면을 기계적으로 제거함으로써 소자 배선으로 인한 절연막의 단차를 평탄화하거나, 소자배선을 분리하는 기술이다.
- CMP 공정에서 사용되는 주요 소모재는 연마제가 함유된 슬러리, 탄성변형 특성을 가지는 폴리우레탄 패드, 패드를 드레싱하는 패드콘디셔너, 웨이퍼를 흡탈착하면서 연마균일도에 크게 영향을 끼치는 멤브레인, 연마후 웨이퍼의 물리적 세정을 위한 PVA 브러쉬 등이 존재한다. 여기서 슬러리는 pH에 따라 알칼리, 중성 및 산성으로 구분하며, 산-알칼리의 경우, cross contamination 우려로 인해 분리해서 사용한다.
- CMP 공정은 사용되는 슬러리의 pH 및 연마대상막에 따라 Oxide CMP와 Metal CMP 공정으로 구분하거나, 여기서 Oxide CMP 공정은 금속배선 박막 적용여부에 따라 PMD(Pre Metal Dielectric) CMP 또는 IMD(Inter Metal Dielectric) CMP 공정으로 분류하기도 하며, 소자배선의 구조적 관점에서 STI CMP, Plug Isolation CMP, Storage Node CMP, Damascene CMP 공정으로 구분할 수 있다.
- CMP 장비는 Load Port Module, Transfer Module, Polishing Module, Post Cleaning Module, Electric Module(각사별로 분리 또는 일체형으로 구성)로 구분되며, 각 제조사별로 웨이퍼 이송방식 또는 응용기술 목적에 따라 4 Head/3 Platen, 2, 4 또는 6 Head/Platen으로 Polishing Module을 구성한다. Cleaning Module내에는 알칼리 계열 chemical 또는 산성 계열 chemical을 이용하여 웨이퍼를 세정하는 station이 존재하며, 세정후 건조를 위한 station으로서 dry-in, dry-out을 기본으로 한다.
- CMP 장비에서 가장 중요한 Module은 Polishing/Cleaning Module이며, Polishing Module에서는 웨이퍼에 압력을 인가하여 연마하는 Head가 중요한데, 통상 웨이퍼 가압을 위해 1~5 zone까지 구분하여 사용하는데, 장비 유지관리에 있어 주의가 필요하다.

연습문제

01 CMP 공정에서 주요 연마 매커니즘을 구분하고, 설명하시오.

02 CMP 공정에서 가장 중요한 소모재는?

03 CMP 공정에서 사용하는 슬러리를 구분하고, 간단히 설명하시오.

04 반도체용 CMP 장비의 각 모듈을 분류하고, 간단히 설명하시오.

05 Mirra CMP 장비의 Head수와 Platen수는 각각 몇 개인가?

06 Post CMP Cleaning Module의 각 station에 대해 간단히 설명하시오.

07 Mirra CMP 장비에서 연마 웨이퍼의 이송 경로를 명시하시오.

참고문헌

Joseph M. Steigerwald, Shyam P. Murarka, Ronald J. Gutmann, Chmeical Mechanical Planarization of Microelectronics Materials, John Wiley & Sons, Inc., (1997)

Shin Hwa Li, Robert O. Miller, Chemical Mechanical Polishing in Silicon, Semiconductor and Semi-metals Volume 63, Processing, Academic Press, (2000)

Michael R. Oliver, Chemical-Mechanical Planarization of Semiconductor Materials, Springer-Verlag Berlin Heidelberg, (2003)

Yuzhuo Li, Microelectronic Applications of Chemical Mechanical Planarization, John Wiley & Sons, Inc., (2008)

Mirra CMP System Manual, Applied Materials, (1996), 각 장 요약발췌

"반도체 평탄화 기술", 특허청, (2006), p.49~54

S. Pennington, S. Luce, VMIC Conference, (1992), p.177

H. Landis, P. Burke, W. Cote, W. Hill, C. Hoffman, C. Kaanta, C. Koburger, W. Lange, M. Leach, and S. Luce, Thin Solid Films, (1992), p230,

K. Pak, Y. R. Park, U. I. Chung, Y. B. Koh and M. Y. Lee, CMP-MIC Conference, (1997), p.299

J. Warnock, J. Electrochem. Soc., Vol. 138, No. 8, August (1991), p2398

H. Takahashi, K. Tokugawa, T. kasuga, T. suzuki, Symposium on VLSI Technology Digest of Technical Papers, (1997) p.25

B. Stine, D. Ouma, R. Divecha, D. Boning, J. Chung, D. Hetherington, I. Ali, G. Shinn, J. Clark, O. Nakagawa, S-Y Oh, CMP-MIC Conference, (1997), p. 266,

집필진

김용태 ((주)티티엘)
김상용 (한국폴리텍대학)
오찬권 (하이엔드테크)
성홍석 (부천대학교)
김덕영 (부천대학교)
김 현 (부천대학교)

감수진

김남훈 (조선대학교)
김태환 (동부하이텍)

Semiconductor Frontend Processing Equipment 2

반도체전공정장비 2

2판 2쇄 2024년 4월 15일

저 자 김용태/김상용/오찬권/성홍석/김덕영/김 현
감 수 김남훈/김태환
발행인 송광헌
발행처 복두출판사
주 소 서울특별시 영등포구 경인로82길 3-4
센터플러스 807호 (우) 07371
전 화 02-2164-2580
FAX 02-2164-2584
등 록 1993. 11. 22. 제 10-902 호

정가 : 20,000원

ISBN : 979-11-6675-379-4 93560

한국과학기술출판협회 회원사